时装品牌风格设计解码

DECODING FASHION BRAND STYLE DESIGN

李艾虹　著

中国美术学院出版社
CHINA ACADEMY OF ART PRESS

序

吴海燕

中国美术学院教授、博导
著名服装设计师
“东方国”品牌设计艺术总监
亚洲时尚联合会理事
中国服装设计师协会副主席

时尚概念之大、涵盖面之广、往往代表了时代发展的整体面貌，具有前沿、活力、新鲜、生命力、可持续等特征。衣食住行、用玩赏商、医康网游等各行各业是支撑时尚活力的强大基础，不断涌现的新思想、新观点、新概念、新风尚与新文化的内涵构建丰富着时尚系统。其中，时尚体系中的“时装品牌”在不同时代的创建是一个系统工程的营造，就像一棵大树，从根系到开枝散叶，开花结果，需要悉心的呵护才能拥有丰硕的收成，而且，经历阳光、雨露、养料的输送，生命力也会越强盛、越持久、越茁壮、果实也会越饱满、越丰硕、越甘甜。那么，培育“时装品牌”创建意识，就是要立足于设计战略高度，以独特文化基因助力时尚，以艺术引领生活方式，在时尚系统中形成品牌矩阵。

“时装品牌”风格设计解码的价值，为设计师在自创品牌成长道路上指明了方向、给予了养料。作者站在国际时尚视野的平台上，深入研究以个人名字命名的时装大师品牌的设计风格，探索大师品牌基因的形成脉络，从实践与理论层面的不同角度探究，为读者洞悉时装品牌风格设计提供了丰富的例证。基于培育新一代时装设计师品牌创建、构建与发展意识的思维导向，作者作为一名时尚教育工作者，尝试在时尚设计教学的理论实践中，总结出时装设计师品牌风格设计延续的方法，以期得到业界同行的共鸣。

作者曾留学法国巴黎，接受巴黎时尚氛围的熏陶并接受巴黎时装设计教育，从写作的起点与自身的经历来看，在中法时尚交融上有自己独特的优势，对此书的撰写有独到的见解与一定的深度，我们能得到一定的启示。正如作者自己描述的："时尚之于时装 ——'风格'才是那个最安全的地方"，由此，来解读时装大师品牌风格设计的价值取向。在设计的导向性上，作者详细阐述了时装设计如何归原于"风格"的秘诀，这种探索和实践推动了设计走向品牌的可能性，赋予了设计在时尚品牌、产业和艺术营商中的驱动力，使创意变得更加落地，更加贴近生活。

"他山之石，可以攻玉"，作者始终站在设计东方语境中研究西方时尚文化，秉承回归东方本源文化的时尚化发掘的态度，将设计风格解码的思路，很好地转化到本土时装设计师品牌风格的建树上，为推动中国时装设计师品牌走向国际时尚舞台，为提升中国时装品牌的风格设计教育，提供了诸多的理论与实践依据。

祝贺"中国杰出女装设计师发现计划"赴法国巴黎留学的培养人之一 —— 李艾虹最新著作《时装品牌风格设计解码》出版，本书是中法时尚教育领域研究成果的一次精彩呈现，希望更多的时装设计师、同行研究学者，以及学校的师生从中获得启迪。

2019.5.6

序

钱峰

《LESIES》品牌设计艺术总监
杭州市服装设计师协会会长

十年磨一剑，杭州市政府提出“中国杰出女装设计师发现计划”，这是向国际时尚界开启的大门，中国时装设计师走向世界的时尚舞台，也是接轨国际时装发展前沿，增进国际间高端服装设计领域的沟通、交流、学习的平台，用国际视野全面提升杭州女装设计师的设计理念、设计水平以及对市场的把握能力，吸收并借鉴国际时尚设计领域的时尚理念和先进技术，真正踏上践行与培养的产业发展新动力。

在这本书中我们看到了第一批送往法国巴黎留学的设计师留下的足迹和对法国时尚教育研究的价值，这将对中国服装品牌的发展，特别是中国设计师品牌的发展及中国本土服装设计师的成长，起到十分重要的推动作用。这是一本对国际时尚时装品牌的解剖性深入研究与实践体验相结合的十分独特的专业书籍。

作者对法国巴黎时尚的潜心研究，结合在中国美术学院设计艺术学院染织与服装设计系任教的教学研究，就服装设计师品牌发展的核心，贯通时装设计教育的提升有了很好的思维转变。积聚多年的积累，汇聚了设计师创建品牌、服务品牌和品牌教育的全方位的创意设计思维的呈现，也从理论上，对本土时尚品牌发展的建构体系具有一定的指导价值。再次审视西方服装时尚，更加有效地借鉴、参考、择取和利用。作者作为严谨学者的真知灼见，再现了对中国服装时尚业的发展特色的深入思考。

借此机会，祝贺《时装品牌风格设计解码》一书的出版，此书在理论与实践上，在中国时尚时装品牌发展的道路上留下亮丽的一笔。

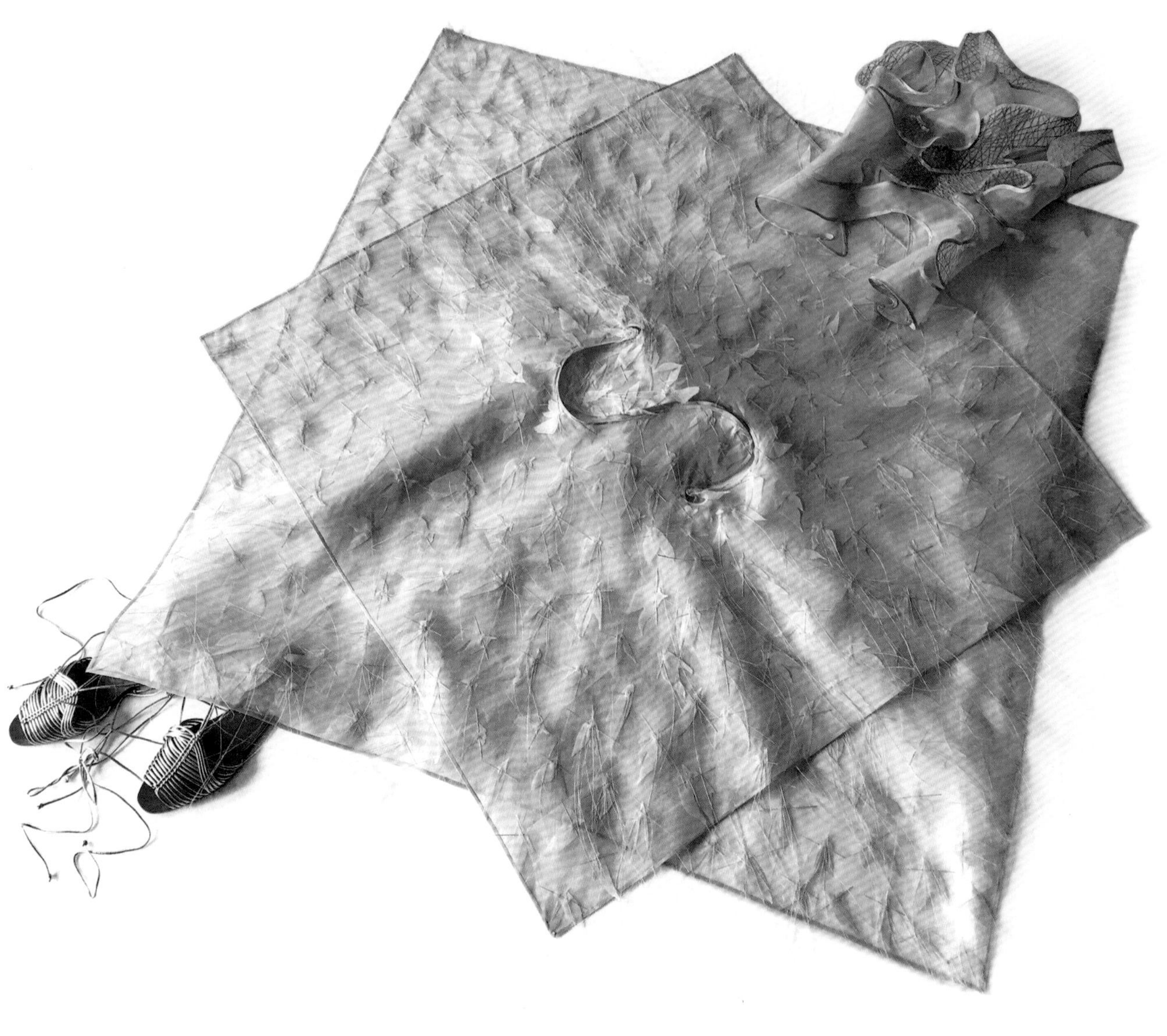

《草地上的舞“穿”》

设计师李艾虹（Li Aihong）作品，此作品中注入东方文化的哲学观，采用阴阳轮回的线性空间转换原理，在一块“口”形面料上，完美“S”型裙腰的创意，仅一线切割而形成美妙的裙子，成为设计的经典之笔，使设计的亮点凸显。作品在有限与无限的畅游中，是可以被赋予时间、赋予自觉、赋予思考，即归之——无限“穿”的乐趣，表达对“穿”的多重性含义。选用丝绸与竹丝天然材质，赋予诗情画衣的韵律与美感。

序

李艾虹

中国美术学院教师
时尚艺术家
高级女装设计师

时装品牌的发展与时俱进，日新月异，在法国巴黎时尚中心的留学经历，使我对时装的未来发展有了新的思考和体会。服装设计内涵的真正意义——如何领略时尚的艺术氛围和时尚观念的推陈出新；如何构建时尚品牌的风格体系，引领时尚趋势的发展是设计师的时代责任；如何驱动时代的创新观念，形成适合当代人生活方式的时尚文化语言是非常关键的因素。法国巴黎是每年的国际大型时装秀聚集地，时尚大师的作品如此的耀眼夺目，是众多的国际艺术沙龙集展地，也是设计师和艺术家们可以如饥似渴、尽情放纵、开阔眼界、吸取营养的地方。坦言之，设计的境界介于自由与不自由的边界，如果从中能够把握好其知性度，那你将在这一领域游刃有余。在历史的进程中，设计风格的确立似乎是一条人人都渴望去认知的探求之路，如何能够执掌其内在的命脉是设计师所要不断去体验的经历，如何使一个品牌风格体系的创造性延续是设计师必备的素质和品牌生存的灵通途径。设计师的创意代表着设计师品牌风格的风貌，精准预测把握来年的设计亮点是设计师所肩负的重任。2007 年始，杭州市政府极力推行打造国际时装之都的计划，第一次把中国优秀的设计师输送到国际顶尖的时装学院（法国巴黎高级时装公会学校）进行深造，站在世界时尚的制高点上感受时尚品牌的构建与创新。随着中国新一代设计师品牌的发展，学习以巴黎为核心的国际同时代设计师品牌的成功经验，提升本土设计师品牌的价值变得越来越重要。基于作者在巴黎留学期间，潜心研究国际时装大师品牌的心得体会：首先，时装品牌风格所蕴藏着的技术精华是研究的一个极其重要的方向；其次，品牌风格中的设计解码研究有助于设计师品牌创立和发展具有指导意义；最后，在教学中，设计师的培养介入理论与技术分析实践的互动途径，其学习的方法具有可推广性和实用性，能够从技术层面反馈到设计实践性指导。在学习与研究中我们认识到服装风格语言的时代性体现的是设计师应该具备的能力，能够观察社会动态和人们生活的新需求，并做出准确的判断，能够大胆开拓并展露出时代语言的设计时尚，从此得到消费者的认同并追随这一设计风格。在研究品牌解码的过程中，能够体味到那些具有权威性的设计风格语言的设计师是如何掌控不断向前发展的内在因素，使我们能够跨越自我束缚的禁区，而获得有效的经验。同时，设计师有责任维护自己的审美取向，维护追随自己的消费者，也有责任引导消费者维护自己的设计体系。我们知道，法国巴黎是重要的世界时装中心，世界时尚行业的设计师每年都渴望能去巴黎参展高级时装秀，以期得到世界同行的认可并提升自己品牌的世界知名度。以巴黎为中心的时尚品牌体系经过百年的洗礼，对于时装品牌的延续有非常完善的构建体系，对于品牌风格形象的演绎也是不断地推陈出新，由此，对于原创设计师时装品牌，对设计风格语言的创新与设计技艺融合的把控方面有独到的经验。法国巴黎是以时尚话语权为核心的时尚趋动地，同时影响着世界时尚业及时尚教育，对世界时装产生巨大的影响。巴黎时装屋品牌密码的解读研究有助于设计中风格与技术互承关系的开拓与创新，将技艺因素贯通到每一件设计作品中去呈现品牌的核心风格。由此，正是在此基础上深化研究，时装品牌风格设计解码为学习者开启时尚品牌建构的大门。

本书结集了我留法学习和潜心研究的成果。同时，分别在巴黎高级时装品牌、创意设计师品牌以及高级成衣品牌中实习与实践经验，是我深入了解国际时尚服装设计师品牌的构建方法，如何将品牌风格语言注入到设计的终端产品中，积聚了时装设计为何创新的目的与实现设计持续价值的深刻体验，在巴黎高级时装公会学校的学习中，在最接近时尚国际高级时装品牌的核心区，吸取国际化的时装品牌创新设计模式真是受益匪浅。

本人在法国巴黎于 2008 至 2009 年留学一年，同时具有在法国巴黎时装品牌公司（KRISVANASSCHE 高级成衣男装品牌、GSP 高级成衣女装品牌、XUAN TU YUNYANG 高级时装品牌）的实习经历，这些使我在巴黎时装品牌时装屋的创建、品牌风格在设计中的设计重点的延续和创新体系化传承，有深入的了解和实践，并结合设计教学实践指导的学生作品，以及设计师品牌实践成功经验，来进一步验证其设计方法所具有的优势等。希望以此书的出现，让同行们得益于此，有所借鉴。

目录

时装品牌风格概要

Summary of Fashion Brand Style

- 时装品牌风格的认同体系
- 时装品牌风格的管理模式
- 时装品牌风格的时代驱动

时装品牌风格的认同体系

品牌符号是品牌文化的解码，设计是为品牌而生的，设计需要遵循品牌的发展而发展。而品牌创新是对过往已有事物的重新解读，要理解形成品牌风格的主导因素，必须研究品牌历史及体会设计师创建品牌的经历，有效地把握品牌的文脉体系。品牌的创新需要概念的选择和表达，在设计中不断的强化品牌风格的独特性是品牌被消费者持久关注的砝码，传递设计师的世界观，赋予品牌灵魂的哲理。在时尚行业中，时装品牌的风格认同体系是时尚品牌认同因素的基本构成。在此把时装品牌风格认同分解为时装、品牌、风格和认同四个子概念：时装就是不断变化，不断推陈出新的时尚风格；品牌是时尚倾向消费者的基本动力；风格是创造出个人的视角，提出自由的理念；认同是对品牌形成长期的积极情感和自愿态度，是成为品牌忠诚形成和发展的前提和基础。

时装品牌风格是消费者认同体系的完善，是产品有效推广的稳定因素，是品牌延续生存的可行性预见，我们从以下归纳图例中可见：

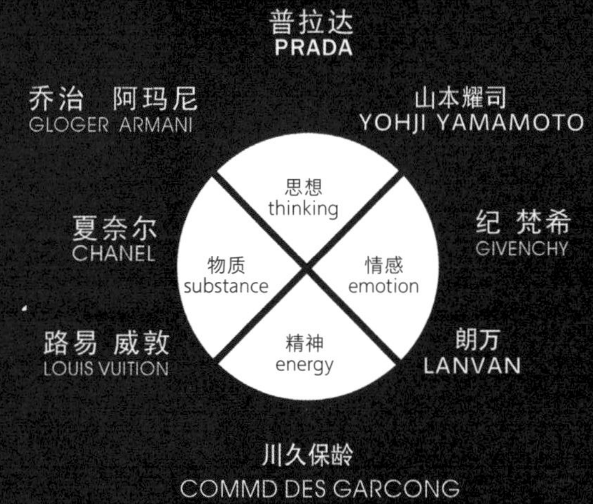

此图表分析从几个方面展示品牌风格认同体系：从社会学因素分成：思想（thought）、情绪（emotion）、能量（energy）、物质（substance）。时尚的传播往往成为一种社会性的精神能量。在法国巴黎享誉国际的顶级时装品牌，每季时装发布秀的亮相，也是品牌形象向社会传递能量的途径，使消费者感受到被这种能量所折服与青睐的商业效应。从图表所示，品牌的个性化能量特征的倾向性并不相同，这种相对独有的指向，强化了时装品牌风格在时尚的社会体系中理性的划分，同时也成了时装品牌持续发展的保护伞。

时尚是社会变革与审美观变迁的忠实预报器。时尚也是适时、适地、得体的着装方式。而时尚总是被时装演绎得变幻多端，表达出对于人性个体的充分尊重。对于设计师而言，时装是关于某种浓厚的发掘内心的畅想对人全方位的感悟与体验，包括文化、精神、审美与趣味等因素。时尚的主体是通过时装发布与传播活动而显得独具生命力，让追随时尚的先行者们如痴如醉。当时装成为一种国际语言和一项全球性事务，时装的国际性展示的传播展现出时尚最辉煌的瞬间。时尚界的生活显得光彩照人，任由设计师天马行空的宣泄对时尚的创意动力并不断的推陈出新。年轻设计师进入时装界，才华与幸运并存，时尚之中却有那么多的未解之谜，使之能够寻求表达思想和印证自我的机会，令人敬佩并获得赞誉和名气，并为时尚增添骄人的天赋与个性。时尚也是介于艺术和产业之间的一种博弈，是一个创意和一个消费品的结合，时尚的瞬息演变充满张力，让人迷幻，让人追随。“时尚”是那么的光鲜、诱人，但它似乎不能停留，不能长相厮守，它忽然又会变化，让人不断的指引新鲜与感官的律动，耐人寻味。而时尚的背后即是“风格”的定律。正如时装设计大师伊夫·圣罗兰（Yves Saint Laurent）所言：“时尚易逝，而风格永存。”（Les modes passent, le style est éternité. La mode est futile, le style pas.）基于西方不同的时尚方式，要了解本土的时尚文化内涵，需要建立一套自己的品牌风格体系。时装风格似乎专属于国际时装大师品牌的专利，随着时尚教育的发展，科学技术的进步，时尚方式也在随时代的步伐前进，拓展新的领越，呈现时装设计风格多样化的局面。

时装品牌风格的管理模式

时尚品牌一般分为两类：一类是按照时尚趋势进行运作，以保证客户的需求与销售；一类是创导时尚，将全新的艺术视觉的直觉交予消费者。简言之一种以市场营销为目的，一种是个性化创新的思维，前者立足于既定市场需求，后者放眼国际，锁定精英客户群，在本质上突破时尚趋势的束缚，创导新的时尚。时尚品牌的核心力量就是坚实的时装品牌，在这里分析时装品牌风格的管理模式，来反映出品牌建构的本质区别。

如下是两组法国时装业的市场与商业的操作体系细分案例图示：

法国巴黎设计品牌管理的结构模式，可以清楚地分析出整体品牌的运作和部门的设置情况，清晰的分工与合作链，所有的部门始终围绕着品牌定位展开。这就是之所以巴黎创建这么多享誉世界的高级时装品牌，百年不倒，前瞻时尚的原因所在。

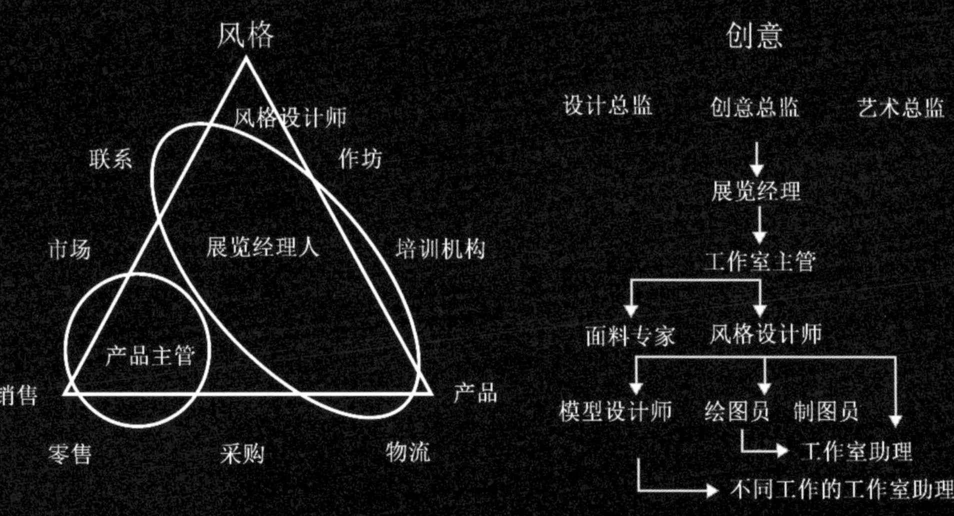

风格体系遵循时尚趋势进行运作，选择的是市场营销之道，立足于既定的市场需求。在风格体系中，时装品牌设计师与创建品牌者之间的继承问题，也是一个品牌能否持久下去的重要因素。从某一方面来讲，一个品牌的命运最终与何人接替的命运休戚相关。在图示中可见：风格是品牌的核心价值，在品牌的各部门的运作中始终围绕着品牌风格展开，这是不能逾越的底线。之后分成两条大的主线：一条是以设计师为龙头的设计生产产品，另一条是以市场信息为主导的资源配合的销售，这两条线之间以产品管理与展览销售相辅相成的整体构架为整体的管理模式。

创意体系遵循的是将艺术指导的直觉视觉传递给消费者，开辟创新途径，在本质上是时尚的先驱者，更可能锁定的是一批小众的客户群，形成创意形象的核心力量，更放眼于国际市场。创意时装品牌也是时尚工业的先锋产业，也是时尚界新锐时装设计天才的伯乐。在图示中可见：创意是品牌的驱动核心，是指导创意时装设计师或创意艺术总监为品牌奉献自己才华的历练空间，接下来的分工合作如：展览经理人（确定方向和调配工作进入），工作室主管（确定方向和有效工作），产品主管（对于创意设计师风格或艺术总监的定位的尊重），面料专家（许多受技术限制的功能），工作室成员（理解产品的路线给予建议），模型制作设计者、绘图员、制图员（建议和参与设计图和模型保持服装款式实现设计师最初确定的主题的创作意图），工作室助理、不同任务的工作室助手（参与实现艺术性的产品）。整条产业链是环节精炼且突出品牌的时尚价值体系。

时装品牌的构成要素包括：时装、时装设计师（包括服装及其附件）、时装品牌、时装品牌的类型、时装品牌及其运营的步骤（时装生产的供应链）、时装品牌的市场定位、时装品牌的设计和面料、时装品牌的生产、时装品牌的销售、时装品牌的形象及其资产、时装品牌的品牌延伸、时装品牌的宣传和推广手段，以及品牌文化、设计、生产、销售、运营及宣传推广等方面如何与时尚产业链的其他部门携手合作（如：时尚摄影，模特，发型师，造型师、音乐、灯光和舞台设计，零售商和媒体），互相配合和共同发展。在法国设计师包括：COUTURIER; CREATEUR; STYLISTE; MODELISME）。COUTURIER 设计师比如：VIONNET；CREATEUR 设计师如：VIKTOR & ROLF; HUSSEINCHALAYAN；STYLISTE 设计师如：CHRISTIAN LACROIX; MODELISME 设计师如：BALENCIAGA。这些设计师各自擅长的方向不一，但是都创立了自己的品牌并享誉世界。在设计师的原创精神中都有一种共通的因素——品牌的密码。每个品牌都恒久地保持着其“独特的技艺密码”，这就是区别于其他品牌的秘诀即“风格”。风格的形成是每一个设计师创造设计品牌成功的必要途径，所谓“风格”，它不仅仅是表面上看到的一个形象，而要维持风格，必须用三维的形式来衡量和思考，它既是横向的也是纵深的，所以风格与技术元素处于一种互承关系，

（对页上图）
设计师李艾虹在 KRISVANASSCHE 品牌 2020 春夏时装发布会现场

（对页下图）
与 GSP 级成衣女装品牌秀场幕后特场景。

设计中的技艺因素往往会贯穿到每一件衣服的定性风格之中，也就是巴黎时装屋品牌密码。如何理解和认知巴黎时装的国际化代言仍是值得我们去研究和思考的，要站在巨人的肩膀上才能稳固地建构自己的设计理性，发展自己文化背后的品牌风格语言的建构。

时装界需要不断地从“过去”吸取灵感，对大师品牌的设计解码研究，有利于设计师巧妙地借鉴大师品牌的服装造型及风格，探究其形式语言的社会化关系，促使设计师能以新的模式，甚至是“反讽”的手法将其进行整合，灌输自己的灵感创意。对巴黎时装品牌时装屋的创建的学习是时装设计专业应重点去研究的对象和领域，百年时装发展史是有着非常精髓的积淀在品牌的发展历程之中，通过有序的学习对品牌之中的设计重点的延续和创新体系化传承研究开拓，吸收其设计方法验证的突出优势——风格。从各个角度：创意、廓形、材质、结构、装饰、缝制、思想、概念、融合、革新等方面挖掘设计本源，但是，建构品牌的特质，需要突出人们在审美上的认同部分，这也是学习所要关注的重点。当我们在实践的过程中，更多地了解时装品牌背后的设计内涵和被消费者所崇拜的原因，以借鉴到自己的设计创新如何能够满足消费者的需求，使自我的品牌发展在设计上的开拓不断的延续，设计师个性化的设计内涵也能成为品牌的形象代言。研究的途径与方法是本书所突显的重点，思维脉络的感受来自对设计师本人的特质的深入感悟，体会设计师为何会形成其他本人所特有的品牌特性，一是研究其本人的艺术性思考和社会生活的时代，有时候一种“情绪”就可以引领一场设计风潮，如果你能够很好地研究过去的服装并进行精确的复制和创造更新的话，将拥有一种非凡的能力资本，其中服装的廓型显而易见的反应出设计师的设计风格流派形成，是一种象征，是一种被时间沉淀而被着装者所认同的服装形态语言。这种由内心出发而被外在的体会是在设计中被设计师感悟的精神内涵，正是我们学习者要提升的设计修养。二是对大师品牌设计解码的技术体系的研究，每个品牌在实践过程中会逐渐保留自身品牌的技术经验，对型态与面料，型态与工艺，型态与结构间的关系，在研究与解剖中能学到很多的经验，有时候一种方法可能开启你对品牌设计的大门。品牌在不断地尝试设计更新的同时，总结大师品牌的服装创意经验，学习如何发展创意，直至打造自己的品牌。

左边设计师李艾虹在 GSP 高级成衣品牌 2020 春夏时装发布会实习现场，右边是该品牌设计总监和老板为模特试衣调整工作，在发布会开始之前，设计师们非常关注每套衣服上台亮相的效果，一般设计师都要过目每套衣服走上秀场前的确认，所以非常的紧张和辛苦，因为台下坐的都是买手与客户，直接与商业利润挂钩。

时装品牌风格的时代驱动

时尚是不断顺应时代而生存的一个动态的过程，在时尚行业的时装发展中，国际上各大时装品牌的时装发布也遵循着这一规律。虽然时装品牌的风格各有特色。但在设计师每季产品的设计创作之中仍需不断地挖掘时代赋予的新鲜血液，在品牌风格稳固的基础上更需要符合时代的驱动力，以驱动时装中新鲜血液不断循环地流淌，维持时装品牌商业帝国的魅力，我们可以通过以下图表分析所见：

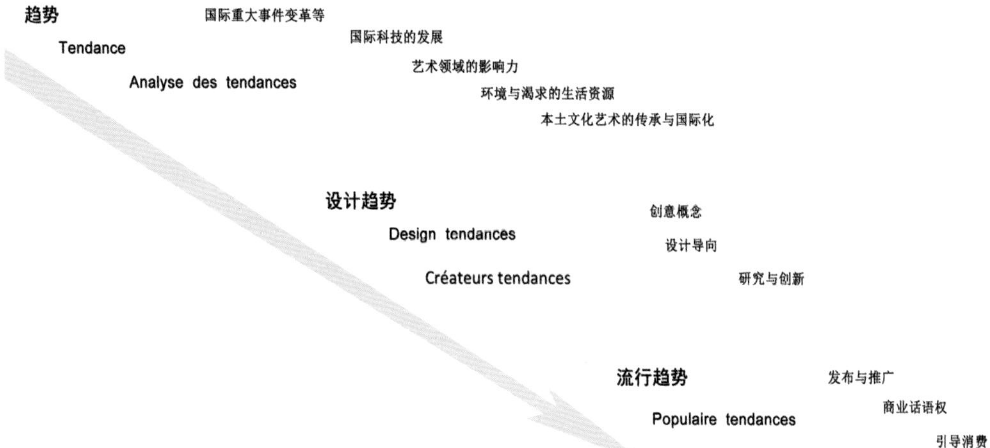

品牌体系化的出现是品牌发展过程中为了拥有自己的消费群体进行商业竞争所产生的结果，是时代发展和变迁所维系的纽带，是设计师维护自身设计话语体系的体现。品牌从引领消费者的追逐到成为消费者身份、财富和荣耀的象征，他跨越了服装本质的服务体系。服装品牌树立的形成规律和体系也在随着服装代言语言的转移而随之转移，当此种认识为诸多商业猎头所操纵，服装品牌的树立可通过人为的把控迅速成型，但是决不能逃脱市场的验证和所能达到预期目标的挑战。所以人们开始划分设计师的设计类型和特点，以区分服装语言的代言性——风格，即风格体系化的出现，使品牌与品牌间的竞争力大大提高和渐趋分化，风格类型随人的知性而获得好评，从现代发展的趋势所呈现的状况来看，人的心理上会认同服装个性一面的社会倾向，个性化的代言是品牌风格显现的重要手段。服装品牌风格体系的分化与特点，在品牌文化的形成中，第一代设计师根据自己的特点形成自己独有的风格语言，每个品牌在保留自己的风格语言的基础上不断地拓宽和衍生，这是时代所赋予的产物也是时尚行业的竞争态势的发展需求。懂得品牌在发展历程中如何拓展和维护，是时尚业不断演绎所致。

时装品牌风格设计与创意思维循环导图：

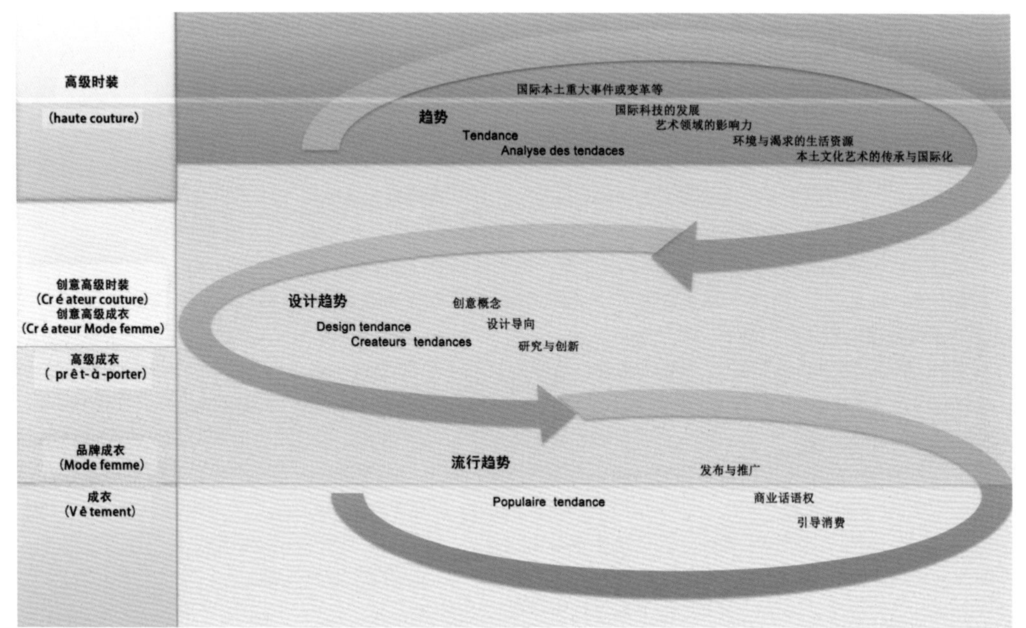

当今时尚业态的发展在不断的变化与分化当中，我们从时装的划分中可知，高级时装在时代的风雨中渐渐被边缘化，将被纳入艺术品、奢侈品的行列，而从中分化出来创意高级时装、创意高级成衣与高级成衣。创意高级时装在很大程度上是在高科技与数字化技术应用于时装设计创意的背景下诞生的新兴产业；创意高级成衣是新锐的，由设计前瞻时尚驱动的设计师带来的新鲜血液；而高级成衣则是高级时装品牌衍生出来的附属产品；成衣业的发展与推动也离不开高端品牌的时尚驱动。时尚的思维导向一般是将文化、审美和生活方式，或某种思维观念转化成品牌与产业的知识产权，创新的观念是颠覆已有的国际传统导向，对世界时装的时尚产生巨大影响。而我们通常所说的时尚话语权，在某种程度上是指原创的能力。设计师必须了解国际形势，并能揭示与把握现象背后的真相，培育自己的原创力量。在国际上衡量一个国家能否掌握时尚话语权的决定性因素的指标是具有一批原创能力的设计师和原创的时装品牌。

“高级时装与成衣业之间的关系：高级时装的角色具有深远的意义，它代表的是创意，这种创意有一定的时间性、季节性和延续性，它排除了所有工业化的手段，如果在时尚界，创意没有了手工艺的特性，而只有商业性，那么长此以往，高级时装艺术就会变成只为牟利的手段。”——迪迪埃·戈巴赫（Didier Grumbach）

时装设计师的分类与代表品牌（classification et representative fashion designer marques: ）

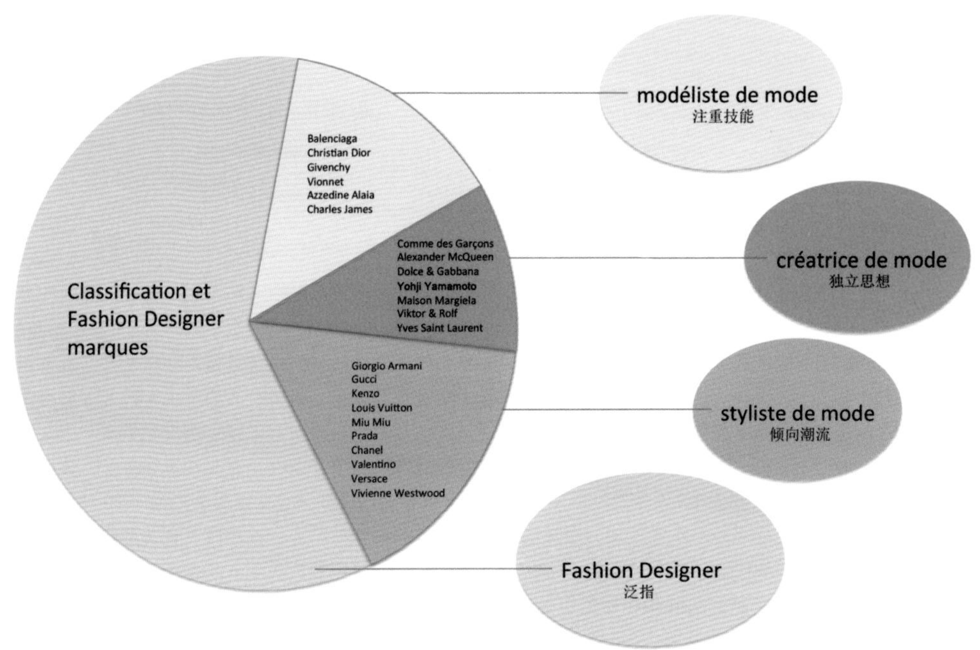

我们知道设计师在创建品牌的初期不是像现在人们认识品牌那样得清晰，而是在逐渐演进的过程中将自己品牌的核心精神显现出来，成为品牌的核心价值。每位设计师都是一个独立的个体，思考的方式与技术结构都会有所差异，从而形成品牌个性化的设计语言。在这里将设计师的类别进行侧重性的区分，将设计师分为四大类：匠艺设计师（Couturier & Modelis me de Mode）、时尚创意设计师（Creatrice de Mode）、风格设计师（Styliste de Mode）及泛指的设计师（Fashion Designer）。第一类匠艺设计师是注重技能的设计师，其著名的代表人物如：克里斯丁·巴伦夏加（Cristobal Balenciaga）、麦德琳·薇欧蕾（Madeleine Vionnet）。我们从这两位代表人物身上可以看到其品牌的独特魅力。“巴伦夏加是所有人的大师”——迪奥（Dior）曾这样评价他在设计上做出的贡献。他作为设计师的同时也是一位面料大师，他深爱具有重量垂感、质地丰厚挺刮的面料，他的设计真正渗透到面料的本质精神之中，他的设计比任何人都更能够体现一丝不苟的手工技艺。“薇欧蕾的服装都以肢体移动的力学为基础，并且全然不至于脱离此项的基本概念。其每一项装饰，每针一刺绣都被赋予生命力，布料具有弹性及伸缩性，而能与肢体结合产生谐和之美，而形成了服装与人体充分融合的服装”——山宅一生（Issey Miyake）的叙述正是剖析了薇欧蕾真正杰出的贡献所在，后人为其精湛的专业技术所折服，她是一位在布料、人体、引力、装饰上结合得如此完美的专业技术大师。仅仅用设计师的称谓似乎变得微弱无力，在此谨以“匠艺”一词来表达对大师们的敬畏。第二类时尚创意设计师是具有独立思想的前瞻性的设计师，其著名代表人物如：伊夫·圣罗兰（Yve Saint Laurent）。他是一位在艺术观念上永恒追求的人物，他使服装变得如此纯粹，在古典中融入现代，在传统中体现叛逆，他预见了二十年间的服装轮廓和潮流，创造一种超越时代无所谓时尚的永恒时尚，他开辟的创意性的时尚观念影响着整个世纪的时尚，具有划时代的意义。第三类风格设计师是注重为时尚潮流推波助澜的设计师。“风格设计师”这一名词出现于 1960 年左右，正是时装品牌商业发展的产业化被提到了日程。其后，一般能设计与时装潮流相符、与时尚信息相一致的品牌设计师、独立设计师等统称为设计师。这是这个时代所带来的变化，在时尚业中对从业者的尊重和职业化的代名词，随着时代的进步也在不断地演化。

时尚巴黎的驱动力

时装品牌的分类依据创建品牌设计师的特点而存在差异性，这是在对品牌风格进行语言区分的前提下的一种迎合。随着品牌的发展，对于时代变化的适应性也会做出一些发展上的调整，至于品牌进入的时尚高度，只能说明其品牌本身在时尚业界与国际市场的影响力和权威性，从某一方面表现的是经济的实力与创新力。处于商业制高点的高级时装是一种品牌实力的象征，并不是作为赚钱的高地，虽然高级时装的标价还是如此的高昂，其实它具备的是一种扩张品牌影响力的载体。富有感染力的媒体带动品牌附属产品的销售，是其进入奢侈品世界的通行证。

在这里我谈谈巴黎学习与巴黎时装周期间的亲历感受：在日常的巴黎，我也只能在学校里学习和研究时装设计的一些方法和理论，去一些大的品牌公司考察、学习一些专业上的内容。好的条件是我们的学校处于巴黎卢浮宫与巴黎歌剧院之间，离巴黎春天、老佛爷以及香榭里舍大街非常近。一有时间我就可以进入商店看到当季的高级时装的设计销售作品，也可以细细地研究设计的细节与亮点。对于时装街的规律也会知道得比较清楚，一大亮点就是高级时装品牌店的橱窗几乎每周都会有新的创意展示，那些具有全球影响力的创意亮点总是那么得让设计师追随和兴奋。还有巴黎街区三角地带巨大墙面的时装大片的创意广告，总是在吸引着过往的行人驻足观望，这些影响因子都在向全球热爱时尚的人士宣扬其品牌主动出击的精准目标性。还有一些个性化的创意新兴设计师的个人创意时尚屋，似乎被掩埋在那些高级时装大牌之下，但是，当你发现品牌的设计亮点一点也不会比大牌逊色，反而会带来小小的窃喜，似乎发现了另一个宝藏。不时享受着巴黎核心区域的时尚生活给设计师带来无限的创作灵感和思维的搏动，这是离开巴黎后不会再有的迹象，要成为时装设计师必须有这种地域优势的洗礼，才有可能领悟到时尚与生活之间的真实存在，是驱动时装设计创新原动力的开始。巴黎高级时装工会学校的优势，不只体现在时装设计教育上，还有就是只要巴黎时装周期间，学生都有机会进入时装大牌实习和进入时装秀场观摩，而且，学校的学生很受这些品牌的欢迎。也就是对设计后备人才的培养企业与学校有着共同的发展利益，所以，可能对有严格的商业目的的外界进入秀场，控制得非常地严密，但是对于学生来说，他们是比较开放的性接纳的态度，他们知道这些专业的学生才是品牌发展的未来。在设计中培养“好的品位”是一个重要的因素，设计师对时代和环境的敏感度的体现，有些是来自自身的直觉性，并没有一种可以复制的模式，也没有逻辑的分析性，而有一部分则可以从某些规则中继承下来。什么是好的品位？当巴黎时装周开始之际，你能够放大眼睛，眼观六路，那些从全球各地赶赴巴黎的时尚设计师、时尚杂志编辑、时装大牌摄影师以及一切与时尚紧密相关的顶级专业人士，在这短短的一周时间里，齐聚巴黎，这是何等难求的机遇。以前这种远距离的信息资料上抽象的感觉，当你置身于真实的环境之中，可以感受到大牌设计师幕后的用心与一丝不苟的渴求，感受台前光鲜亮丽的瞬间的对比。可以亲手触摸到一件件精美的高级时装，那种激发你专业性的冲动似乎在循环地释放。在巴黎时尚圈里，这种时尚挑战“品位”的释放与被释放中才能够感受到你的直觉感官的提升与变化，这就是为什么巴黎已经聚集了最精致的时尚影响因子的存在，也就是为什么优秀的有创意的设计师，必将赴以巴黎做时装秀作为一个目标与梦想。因为在这里你能够感受到创造力的上线在不断地被打破，创意的观念不断在被质疑，所有的可能性都可能发生。

总之，在巴黎生活、学习与工作的日子里，除了与时尚发生碰撞之外，巴黎的艺术氛围是其他地方无法企及的，从古典艺术到现代艺术，可以每周末去卢浮宫、蓬皮杜等重要的博物馆看艺术展览，也可以漫步蒙马特高地感受艺术家们的现场创作与谋生的景象，街头巷尾不时会有自由艺术家出现，所有动态的艺术、所有静态的艺术都可以在这里遇见。在这样的环境中，最大的提升莫过于对眼界的提升和对思维的唤醒。

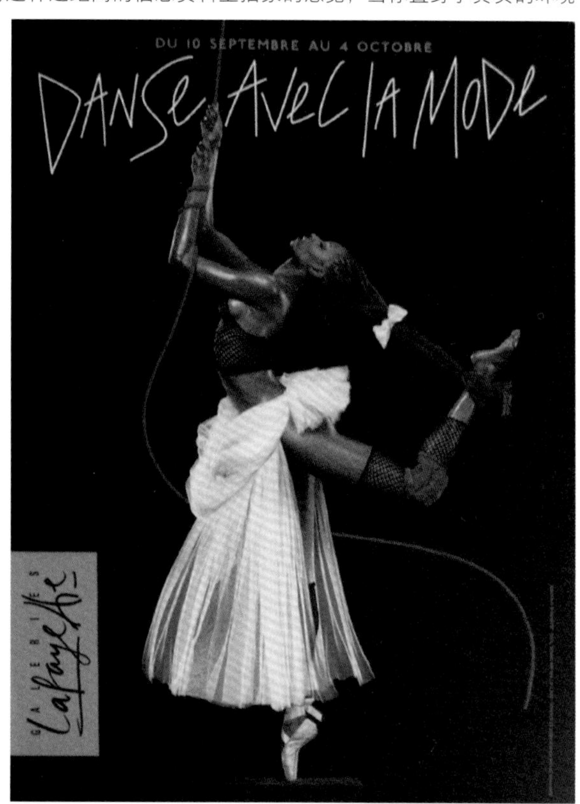

这是一张 2009 年春摄于巴黎街区的老佛爷（Lafayette）商业海报《舞蹈和时装》（*Danse avec la mode*）中的主题海报，蕴含了运动、健康、芭蕾、复古等元素的时尚设计信息，由此，特别具有标志性的舞蹈方头鞋的设计由此而来。说明了海报的艺术性语言在时尚信息传播时表达地非常得切合。

设计师李艾虹到访巴黎高级时装工会学校新校区。

时装大师品牌风格设计解码

Decoding Fashion Master's Brand Style Design

时装大师品牌风格设计解码

- 解读大师品牌时装屋的历史背景
- 时装大师品牌风格的形成特点和设计重点
- 研习其品牌在创新过程中设计密码的延续性
- 对其品牌风格设计解码的认知性在创新设计中的应用

研究方法综述

时装大师品牌风格设计解码研究，这里主要选取有代表性的品牌案例作为研究与学习方法的解读，针对不同品牌不同特点来展开分析，在此选择以下六位设计师品牌进行具体研究：

1. YVE SAINT LAURENT（伊夫·圣罗兰）
2. YOHJIY AMAMOTO（山本耀司）
3. CRISTOBAL BALENCIAGA（巴伦夏加）
4. MADELEINE VIONNET（葳欧蕾）
5. KENZO（高田贤三）
6. ISABEL TOLEDO（伊莎贝尔·托莱多）

（一）解读大师品牌时装屋的历史背景

我们认识一个品牌和了解一个品牌，首先是认识设计师本人开创设计品牌的设计思想，审美语言，和历史进程中的创新与演变规律，寻找设计类别依据设计特点进行归类，用简要的词汇或语言进行表达，使服装的设计语言进行高度的明确化。在总结归纳的同时了解设计师在设计之初要表达的设计语言，同时可以清晰地看到整体品牌在具体服装中的表现手法与设计重点，特别是服装中的一些别致的细节，往往设计师会在设计的细节上去强调和表现设计的特色与动人之处，称为设计中"致命的细节"一说。对品牌的整体把控是设计师长期积累的经验所得，是我们初学时装设计者无从知晓的一面，我们可以去欣赏设计作品本身的认同感，但是如果对其背后设计者的设计初心不甚了解，就不能挖掘出其真正的设计精髓，所以对品牌设计文化的深入探索是获得优秀的设计语言的捷径。

（二）时装大师品牌风格的形成特点和设计重点

由于设计品牌是一个时尚演变的过程，运用图表的形式归纳与分析，更能快速地掌握设计品牌的风格特色，设计师在品牌风格的框架下不断地寻找创新的灵感题材，来融入品牌时装风格体系之中，来展示新一季的时装产品，来引导消费和稳固客户群的需求。但是在缤纷的表象之下，其内在的风格语言依然蕴含其中，这就是设计师应该如何把控的首要行为，在此运用图表的形式进行归纳，使研究者能够一目了然设计师在设计过程中依然在寻找与突出每一季时装产品中的设计重点和细节的变化与衬托。在设计中寻找具有代表性的设计重点与设计特点，也是有助于自己的创新设计更具有社会审美认同的获得感，因为设计中的一些优秀的东西在时间与穿着体验的过程中被人们所俘获，这是一种不需要自己再去大费周折的说服自己设计的社会适应度的一个关键问题，在很大程度上大大缩短了设计被认可性的时间与空间。

（三）研习其品牌在创新过程中设计密码的延续性

以上的分析仅仅是对设计师品牌的认识与了解，要真正掌握品牌的技术性表现才是研习的关键，也就是说在你对设计师品牌的设计语言了解与审美认同的基础上，你要去体验与研究这些特征是如何具体体现在他的时装产品之中的。因为大师品牌中的高级时装都是用立体造型的方式去表现的，所以我们首先要了解人体与服装造型之间的空间关系，在关注服装形态的过程中去分析与观察造型语言的细节性差异，这种差异的特征正是品牌中的重要的研习点，选择品牌中具有代表性的款式来展开研习是非常重要的，在这些款式中往往蕴含了设计师品牌的基因精髓，通过对其实践性的研习会给设计学习者积累设计经验和认识设计语言的创新与变化，有利于设计学习者在自己的设计创新中在技艺支持上拓展延续性。对于手工技艺的传承，我们必须转化，不是死板的复制，必须一边传承，一边创新。设计加上技艺的传承、意识的创新，这是时尚发展中两个缺一不可的方面。在拥有国际化的视野，也懂得如何通过设计的提升去赋予它的一个当代性，我们在思考技艺传承的方法与思维上以及理论基础上对如何培养好新生代设计的成长上给予帮助。

（四）对其品牌风格设计解码的认知性在创新中的应用

通过以上对设计师品牌的研究与认识，接下来我们就可以进行命题性的创新设计了。可以是在延续该品牌的基础上设计下一季新的时装产品；可以选取自己感兴趣的设计特点来展开设计；可以是与自己的创新的设计灵感融合来展开设计，但有一点就是要把研习的品牌风格里的特色运用进去，并且加以充分表现这是重要的核心，如果你能够从中很好的把控这种设计语言了，说明你慢慢的已经对品牌设计有了初步的经验。

用品牌导入的研究方法来学习时装设计，是一种较有目的性与职业性的教学模式，由于在学习之初学习者就有了建构时装品牌设计语言的意识，并在研究中获得品牌中重要的影响因子的获取，不仅在设计体系语言上有了模拟的经验，在具体的时装造型上也拓展了技艺的发展，也使成功品牌的设计思维与风格脉络有一个完整的了解，并且知道如何使品牌发展保持其鲜活性，发掘更切合市场创新为目的的产品需求，使设计变得非常的落地，这样的创造力设计驱动才变得具有实用价值。

品牌研究案例 1

伊夫・圣罗兰（YVE SAINT LAURENT）

在学习与研究品牌之初要认识时装的受众性的依据是什么，该品牌在设计师的思想与设计精神中有哪些明确于标志性的设计语言与设计典型，我们要从中遴选出来，再来观察设计师在设计演变过程中是如何应用的，从而知道设计的拓展方法与创新应用。以下以伊夫・圣罗兰品牌为例进行图表分析：

通过以上图表主观选择性的归纳，设计师品牌设计的典型性一目了然，并能够清晰地认识设计师的设计创意的时代特性与着装的时尚方式的引领性，可以见到这些具有划时代的时尚印记的设计作品的魅力依旧，这些特点的形成是有着魔力的审美内涵，这也是后人在学习研究中不能取代的痛点之一。图表以简要的归纳方法，较全面地呈现该品牌中重要及其代表鲜明的服装款式造型，性感的色彩、中性的款式、挑战性的创意思维体现品牌内在风格的整体面貌，使这些标志鲜明的款式来指向设计师的创意个性与亮点，用解读的方式让学习者有据可依。我们知道伊夫・圣罗兰最为经典的服装即"吸烟装"。这种款式成为永不过时的典型着装方式——着装礼仪、着装规范、搭配方式等已经被时尚所认同，那么我们如何在保存这些经典的美学范畴中延续自己的时尚方式，去转化设计经典需要掌控的设计方法。

我们在时装品牌中能看到很多关于解构原创服装的影子，设计师在设计创新的过程中在原有设计作品的基础上重新做了审美思维上的开拓。为什么这种设计方法比较能够让消费者与时尚界逐渐认同与认可，直到接受和喜欢，更多的是因为它有着深厚的美的基因，设计师在创新的过程中恰当保留了这种深入在时尚人心中的基因成分的延续，我们在时装的实际演绎的过程中不难看出这些烙印。我们可以依据设计师品牌的发展和设计师的代言方面入手更容易感受时装设计中设计师的精神因素和设计师发展历程是密不可分的，让我们接受设计师本身的思维创造和个性特点对品牌风格带来的特有性和自然的分解出自身的品牌形象和销售客户体系，这些都深深地影响着继承型设计思维和继承创造型设计思维所带来新的时代要求。

SMO
KING
TAILLEUR ANDROGYNITÉ
LE SMOKING.EN PRÉSENTANT DANS CHAQUE COLLECTION PLUSIEURS SMOKINGS
LE SMOKING EST PEUT ETRE LE PLUS CÉLEBRE DES CLASSIQUE D'YVES SAINT LAUR
IL SIGNE UNE ALLURE.UN STYLE.DÉFINIT UNE FEMME AFFRANCHIE.LIBRED'AUTANT P
FÉMININE QU'ELLE CHOISIT DES VETEMENTS D'HOMME.
CETTE AISANCE TOUTE EN FINESSE.QUE PONCTUENT DES RUCHÉS SUR LES BLOUSES
BAGUETTES DE SATIN SUR UN PANTALON EN DRAP DE LAINE.UNE TAILLE SOUVENT
SOULIGNÉE.ET BIEN SUR.DES TALONS HAUTS.DANS L'ÉCLAT DE LA NUIT YSL.

以上图例整理出该品牌中代表性的“吸烟装”的经典着装方式，关注的细节特点：黑色的领结、上翻的白色袖口、直线的线型轮廓、硬朗的翻领等，以及设计中风格语言的经典细节搭配方式。这些元素的存在，是其风格韵味所在，在对这些元素的认识和领悟的基础上展开自己的创意想象，首先保持元素搭配的经典性，其次融入设计中的个性语言，再次符合现代的时尚穿着需求。在这些前提下，设计中可以采用对设计重点要突出元素的强化，比如保留黑白色彩的搭配方式，打破原有过于严谨的款式结构，特别是着装的穿搭方式，可以更符合现代活跃随性的自由感，但是又不失这种中性韵味给女性带来的美感，这是设计所要去表达与展现的主体。

时尚的语言

当我们在谈论时尚的语言是什么的时候，我们很难用一种明确的语言去表达，但我们又不能怀疑时尚是确实存在的现实，所以，可以说时尚的语言是一种非口头的信息，它可以和别的语言一样被了解和认识，时尚是一种适时性的具体表现。时尚的语言也就是在适时性中表现出来的人的着装意识，被视觉反馈所认同的部分。我们在设计创作的过程中如何去认识时尚的含义是设计师所要敏锐去捕捉的，那么时尚语言的选取点如何判断，我们要在一些具有象征意义、传递信息符号、经典装扮的形式中去吸取营养，作为自己设计语言表达时尚性的武器。

对时尚语言的把控，也要基于时代特性来展开。由于时代的不同，对于时尚而言可以分为主流与非主流，特别是当代处于高度的信息化、融合化的时代，时装的设计时尚语言呈现多样化的趋势，不同风格的着装方式会同时存在，甚至有很多个性化强烈的需求者，可以挑战时尚语言的界线，所以时尚的语言有时也会被少数人群所掌控，这也不足为奇了。

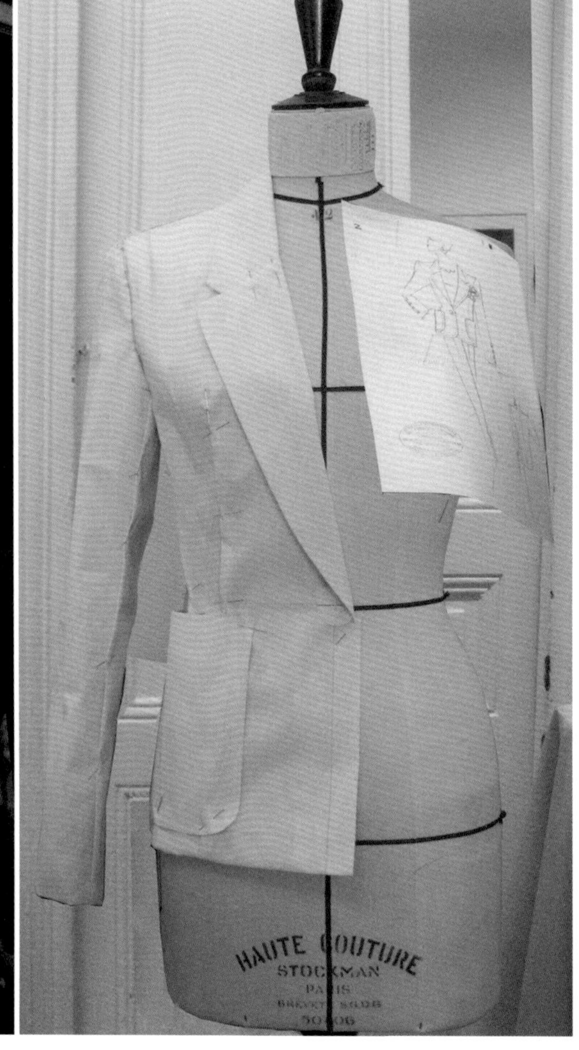

（对页图、左图）

巴黎传统书店的别有意味的橱窗展示，用法国的服装语言来传递法国的文化信息和具有悠久的历史感受，与对面的卢浮宫印相呼应，每年的巴黎高级时装发布会现实与服装历史的衔接，别有趣味性。

（右图）

设计师李艾虹对该品牌服装的研究，对造型语言、尺度、比例以及整体具有直线力量感的外轮廓的风格表现，对加强后续设计上的风格把控具备深切的体会。

过去与现在

时尚语言的存在蕴含在过去与现在的连接当中，它不是一种孤立存在的事物，所以学习时装设计需要学习并研究过去与当代服装的关系，临摹并分析著名设计师的经典作品，以获得裁剪技术和式样细节，从中获取新的灵感创意，这种有约束力的创造力是设计师必需去培养的，这样才能在设计中提升自己的设计时尚感应的敏锐性。在研究中认识到被时尚认同的经典因素在品牌中发挥着巨大的商业价值，让我们理解和了解品牌的经验传递比自己空想去创造所担当的风险会大大地降低，相反也会促成品牌创建的成功力度。

品牌与影响

依夫・圣罗兰是开办高级成衣店的第一人，他的独立专卖店“Rive Gauche”坐落在塞纳河左岸的圣・戈曼（Saint Germain），这家店的诞生极大地影响了后来的设计师。该高级成衣品牌对后人的影响非常大，具有很高的研究价值，从中可以学习到具有前瞻理念的设计精华，浓缩于服装中的经典品位，以及时代性的象征意义。

作品与表现

许多设计都是周而复始地循环着，有创造力的设计师会从不同的设计角度去把控设计的创新要点，比如将织物运用现代技术进行再设计，在裁剪空间尺度、穿着搭配方式、款式结构、题材灵感的融入等方面创作体现时代的新时装。

商业与价值

高级成衣品牌的设计紧紧围绕着商业的特性展开，在设计的进程中设计师设计的每一款设计的细节都要注重设计价值的对等性，所以会全面考虑材质的选用与工艺的特别要求，在注重结构创新的同时又不失品牌风格的韵味，使之在推广中遵循品牌导向的商业价值并满足消费者的期待。

持续与计划

假如品牌是设计师内心虚构的产物，那么设计是一个左右品牌风格语言的核心体，设计师的精神特质在设计作品中的蕴含也是品牌可持续的重要因素之一，所以在设计的计划当中品牌往往会以设计师本人的形象载体凸显出来，为品牌的可持续发展作好铺垫，消费者越信任设计师，品牌的可持续性越强，其商业体系的良性循环也能得以实现。

设计师段晓鋆（Duan Xiaojun）研究该品牌设计的系列效果图展示，设计师吸取了"吸烟装"的精髓，研究设计细节，装饰性结构与穿着方式相结合，很好地把控了品牌风格语言，对品牌的主导语言进行了大胆的开拓和创新，符合现代女性的心理需求与干练趣味的格调。

传统技艺的传承与保护，是时尚发展的后盾，为什么我们要如此来界定，其根本缘由是因为在时尚发展的历程中，特别为人所尊崇的是由人手工之灵气创造出来的物，有其独一无二，无法替代之美，是人类的心灵修养之物件，为人珍藏和喜爱。特别在时装领域，高级时装的出现，那种金贵已超越作为穿着的意义，是一种精神的象征，当然还具备社会性的意义，这种积淀就是高超手艺的精妙之处，成为时装品牌引领性中不可缺少的一部分。看看巴黎有名的手工作坊如：配饰珠宝坊 Desrues、羽饰坊 Lemari、刺绣坊 Montex、刺绣坊 Lesage、鞋履坊 Massaro、制帽坊 Maison Michel、Lognes 褶饰坊、金银饰坊 Goossens、花饰坊 Guillet、ACT2 手工斜纹软泥坊等，可以知道，高级时装中心的生存基础构建。时空交会的巴黎，会有一种澄净的感觉，这里的设计师似乎都是手工艺人，一件件精美的作品让人陶醉其中的更多的是设计师的亲手制作过程印上创意的点点细节，在这里的每一件作品透视着设计师倾注的每一份的感情，所以才会有着非同一般的亲和力，你可以真切地聆听设计师本人为你解释作品的真实意义。对于设计大师品牌的历年沉淀下来的内在本质的精髓的理解与实践，有助于设计师能够熟悉与掌握全面的设计开发，设计师的一个好的想法，想把脑海中的思想转化为产品时就会有很大的说服力，减少设计的周折与徘徊。时装设计的思维关键是由二维到三维的思维与型态的空间转换，贯穿风格审美认同，并对人的动态空间运动的全面掌控，运用设计解码的方法，解析大牌服装结构的解构，认识其型态特征的成型体系，以区分品牌形象的形成与认同。

注入品牌风格特性的实践模式：

注重研究探索，引导创意的个性化风格为导向，渗透国际文化艺术的趋势导入教学体系，分析超前创意的格局作为设计导向，每年提前确立课程的主题式引导模块，提供下一年的创意方向计划，并与国际品牌企业高级时装发布计划保持一致性，使学生学习实践的同时，能够真切地感受巴黎时尚创意格局的新变化与新动态。每一季的创意都可能渗透到课程设置的具体环节当中，能够使学生如何把控设计与当代时尚接轨的问题。职业化设计师的培养与影响从内在到外在连通自如，使学生的创新能力无形中激发出来。通过一系列的课程实训与企业使学生在潜移默化中自然的吸收消化创新设计语言，达到很好的学以致用。课程从技艺的传承，理念创新方法相结合。体现出既不失创意又符合商业国际化推广格局的产业链体系。

在对品牌设计的研读过程中，我们可以深入到品牌内部的每一处相关联的设计文脉和设计语言为何如此表达，为何有那么多的规范和不可随意变化的约束性，可以体会到在开放性的灵感想象中，依旧要遵循品牌的本质，这是学习的目的与优势所在。在以下的设计案例中，我们能从中找到设计的品牌因子：

- 定位在品牌中吸引着装的经典风格；
- 在穿着方式上与现代时尚相结合；
- 款型结构变化上更具灵活性；
- 面料与色彩的处理上回归自然；
- 依旧保留经典的黑白搭配为主原则
- 外套上融入胸衣结构的变化应用
- 融入透视层叠的性感效果
- 用礼帽的饰物追忆复古的元素

整体设计语言明确，富有中性素质的女性性感之美。

设计师李艾虹研究该品牌设计的系列效果图展示，现代着装中带有复古韵味的美感追求，解构吸烟装外套的严谨格调，运用适度夸张的设计语言，保守中带有些许性感元素，把控了黑白搭配、透视性感、直线型外套搭配等，对品牌的典型语言的运用严谨又有所大胆的尝试和突破。

品牌研究案例 2

山本耀司（YOHJI YAMAMOTO）

每个品牌的创建都融汇着设计师个人的品位、情趣与审美，同时与其鲜活的成长历程有着紧密的联系。山本耀司品牌的特征是非常的鲜明：色彩以无彩系为主，大多以黑色为主流色；形制以非对称的外观造型为特色；设计手法以层叠、悬垂、包缠等手段形成一种非固定结构的着装概念；形态简洁富有韵味，线条流畅随体态动作呈现随性的风貌；沿袭高级时装工艺在高级成衣中的应用，衣服细节意韵无懈可击。在充分理解设计师设计的整体设计风格语言的基础上，有针对性地对典型的款式结构，进行具体化的解剖研习，在亲身体会其设计的韵味的同时，展开自己的设计创作构思，可以在品牌原有风格的基础上融入对品牌的个性化解读，模拟下一季产品开发的方式，展开自己的设计主题的联想，这种品牌设计经验会加强设计语言本身的成熟的一面，使学习者加强品牌设计实践意识，不断提升设计能力。

我们用一种剪影的形象来印记山本耀司的时尚设计之路，从中可以感受到其设计的思维脉络的不断衍生和寻找实践研究学习的优势所在，在解剖式的实践体验中，熟知对面料的技巧性运用所带来的成衣设计上的设计语言体会的真切性。通过这种从抽象的设计解说中脱离出来的实践方法，这将解决其有代表性的设计语言如何在传承中转化成学习者自己的设计语言问题。这种个性化是如何转移的，往往在优秀的设计师中会相互形成某种关联性，这将是提升学习者设计能力的好方法。那么我们如何树立有个性化设计语言的品牌风格，提升其品牌的内在设计系统中会被发掘的潜在的创造能力。以下图例就是品牌印象中的山本耀司：

认识山本耀司与研究其品牌风格，重要的首先是要对他本人来做一个深刻的认识，这是一位用“心”在做衣服的使者，每一件出自他手的服装都融入了他本人的影子，这如上面我们见到的身影，那个专注的抽烟的神态，永远在思考着什么，那些留有随性的表情的衣服，在走动中展露的每一条线型，在告诉人们对生活态度的情感中留有时间感的设计传达，让我们细细品鉴。

我们用他的时装设计创作的经典名言来感悟他把全身心都融入到服装中每一个细节的精神力量。

“在我的哲学里，‘雌雄同体’这个词没有任何的意义，我觉得男人和女人没有什么区别。我们在身体上是不同的，但是拥有同样的感觉、精神和灵魂。”——山本耀司

（“In my philosophy, the word androgyny doesn’t have any meaning.I think there is no difference between men and women. We are different in body, but sense, spirit and soul are the same.”——YOHJI YAMAMOTO）

“我总是唱同一首歌，只是有了新的安排。”——山本耀司

（“I always sing the same song,only with new arrangements.”——YOHJI YAMAMOTO）

（对页图）

设计师李艾虹研究该品牌设计的实践实验面料绕转结构的形式的呈现效果，以提升自己在创作设计中的品牌语言的体会和感受，以达到影响因子的准确性。

设计师李艾虹研究该品牌设计实践的系列效果图，作品名称《清贫的奢华》通过东方水墨意境的效果来表达设计语言的低调又不失内涵的设计语汇。

水墨与意境

从该品牌的主导精神入手，对设计语言的整体性构想转换成自己的设计技巧来表现服装设计的意境，运用东方艺术的水墨效果来拓展品牌中的设计理念——“黑”，以黑色主导的设计体系也是设计品牌中较稳定的表达。此系列效果图运用水墨艺术来表现设计作品中传递东方设计的意境，与该东方品牌的初创文化底蕴相一致，绘画语言也是传递品牌推广的有效手段，它也是品牌风格信息传播的一个窗口，在表现形式上依据设计师的个性，也会流露出对时尚语言的创新与掌控。用一种女性静默、木偶式的姿态来表现品牌服装的个性化，运用细腻的材质肌理，随性流动的结构，不张扬的精致装饰点缀，处处表露出设计的专注与用心之巧。

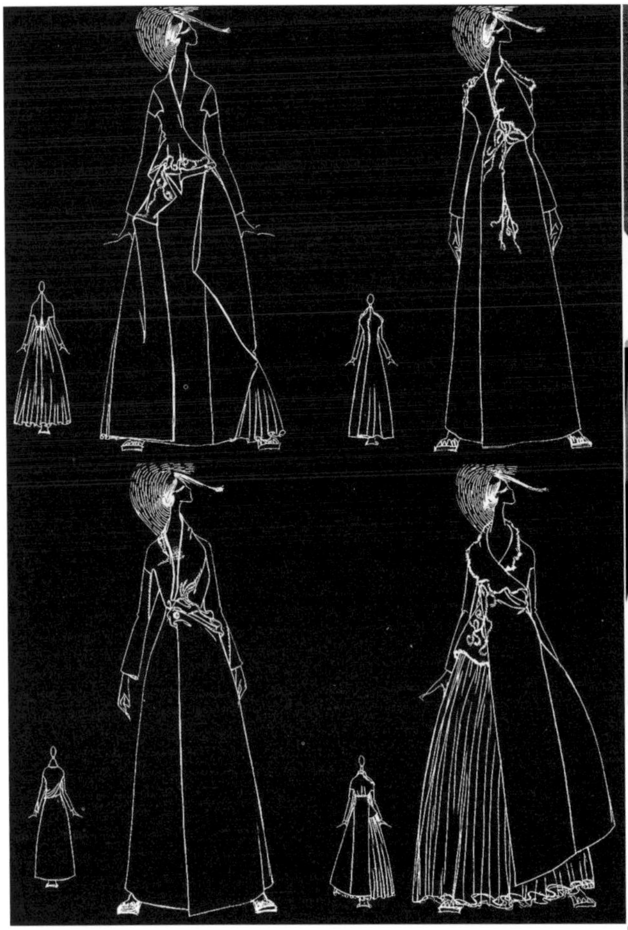

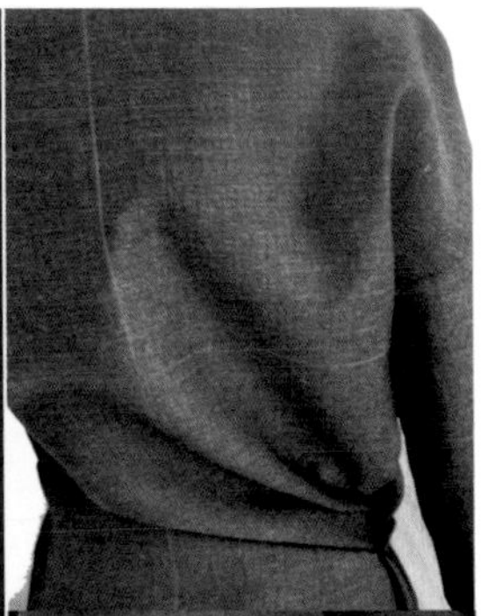

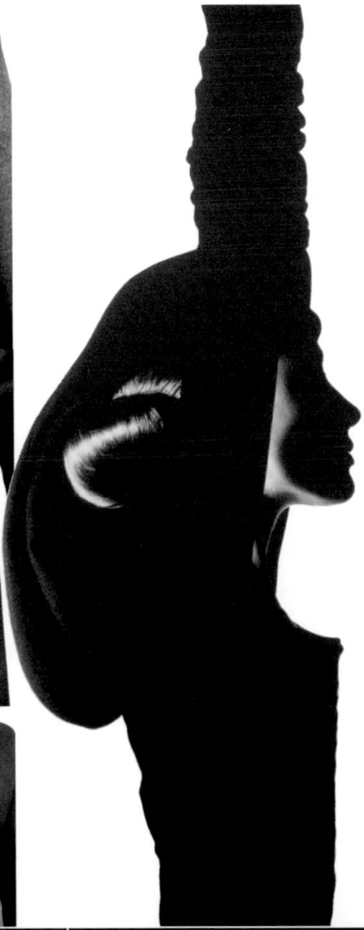

设计师李艾虹设计与实验图，第一步为设计线稿，运用同一种面料绕转为特色的设计手法完成的四款系列设计稿，在款式造型风格语言上达到高度的统一性。将服装设计的结构与表达效果绘制清楚，并附背面图，将掌握品牌设计中随性运用面料效果的流动性感受的表达与表现。第二步是运用相符的面料进行立体人台的实验，以达到设计表现的准确性、合理性和美观性。第三步在四款设计手稿的基础上，选用相应的代用面料进行结构解剖性的设计实验，以验证服装成型后的真实效果，设计与成衣间的无缝对接，完成整体服装的立体裁剪效果，验证设计与成品之间的紧密关联度，掌握设计语言的规律和创新的方法，提升对品牌研究的深入体会。

表现与韵味

服装品牌中设计产品的表现与韵味，是传递品牌影响力的有利条件之一，所以对于设计表现来说也是关键环节。基于立体造型的过程中，设计师熟知面料的特性与选择也要精心琢磨的。依据该品牌的学习研究，这里采用了较适合表现外套大衣款式的面料来研究服装的立体造型，采用常运用面料绕转悬垂产生的富有个性韵味的线形来表现服装的整体着装的方法，自然的毛边化处理，既体现随性的一面又不失设计的精心，线条富有润性，饱满有力，整体节奏感强，突破了常规的服装组合构造，形态上融汇了设计艺术表现的一面。

设计与实验图，衣服的前腰、后背设计细节实验，精彩的局部细节放大图示，包括一些面料上的毛边的细节处理效果的呈现。对制作布纹丝缕的合理与规范性，仔细地画上标示线，掌握好服装穿着后的平衡感，正视该品牌的不对称设计特征。

实践与研究

我们学习品牌的设计特色，只从表面了解是远远不够的，品牌中的许多经验和设计的要点，只有深入到服装本身中去体验与实践，把设计落实到具体的细节表现、结构特点、面料的应用方法，以及服装的整体尺度与形态的组合等才能有所领悟。我们知道在服装设计中山本耀司的个人魅力，他设计时会细微地体味衣服在着装者人体移动状态下形成的每一条线型留给观者与着装者的感受，可见，这是一种对设计极高的要求，这种设计传递出来的线条并不仅仅停留在服装本身，其实是设计师内在审美韵味的传递，使着装者能体验到设计师对设计服装的那种纯粹的态度和心灵的交流，立体实践体验是品牌中不可或缺的一个环节，用人台以及真人来进行实践设计研究是较符合的方法，而且，采用面料的颜色也是用“黑”布来代用，更加能接近品牌研究的需要。在寻找研究案例之前，也是需要有目的性的选择：落肩连袖、大翻领、面料的绕转、不对称的设计变化等特点。在学习体验中能较清晰地认识该品牌服装中的一些延续性设计特征，由于对这些特征的很好把控与创新发展，逐渐组建品牌的整体形象深入消费者的生活体验当中。

（下图）

这款具有该品牌风格的特征的上衣外套，正、侧、背的立体裁剪款式造型图，主要设计特点在领部的造型主导了服装的醒目焦点，下摆也是处理得比较干净利落，在设计上插入了放射状百褶的造型，使服装在运动中增加了动感的效果，塔型的领线与插肩连袖的线型自然流畅，既有女性的一面又有沉稳低调的一面。

（上图）

该款裁剪的平面展开版型图，一共由8片组成，在立裁时用滚轮划粉在黑色的面料上标注清晰的标示线，以便版型展开后能够获得清晰的造型线与准确的尺寸，以及衣片拼合复原时的准确造型，通过这样的方式，我们可以在版型特点上理解设计款式的造型形态与品牌风格之间的衔接关系。

实践体验

我们在研究解剖一件设计师的服装作品的时候，首先要了解设计师的一些习惯性的设计经验和主要擅长的技术要素，再分析服装的整体组合的结构与特点，在把握服装的尺度方面也要有好的感悟，在这样的基础上展开实践是比较好的开端。此款也是该品牌服装中一款较具有造型感的服装，特色与亮点表现在衣服的下摆上。下摆运用了一个面料的转折结构，设计形成了几何感的下摆廓形，这种方法也是设计师常用的设计手法，活用面料使面料在构成衣服的过程中说出自己的语言，在配合整体设计的基础上，对上衣的前、后省道的处理也形成放松状态，与下落的肩袖关系的宽松状态协调起来。袖口特意与下摆的几何状相呼应，使服装的整体感显现品牌的精神传递。

（图1—6）

此款服装的解剖操作过程图示，上图为衣服上半身的正、背、侧的展示图，下图为整体衣服的正、背、侧的展示图。

（图7—8）

此款短裙是左图外套的夏装搭配的裙子，看起来非常简约，但在结构上同样运用了转折结构，侧面的裙子立体的几何造型是此款的主要特征，由此，在设计特点上与外套风格形成高度统一。

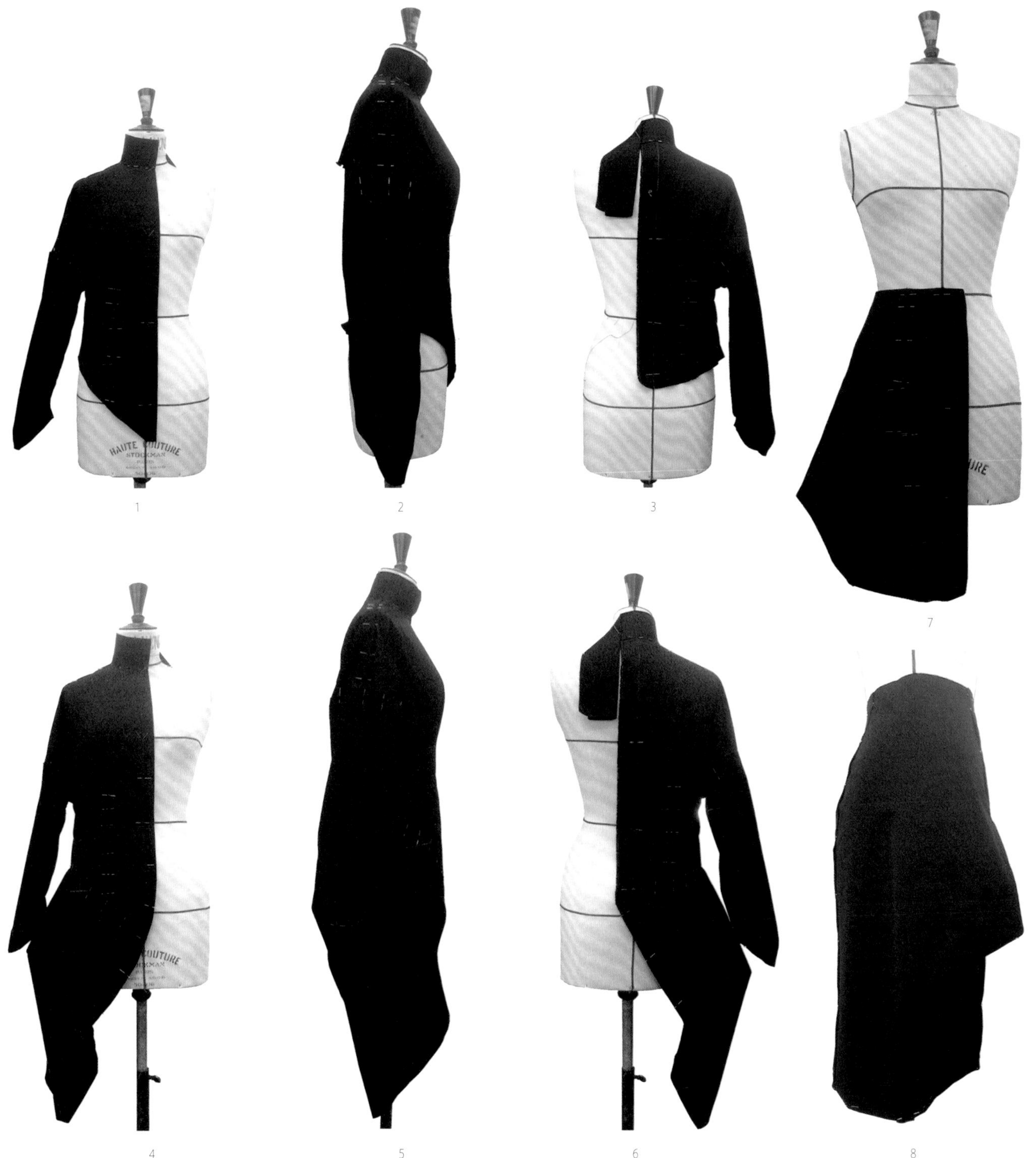

1　2　3　4　5　6　7　8

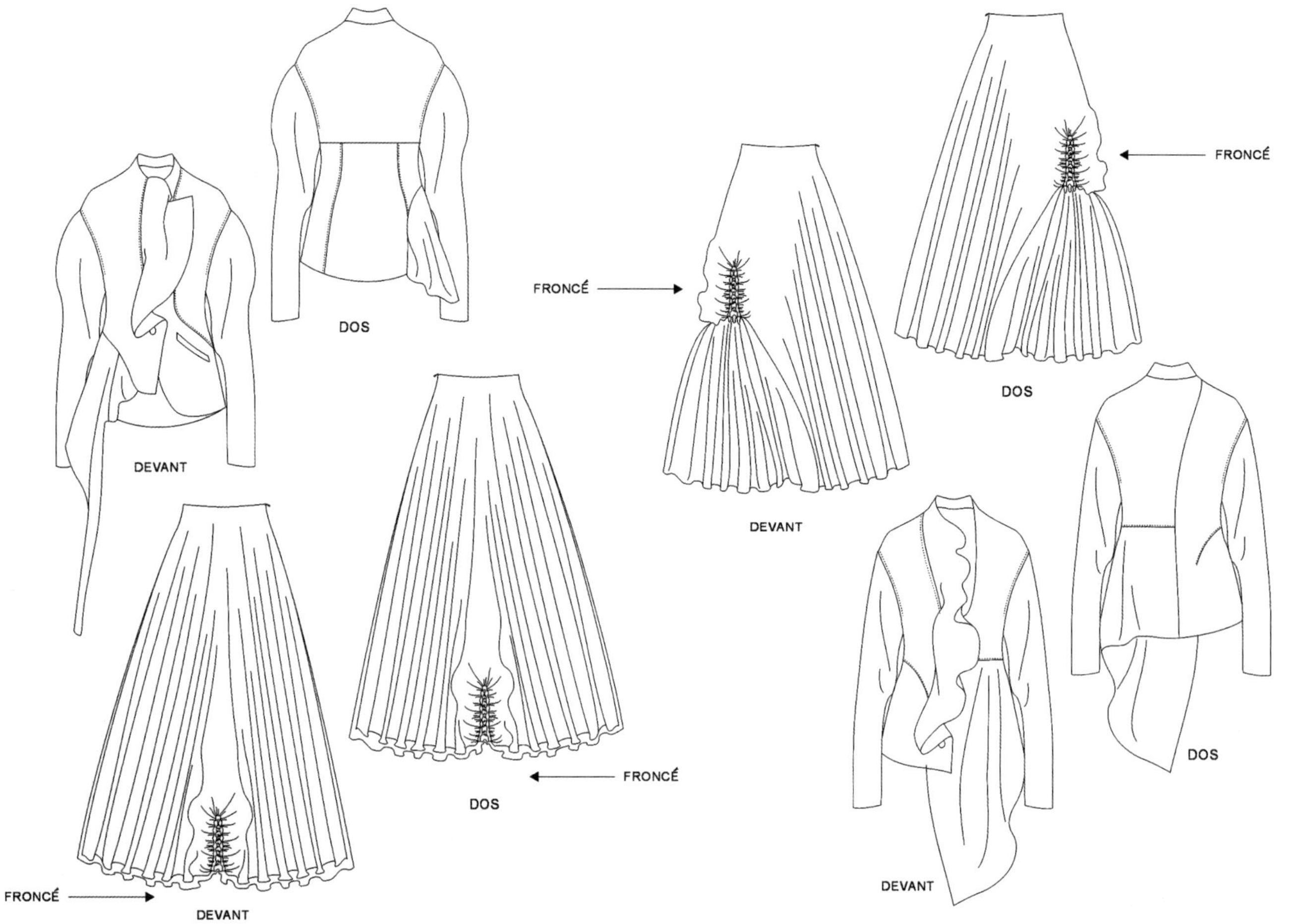

DOS

DEVANT

FRONCÉ

DOS

FRONCÉ

DEVANT

DOS

DEVANT

FRONCÉ

DOS

FRONCÉ

DEVANT

设计师李艾虹运用电脑绘制线性表现服装的效果，在较严谨的线性中寻找品牌的解读，这三套服装的材质线性语言表现统一，表达服装设计语言与品牌研究上的共鸣因子。

（对页图）

设计师李艾虹手稿的线性表现服装的效果，运用流动自然的线性语言对品牌设计解读中运用面料的悬垂、绕合过程中的款式造型变化和特有的自由美感表达。

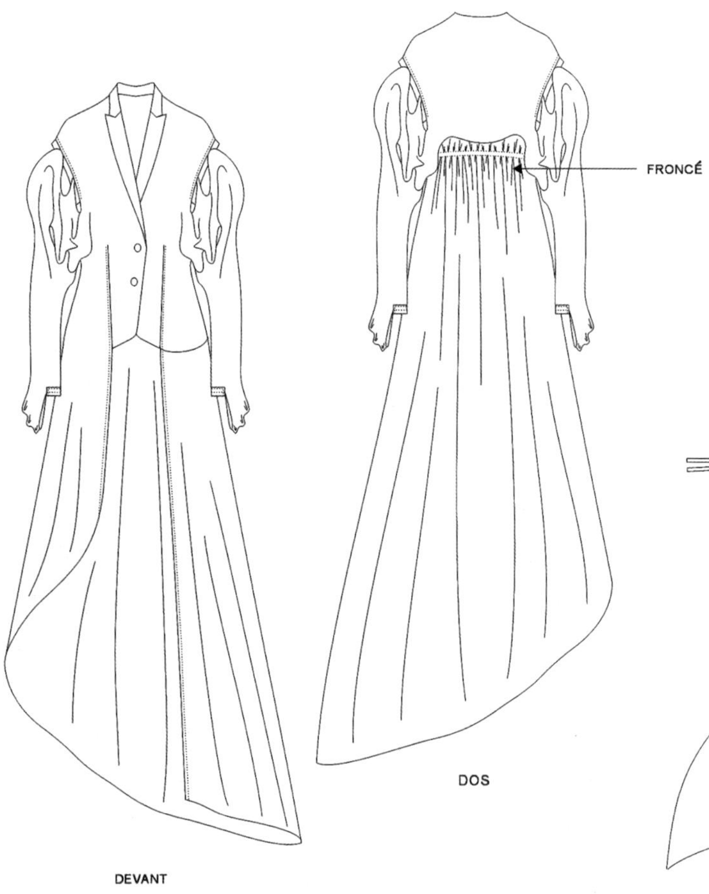

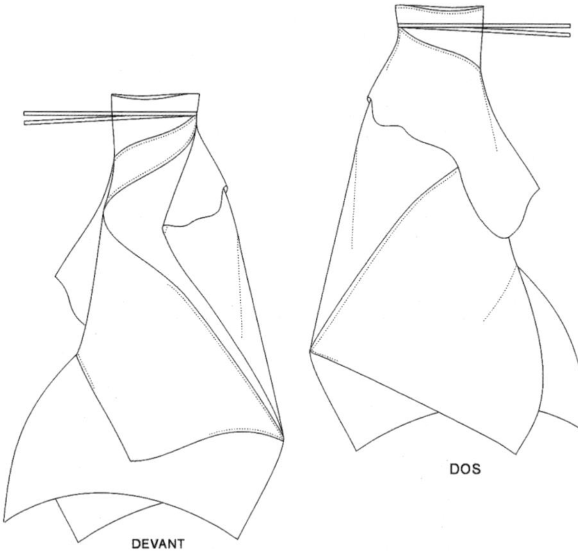

FRONCÉ

DEVANT

DOS

DOS

DEVANT

线形与语言

设计语言的出现并不是靠想象能够整理的比较系统，在实践研究品牌个性的基础上，对服装成型原理有了基础性的掌握，在设计中融入服装在空间中服装材料的自由转动出现的一些空间线型，在绘制设计草图的过程中感受变化带来的设计语言与品牌风格之间所形成的关联性，服装设计图中所流露出来的形式美感，通过面料的结构方式，由面料的悬垂流动性在服装上形成有节奏的疏密线形表现出来。

选取的一款具有建筑感造型的亮点的服装，作为解剖研究的案例，首先分析其结构的组成部分，展开联想，着重分析下摆造型与面料前后随人体旋绕的关系，在充分理解的基础上，再运用立体人台开始有秩序的解剖。详细记录立裁操作步骤，正、背、侧的立体裁剪造型研究，并在坯布上做好带有标示与记号的平面裁片展开图，逐渐发现裁片的线型与分割的关系，型与形之间的连贯性和流畅性具有抽象图形的美感，可以感受到设计师的别具用心。

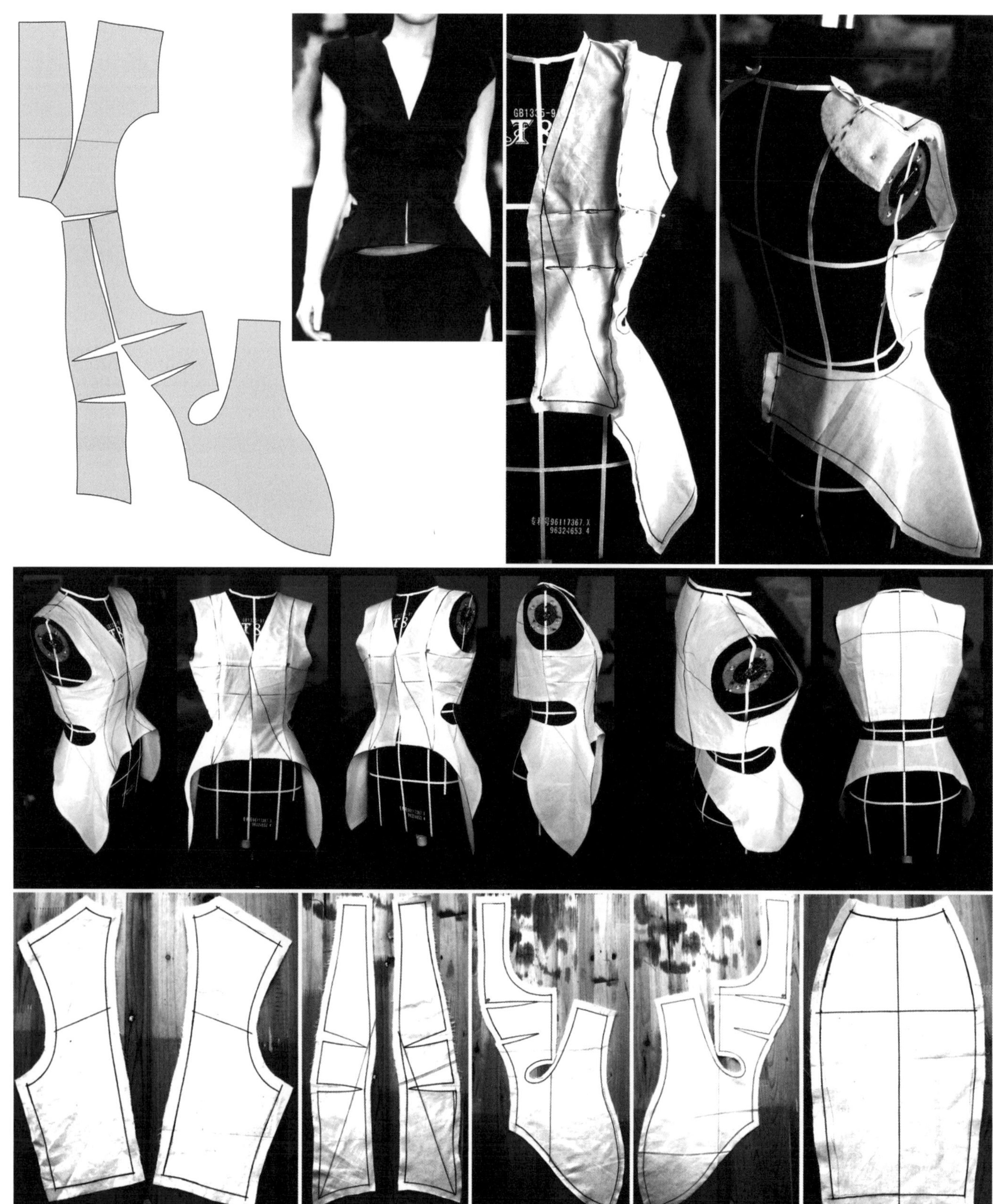

空间与视觉

服装在立体造型中，要用二维的面料来塑造人体外在的三维空间，在成型过程中，设计师会采用多种方式来解决问题，这里所要强调的是感受面料在空间转换中，设计师把控的空间度量形成的服装设计独有的形式美感，在人体上富有支点的部位，使面料容易形成合理化的随性造型，是该品牌的一个设计特点和亮点，从中借鉴在时装效果图的绘制表现中显现出来。

运用设计面料来即兴设计与创作的方法，也能带来对品牌风格理解的设计把控，在实践的基础上衍生对设计语言的掌控，设计效果图的印象也能融入其中。

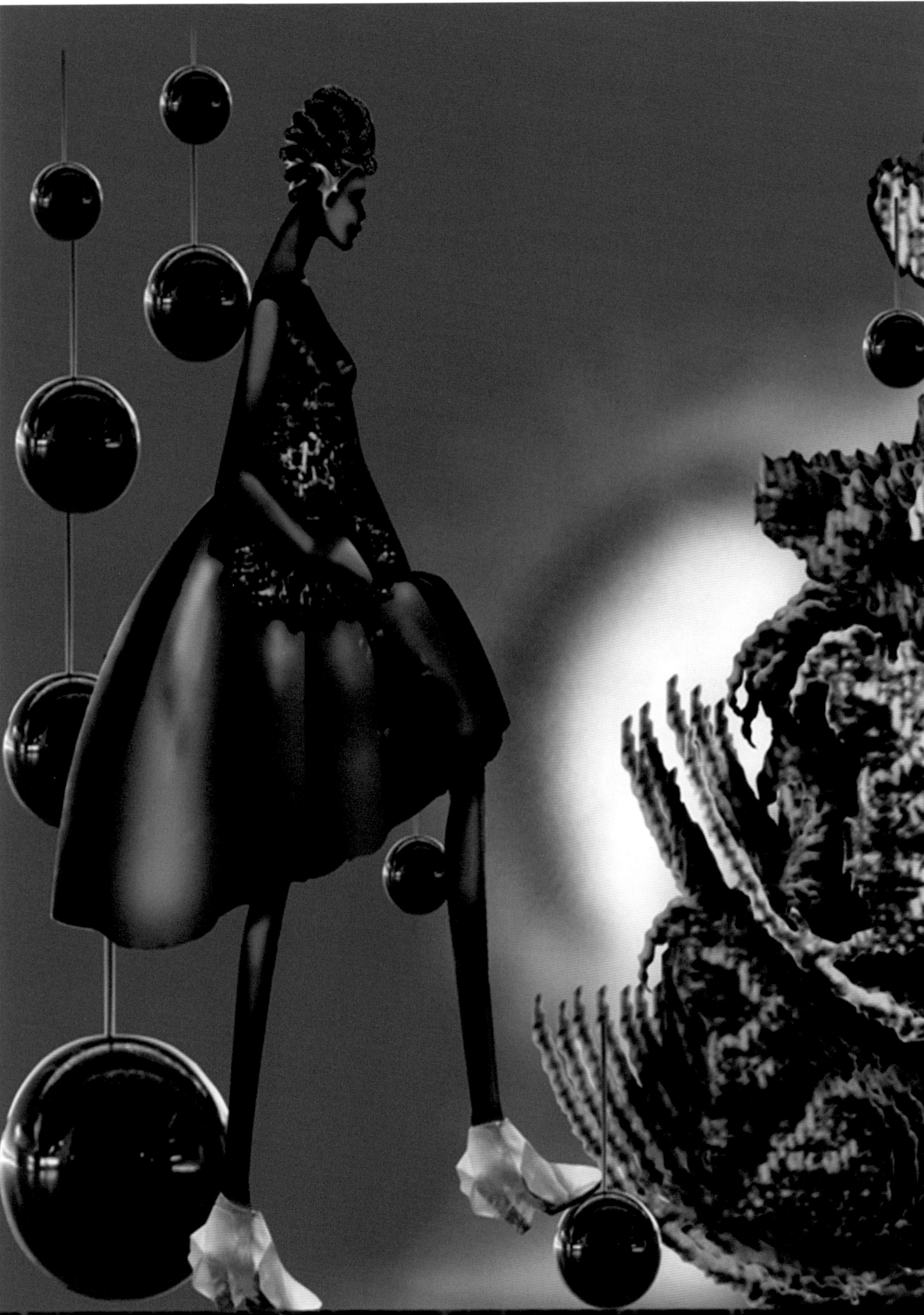

品牌研究案例 3

巴伦夏加（BALENCIAGA）

我们在研究巴伦夏加品牌中，首先对该品牌时装屋的发展历史进行解读，在理解整体品牌风格的基础上展开重点研究。其次，主要集中分析该品牌设计师在不同时期创造的许多独特的服装廓形的造型风格语言，运用标志性的图形高度概括了品牌中出现频率较高的时装廓形造型语言，我们从中能够体会到这些造型语言推动了该品牌的风格体系的不断深化并为人所观注。最后，运用实践研究来解读服装内在设计成型的技术要求与感知，在体验中获知设计的关联性，具备一定经验的基础上展开自我创新再设计的实践运用，使树立的 品牌形象概念更加明确和深化，对品牌风格的把控有了可循的依据。

服装空间造型语言的风格设计表现与拓展："廓形"是表现服装造型语言的一种视觉整体印象，廓形的空间造型在一定程度上确定了服装造型风格预言的基调，也同时体现了服装与人体之间相互衬托与形态修饰的关系。巴伦夏加品牌中设计师对女性形体的姿态研究有独到之处：我们知道有一种说法叫"法式优雅"。"优雅"一词用在表达对女性的赞美显然是非常贴切的，然而对于"法式优雅"的理解，不是人人都能够体味到的，这里我们看巴伦夏加是如何演绎"法式优雅"的。把女性的站立姿态上半身往后仰，髋部前倾亭亭玉立的姿态是巴伦夏加对女性的最大的美学恩赐，为了塑造这种独一无二的"优雅"形态，他突破了服装造型的形态，设计出前面合体而夸大后背空间的服装造型，在服装的"廓形"创造中形成设计风格语言，可见，服装廓形语言在设计中的表现显得尤为重要。在巴伦夏加品牌中，我们在深入研究中选择用"廓形"语言来归纳分析该品牌中代表性的设计风格特色。在贯穿品牌设计中逐渐清晰地将品牌对"女性"的审美语言与品牌风格文化很好地融合起来。在品牌不断循环的创新设计中持续演绎与创新，顺应时尚业的发展具有时代适应性等特点。以此借鉴设计师对当代人群的审美需求的变化，在适应人的生活方式的同时，融入自身对美学形态的追求，在设计创作的经验中不断地归纳形成自己的造型风格语言，在不断的被消费者所认同的着装方式中稳固品牌风格形象。

在研究中，由于实践部分的跟进，在立体的人台上，用面料去尝试实现其品牌中结合技术知识的提升，补充有利的条件，随时可以去巴伦夏加的品牌店考察最新的当季设计款式，你可以清楚地知道产品中沿用了该品牌的哪些重要的设计元素，强化了什么，弱化了什么，学校借由经验的品牌设计引导，再加上实物款式的详细分析，在综合自己的理解方式，对该品牌中引起兴趣的点展开重点的设计拓展研究，在一步一个脚印的渐进的学习中，你的思维方式将会豁然开朗。在设计时，可以迅速抓住切入点，你可以在 1—2 个小时内运用连续性思维画出 50—100 款设计小手稿。这样的速度有利于排除设计中有些不是主体的因素，使设计风格语言高度地统一和设计变化深化能力迅速地提升。

在此章节中，通过四个不同方向的研究案例来阐析基于品牌研究性基础上的设计意识。第一个案例;廓形归纳、展示聚焦、创意表达、设计拓展、实践应用五个方面进行详细地演示，主要是延续品牌再创新的思路展开的设计研习。第二个案例：设计方法、灵感导入、设计衍生、品牌建构用四个方面创造性的发展设计演变的方法。对于设计师建构自己的品牌尝试从该研究的品牌中获取设计方法的途径，这里我们可以看到设计师设计发展的借鉴性和清晰的拓展思路，用翔实的图例说明了思维演化的过程。第三、四个案例，是在实践中发现设计特点的基础上，在设计创新款式的制作和亲自穿着体验中获得对于设计风格的理解。

设计师李艾虹设计以该品牌风格语言为基础绘制的时装画。

（对页图）

设计师李艾虹研究巴伦夏加品牌设计的印象效果展示图。

廓形归纳

廓形归纳方法：梳理品牌历年时装设计作品，同一类型的时装归纳出主要的廓形特征。分解成概括性廓形特征的几何图形作为服装造型的视觉印象。筛选了代表性特征的“廓形”九种类型进行比较：姿态寻觅驼背装、酒桶廓形装、前身合体夸大后背空间装、婴儿装、海军衫、“T”型装、锥形造型、“o”型装、倒“T”型装。并对同一廓形的款型设计变化进行分析研究，在不同时代与时间段里设计应用的不同变化，以及继任设计师对品牌的解读在设计上的再创新的设计技巧。在这些信息的反馈过程中，不难发现许多在我们日常生活当中也会被用到，但是，该品牌的内在造型的设计技术的完美表现，我们因技术因素的缺憾难以与之媲美。这就是在此书研究中非常重要的一个方面，设计解码就是要从实践研究的认知性上，在传承与创新中学到方法，而在再创新发展品牌的可持续性方面打下坚实的基础。

该品牌研究的典型服装“廓形”归纳演示图，对该品牌的造型特征和设计经典有一个全面的理解。品牌中包含了——“酒桶型”“前贴后松型”“T 型”“婴儿装型”“海军衫型”“锥型”……

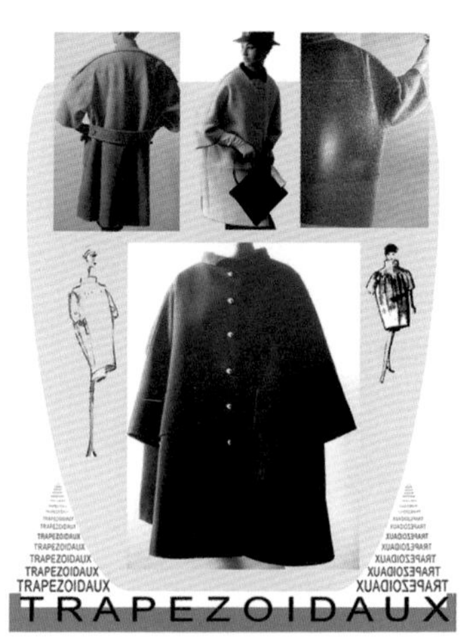

展示聚焦

时装似乎可以比喻成一个舞台，一个具有个性化的舞台，所以时装天生就是以“T”台秀的形式展示在客户面前，以最为瞩目的形式呈现。此系列作品《背印》在创作理念上赋予时装新的含义，此组研究实践性的设计作品展现了设计中独特的造型语言的拓展与深化。在设计中赋予当季产品的一个总体印象，给消费者一个定格的风格，在“廓形”的分解中，我们模拟出在舞台展示中的印象与效果，来验证设计开发的可行性，通过舞台展示空间与远观“廓形”时装在空间中停留的印象深刻度，与整体款型变化的节奏感等方面来确定产品开发的整体视觉焦点和设计效果。

[下页图]

设计师李艾虹研究该品牌“前贴后松型”造型语言的基础上，展开的对服装侧面廓形的变化演绎，运用于材质面料和服装内在结构线构成的系列服装设计效果图得以完善。整体构思富有节奏，变化廓形夸张有度，结构精巧合理富有极强的突破和创新理念。

该作品前期的服装廓形侧面印象在舞台上模拟展示和依据廓形设计的服装效果图的风格演示图。

创意表达

此系列展开设计锁定于同一“廓形”的拓展设计，在设计思考阶段，首先去除了所有外在因素与细节的影响，是从纯粹的“廓形”的剪影入手，选择前身合体夸大后背的空间装作为设计目标，取其最能表现廓形特征的正侧面的姿态来表现设计视角。首先以设计手稿的形式初步表达设计构想，在短时间内捕捉对造型语言的第一印象的变化驱动，当你迅速画到第100个或更多的变化，此时可以停下画笔，回顾你的设计过程中留下的印记，从中挑选出自己最满意的15—20款造型，再细化完善廓形造型的设计发展的可能性与合理性，以及系列节奏的视觉变化性，同时把控好廓形的美感与风格基调。这种运用同一廓形语言特点衍生拓展的设计表达，我们能够非常清晰地感受到系列服装风格的统一性，与设计变化拓展性上的设计力度的表现。当我们研究同一廓形的造型设计技巧，在设计应用的过程中如何展开思维，形成设计主题性的创作，这需要经过一定专业化的训练。这种专业训练可以帮助设计师更成熟地理解品牌风格语言的锁定与强化。

设计拓展

时尚是一场革命，每季的更新与创造似乎与实践如赛跑一样地运作着品牌，在这种不停息的时尚循环中如何不断地拓展创新，需要设计师非常准确地搜寻到自己的设计目标与设计方向，在解读时尚品牌的过程中，对时尚循环的理解会更深入。如何在持续品牌设计中拓展创新是设计师掌控品牌命运的砝码，在很大程度是展现设计师的创新性设计才华而引发消费者的购买欲。在设计拓展这一步延续廓形设计的选定基础上，融入时代变化与时尚趋势的意识，介入更多的设计趋势上的消费因素，介入新面料材质语言、色彩体系与造型语言的融合性，更多的注意细节上的变化和吸引焦点，在此系列中明显感到材质语言带来了设计上的新鲜感，再加上具有时新的结构线性的精致装饰，设计造型与设计细节传递出设计趋势的变化与视觉创新的亮点也凸现出来。在效果图的表现上更符合现代女性的灵动与活泼的需求，在特别廓形的依托下也不失年轻女性的妖娆体态的美感展现。可见，在设计研究的传承与创新中做足了细致的分析与大胆的拓展。

(对页图)

法国设计师多米尼克 · 佩兰 (Dominique Pelle) 的时装画艺术表现。

该作品的四组款式效果图、正、背、侧结构图及工艺制作要求细节图等。

实践应用

在确认设计的可行性之前，一般会先做尝试性的结构造型分解研究，运用面料在立体的人台上分解并感受设计中结构、材料和造型之间的关系，以及比例尺度成型的美感等，在分析与研究的基础上，将合理的结构图绘制出来，以便加强成品制作上的设计表现的完整性。在实验的过程中，首先是学习该品牌中设计上的一些区别于其他品牌的特点，结构设计的处理与设计表达效果的准确性是否相符，其次是在设计过程中材料的变化与应用也会对设计造型有所影响，所以在实验的同时验证并选择合理的面料材质特性。因此系列作品中对造型的要求比较高，在设计过程中需要有较全面的技术支撑才能完美地表现服装最后的设计成果。在设计开发阶段，设计师必须能够全盘把控设计的终端表现与设计创作时构想的契合度，在这样的思考过程中尽量避免反复性，以达到实际转化的预想目标。

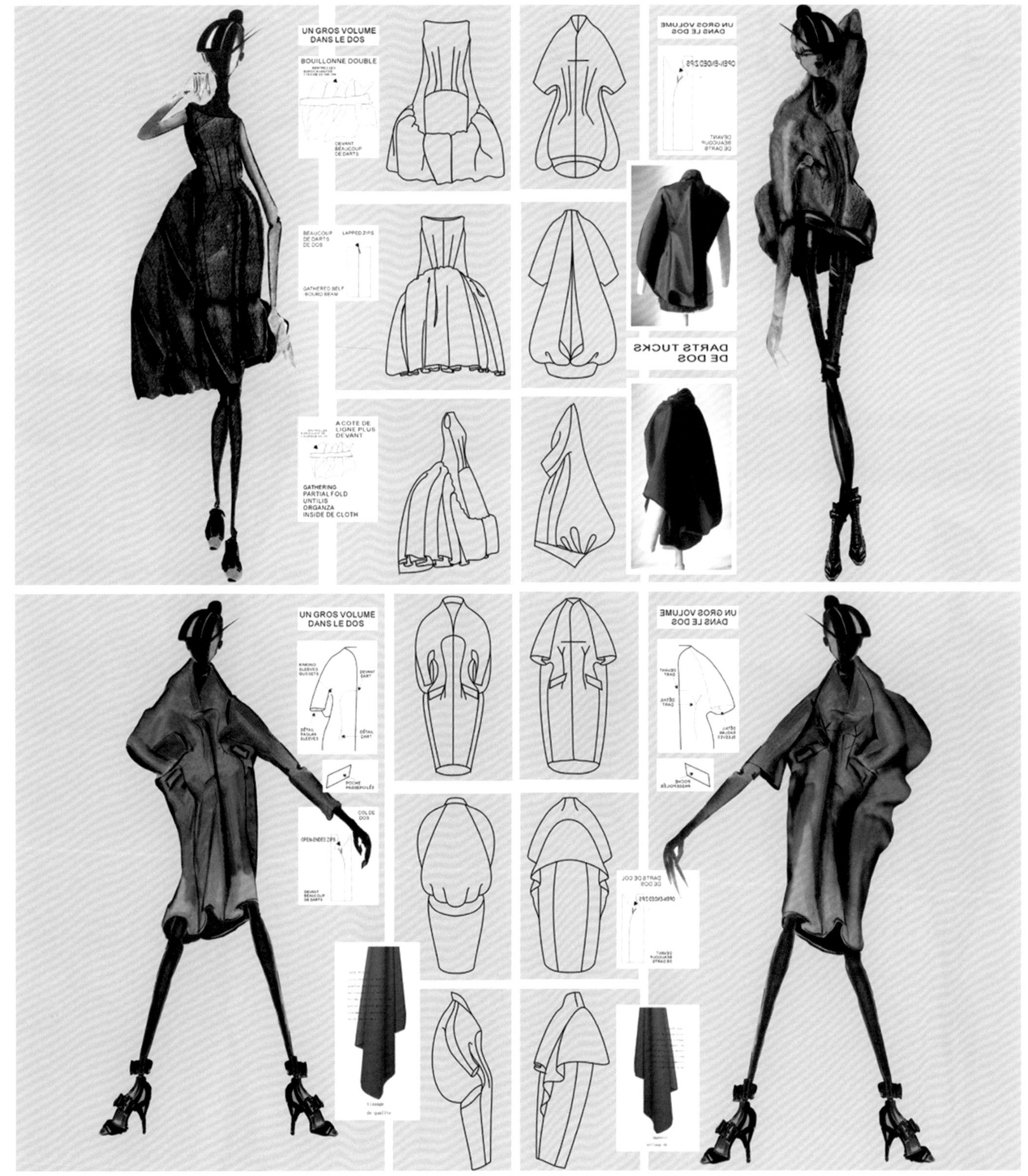

设计方法

设计方法一般因人而异，在时尚设计中，一般成功的设计师一定会凸显出他的时代观念、时代需求、时代趋向。我们在教学中如何去分析与看懂设计师的创作过程，是学习者一直想知道的内容。首先我们来了解一下关于设计之初的一些问题。设计在开展之前，除了学习与掌握自己认同的设计风格、技艺传承、服装研究等，如何激发创新的欲望是比较关键的因素。我们如何展开对资料、信息资源收集的导向与方向性问题的探索，这个将会具体到非常个人化的问题。那么，在学习中注意平时积累的方法，是比较能够落地的做法，拥有一个好的信息资源记录手本，能够帮助你提升设计能力，即稿案手本（sketbook）。通过有选择性的收集信息整理出一本个性化理解方式的设计思维语言，来强化个性化感兴趣的话题。简单地说，他是从事艺术、写作、研究领域的艺术家、作家、科学家随手记录创作思路与创作过程的文本。在时装设计中，往往呈现的是一些关于设计创作而收集的“背景资料”“色彩研究”“技术支撑”“审时日志”“款式研究”等内容。这个手本并不是当你创作一个作品的时候专门去做的，它从某一方面反映了设计师的全面的修养，可以通过短期的、长期的过程来形成。一本好的稿案手本，如果能形成螺旋式上升激发设计创意的框架，将成为设计师源源不断的设计创新的资源库，不断地激发设计师的创作“灵感”。

灵感介入

设计师在学习研究此品牌设计创造方法的基础上，可以运用自己的视角和个性从设计启发的源头介入到设计创新中。在这里选取了独创设计师品牌的新锐设计师李海亮的设计创新的设计整体案例和过程，我们从中能够看到设计师如何在运用巴伦夏加研究基础上，介入灵感来源进行创新而富有严密逻辑性的设计创作过程。作为一名优秀的设计师，必须具备丰富的创造性和强烈的个性意识，从自己的知识范畴中寻找隐藏的设计主题的原始素材，收集信息和分析属于自我创造的风格方向，同时还要拥有敏锐的感知能力。设计师对于设计创新的突破点往往是极其重要的。一位优秀的设计师，为了使自己的设计创造保持新鲜感，要在平时的学习和生活阅历中，不断增加这方面的素养，细心地观察与积累好的素材。虽然在创作中并不会马上去运用，但当这些信息在设计师思考的时候会发生碰撞，在一定程度上会激发其创作的欲望。在这里，从其创作的灵感源看到，采用了艺术家的艺术作品，非常具有代表性。我们从艺术作品所表达的视觉语言中可以看出，设计师将其通过自己的创作及理解方式展开应用，而且，用自己的生活阅历，将其衍生到生活中同一类型的自然现象所留下的痕迹，更深化了自己的创作根源性的说服力。往往一位优秀艺术家作品的创作也是从生活的阅历中产生的，所以设计师与艺术家的创作方式有共通性，艺术家创导的是一种观念，一件具有影响力的作品，而时装设计师创作的是一件与人们的生活息息相关的物品，而这件物品具备艺术性语言的渲染，给予穿着者一种较为欣赏的心理暗示，那么，时装（物）被消费者接受的可能性大大增加。可见在设计中，设计师能清晰有序地反映设计思维脉络的重要性，由此提升原创设计的能力与设计作品的可解读性。

此部分案例由设计师李海亮（Li Hailiang）对作品案例本身进行详尽分析，对于探知灵感的产生和设计创新是最渴望知晓的创作过程有一个全面的展现。收集灵感来源及相关素材，对于设计者的艺术表达和自我设计理念的观念方式的认同，对时尚设计的创新方式有自己独到的理解方式和个性语言，并结合研究巴伦夏加品牌的设计风格语言，整理自我发展的设计解读方式，从中我们可以看到设计师的具体设计展开的思维导入的起始的构思全过程，品牌延续性的发展空间的底线不会枯竭。通过设计师对生活中关注的每一件物品，一个无瑕疵的物品形象，如画框、凳子等，从设计的表情中可以看出原始的特征。然后变成一个具有艺术语言的无用的小东西，就因为有一种方法能让我们从新的角度看一本书，这就是解构理论的审美美学对设计师的灵感触动的开端。

Une figure impossible crée à l'aide d'une sculpture, l'expression de design se dégage la definition originale, et devient un bibelot apparemment inutile. Juste a cause d'un moyen qui apparait lui-meme, on pourrait lire un ouvrage d'un nouveau point de vue, et une nouvelle possibilite en sort.

画框“榫卯”结构的解构探索作品与“凳子”形态解构集合性组合的雕塑作品。

第一步设计者集结了设计师观察生活中的不同场景自然现象中发生的具有相似情形的图片，通过对事物的重新思考与物体随时间与外部力量的博弈中产生的现象预留痕迹中去作出自己的判断和联想，对于时装设计创造性突破的设计语言的锁定与规划。

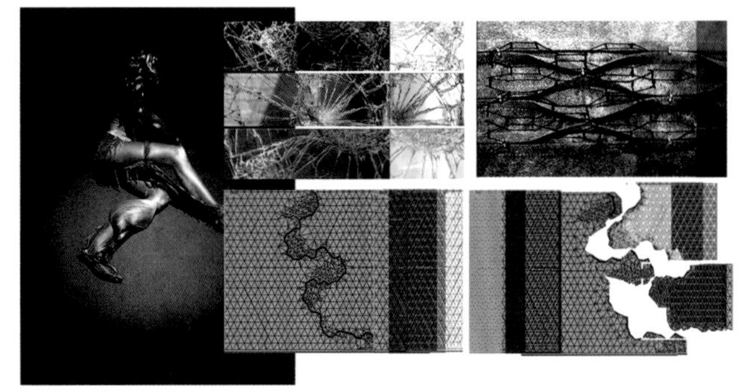

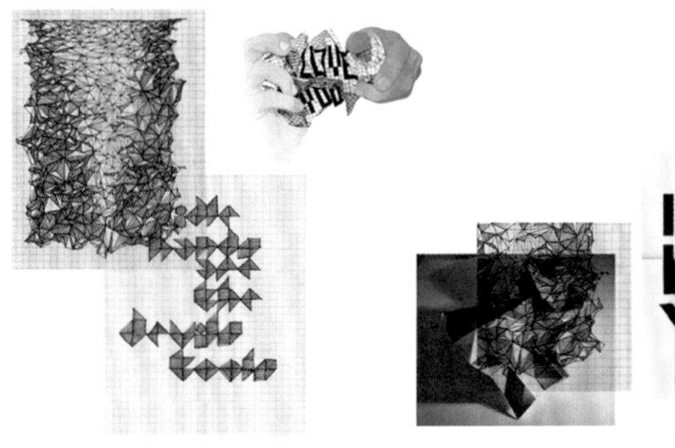

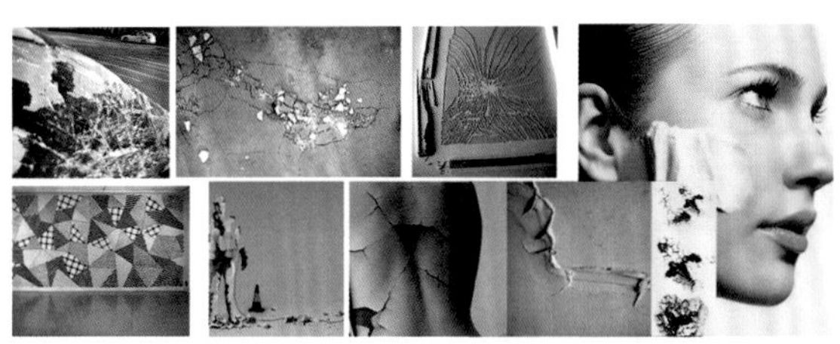

（上图）

设计师李海亮收集的自然变化现象的灵感源资料。

第二步设计者演示了以上在物的观察完整与解散动态变化中悟到如何与服装相关联，并从服装本身出发从多角度进行完好与解散的过程变化中模拟现象产生的变化，感受服装在此过程进程中的结构分散的美学思维，在结构与面料材质变化上发生碰撞，以提升设计者的创新思维的想象力，使设计进入时装设计再创新的界面。

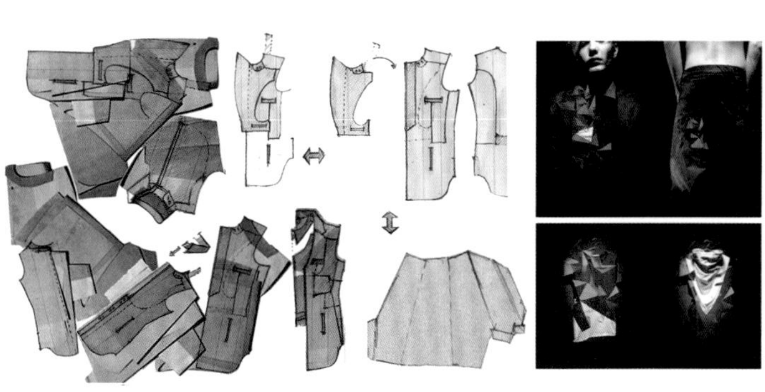

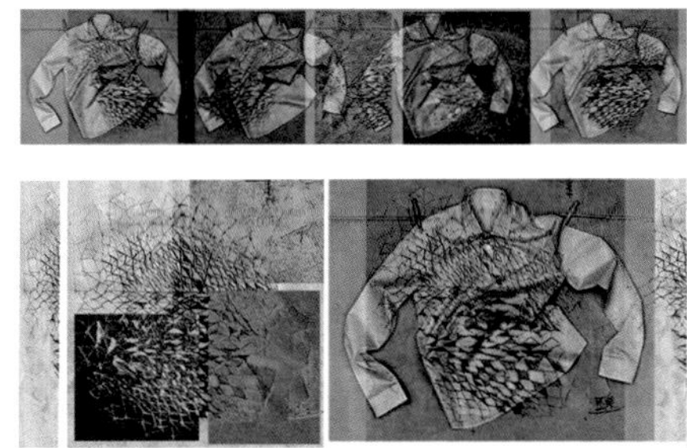

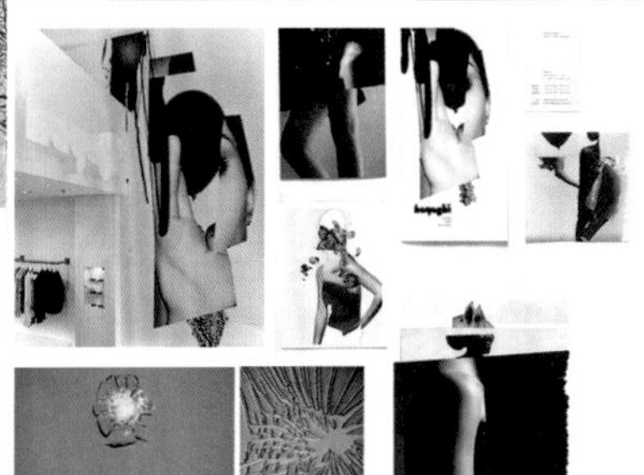

（上图）

设计师李海亮收集的与服装解剖相关的灵感源资料。

设计衍生

时装设计的创作方法有它的特殊性，在一个设计理念与设计构思的下面，并不是只设计一件作品（也可以说一件衣服），它是需要在一个题材下不断演绎的创作系列，即小到几十套大到几百套时装的概念。一般在高级时装品牌中一季产品的设计创作有严格的要求，所以，在设计创作中既有一定的自由度，也有相对的束缚性。衍生在这里指一种基于逻辑和基于规则的设计过程，以此来创造出多种的设计解决方案。在这里用设计衍生的说法来解析时装设计的不断拓展的方案。我们知道设计的出发点有很多种：有人喜欢一件事物；有人喜欢一种抽象的概念；有人喜欢追随大师等。但是，无论有何种方式激发你设计创作，在设计衍生中如何去把控设计的逻辑性发展，是需要在设计中不断地训练，不断地学习的。一般我们在看到设计师发布秀的时候，只能看到系列作品最终呈现的效果，也可以在销售的品牌中见到或体验到其设计的反馈，但是，设计师在设计之初的源头与设计衍生的过程，却很少能够被解读到，虽然会有相应的一些文字说明和零星的效果图、工艺图出版发行，也很难满足学习者一探究竟的好奇心，我们只能用一种倒推式的方式去了解设计师。在这一案例中，我们保留了创意品牌设计师从创意灵感的选择、设计题材的丰富、设计手稿的演化，来完整地展示其设计构思的过程。

此部分设计师李海亮选取一个对于“床”发生的一切现象，进入自己设计创意的出发点，在创意中应用了品牌研究性的服装风格廓形的把控，在几乎近似的廓形中去寻找设计创造的无限空间。连贯的、循序的、渐进的发散性思维的设计方法，我们从设计手稿的变化规律中可以看到设计者的专注与用心。在研究中确立形成自我风格的品牌设计语言体系，有目的性地为自己的发展指明方向。

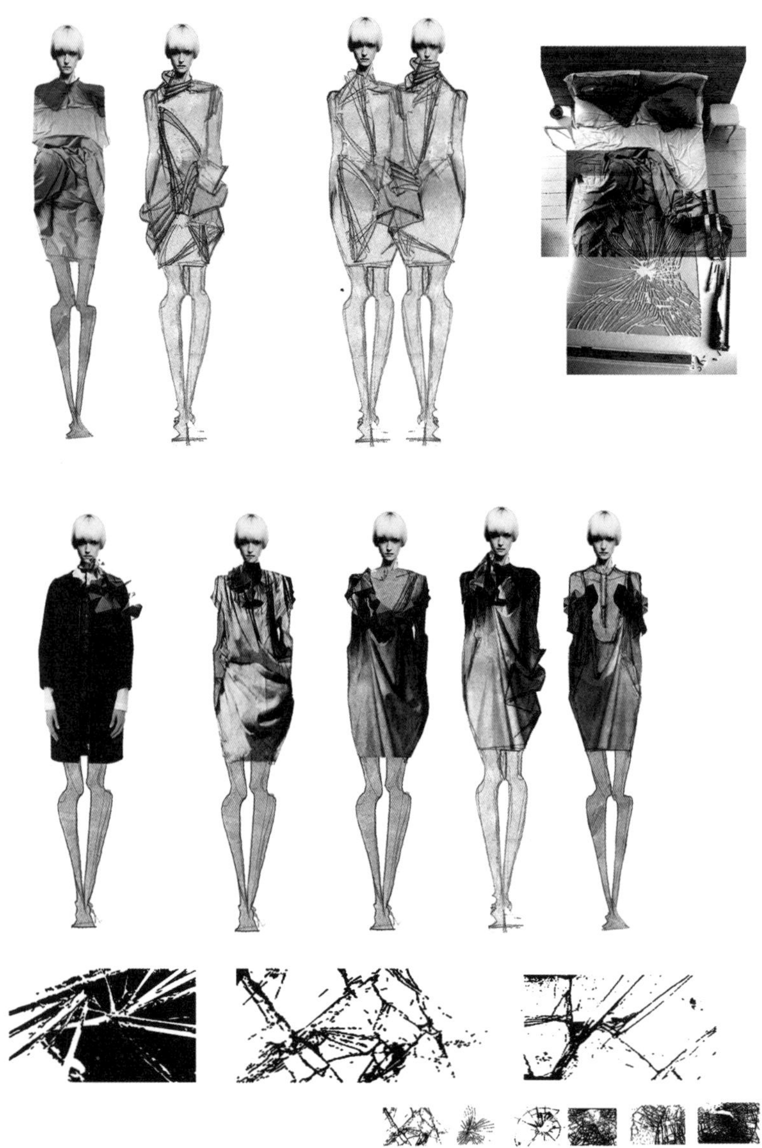

第三步设计者以双人床的缠绵的床铺外化与内在的构想展开设计思维的拓展，以人分合与衣分合的情态为设计语言，采用静态与动态的衣服的舞动与变化中找到设计演绎的出发点，通过对旁观事物的静态与时间延续后的动态变化过程图例来加强自己对设计语言的肯定与自信心。设计师在此基础上进行大量的设计构思草图的迅速记录，从中寻找到设计的契合点。

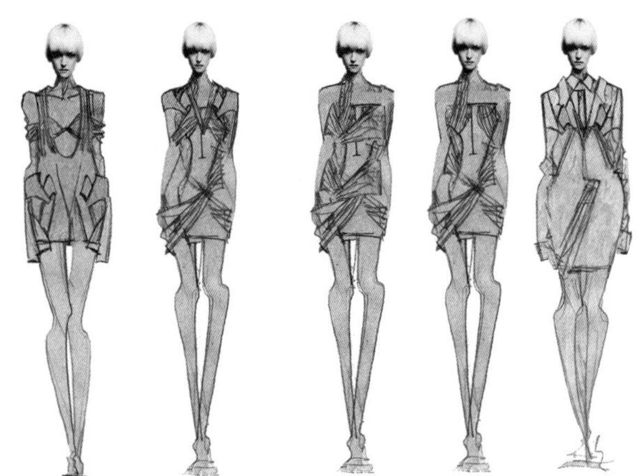

设计者发现设计切入点的设计思维演变过程解读与多角度的设计思维变化方法。

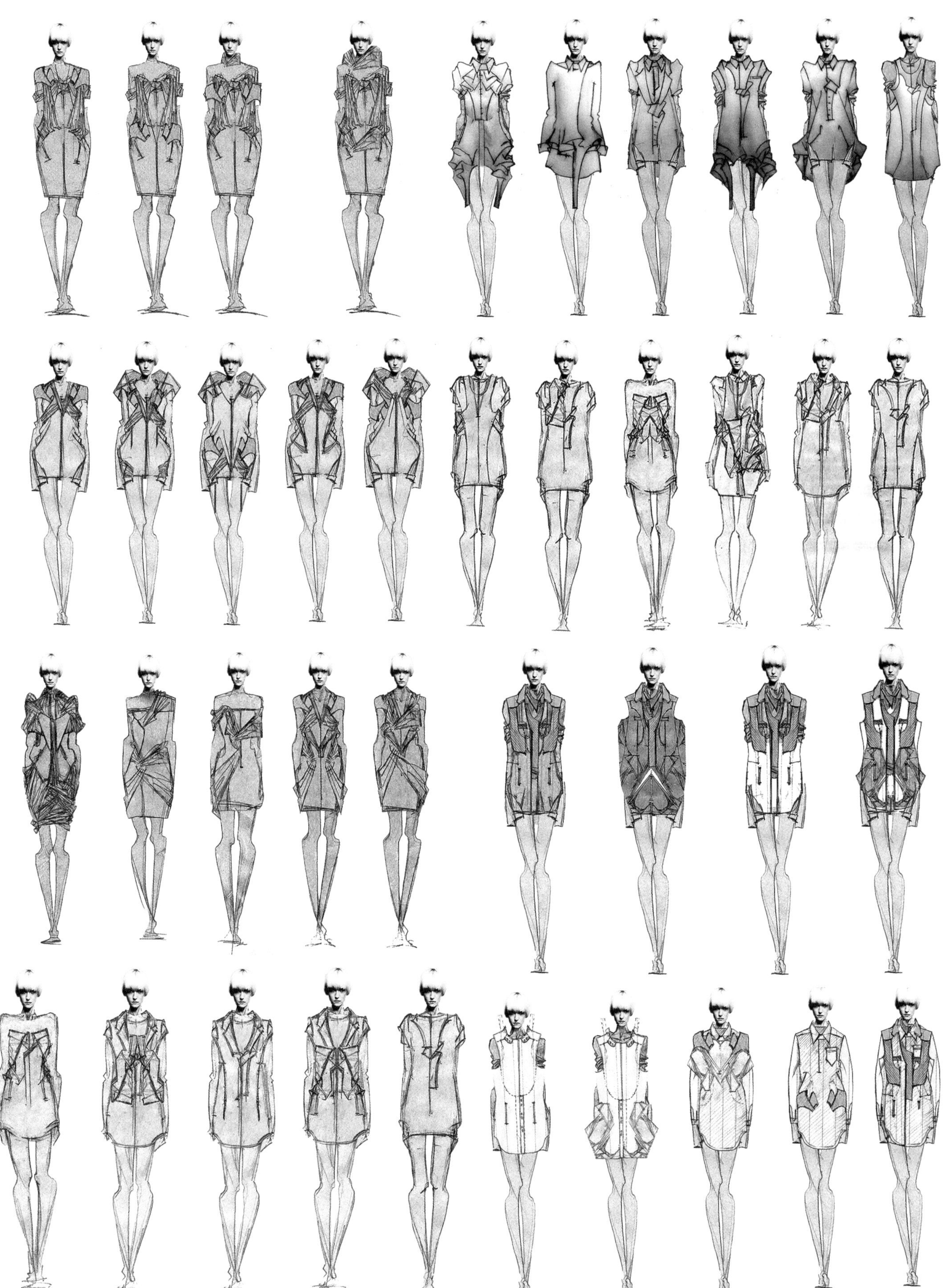

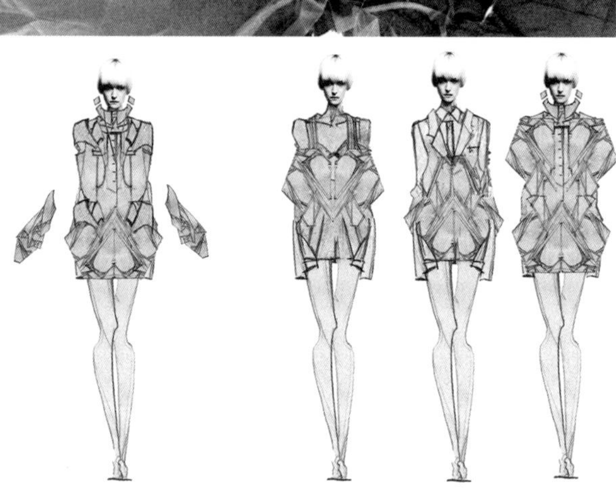

设计者设计思维演变过程的连续性设计演绎群组图例解读。

此部分设计师李海亮运用打散构成的方法，由繁至简的分解设计过程的演示图，在服装的不同部位，增加与删减服装结构设计的可能性，与其服装设计造型变化的适应上做了实验性研究，将灵感源中的碎裂形态与时装设计的表达方式相一致。

在品牌建构影响因子的基础上，设计师延续同一性灵感源的基础上，延续时装设计的设计手法，进行品牌配套产品的配饰设计开发上，这里主要应用于女装手包、背包的设计。与时装设计发展的思维相同，这里演示的是两款具有比较性的女包设计，从清晰的设计思维过程图中我们可以清晰地了解到设计师的思维变化与设计发展的目标性，从最基本形到线形分割有节奏地装饰调整、细化、变化、组合成包型的主体结构。相对其中心部位的设计稳定下来，通过两翼的包型融合，从材料与造型上进行变化。并结合皮革与皮草材料对设计成型的线形，用不同的方法做了小样，以便在制作过程中得到准确的表现，再完成整体包型的设计。一个是结合皮草的应用，显得柔和温暖感；一个是采用皮革材料，突出风格线形的组合关系，显得硬朗和精致。设计稿由大散解构的结构出发，到装饰表现结束，具有现代前卫意识，线性表现空间感突出，整体设计思路清晰完整，给学习者有很好的启示作用。

设计者对品牌设计的衍生性“箱包”产品开发的设计手稿。

巴伦夏加品牌服装个案实例研究是一种很好的学习方法，在解剖其内在结构的基础上理解服装设计成型的风格特征，既能够掌握技术，又能提升对设计的认识深度，对于廓形的变化中显现的服装风格美感可想而知。当一种在服装造型语言，被所驾驭的结构构成方式所依托，这就要找到其内在的突破点，这些隐含在服装内部的细节语言往往构成了我们不轻易能够知晓的内涵美学。组合服装成型的每一条线型都有其表现的设计语汇，设计研究者如果能够领会与知晓其外延的变化规律与设计之间的关系，在运用中就会设计出自己理想的风格造型设计语言，有时，一些经验与原理是相通的，当然也能在比较之后去领会其他品牌在设计中应用的造型语汇的变化和区别。

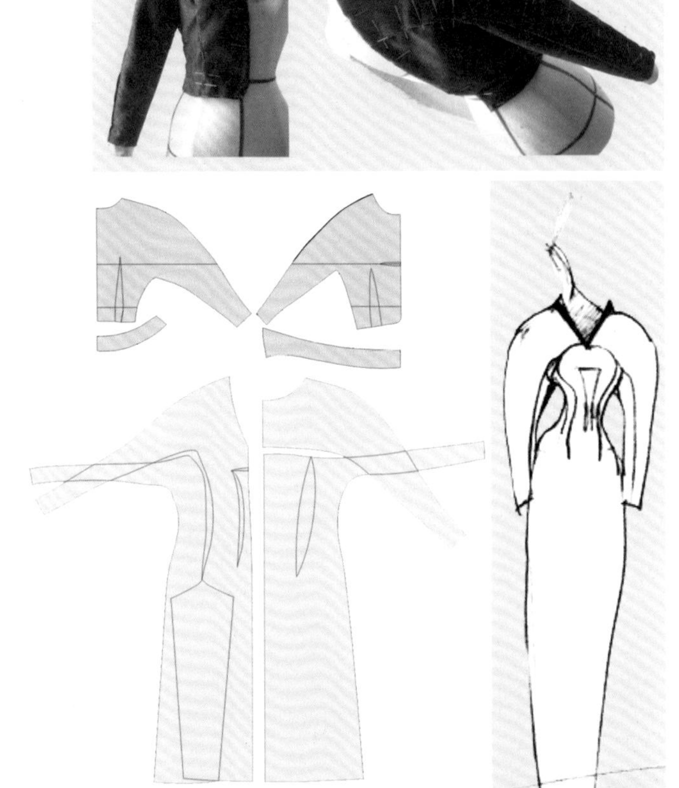

（对页图）

设计师林淳（Lin Chun）设计的巴伦夏加品牌风格特质的成衣，以自己为模特的作品拍片展示图。

（右图）

巴伦夏加品牌案例解剖后的风格版型研究，展开的裁片图可以看出服装结构的差异性变化与设计师林淳品牌风格设计的手稿与裁剪版型展开图的比较性。

（下图）

设计师林淳设计的该品牌风格特质的成衣，以自己为模特的拍片展示图。

连身袖：设计师洪丹丹（Hong Dandan）通过对巴伦夏加品牌服装结构特征的归纳，发现自20世纪50年代以来，设计的外套类服装中，连袖衣结构所占比重最大，这也是品牌风格结构特征的一大稳定因素，这种结构对于服装造型语言有它的独特性，简约外型、圆润肩部，释放女性优雅，充分表现出了服装简约的独特结构和雕塑般的廓形。在研究中发现，这种款式的袖子长度常为7/8分袖长，这种袖长不仅仅能够展现女性的华美腕饰，从工艺角度来讲，这种后中不破缝的连身袖款式所能采用的最长的袖子长度，正好为一幅布的宽度。为了更好地表现女性圆润肩部的造型和服装穿着的舒适度，巴伦夏加钟爱袖裆的设计就不言而喻了，腋下活动量的关键与袖裆布的设计密切相关，所以，在设计变化的过程中，多种方式是由于袖裆布的设计在起着关键作用，我们从其设计的作品中可以分解其样式的变化性。以下是三款不同样式的连身袖研究的案例：一件是外套，连身袖的服装除了廓形宽松的特点以外，肩袖的轮廓非常具有线条感。这件服装利用连身袖衣片，由于与袖片没有分割线所以强调了肩线的拼合处理，运用包边的方法进行拼合，由于是双层包边，具有一定的厚度和硬挺度，正好强调了肩线的圆润作用。一件是上衣，巴伦夏加在面料方面也是一直走在时代的前面，很多高科技的面料都有了很好的利用，这件衣服的面料有一种特别的效果，有一定的厚度与弹性，不易起皱，在光的照射下会有光泽感，有些当代艺术风格的感觉，将其设计为前短后长的不对称连袖上衣。另一件是风衣，前后片各有大量的重叠量作为前胸与后背的造型，由于连身袖有宽松的特点，在袖肘设计了一个褶，并且减小袖口的放松量使袖子与衣身融为一体且富有变化。

（对页图）

设计师林淳设计的该品牌风格特质的成衣，以自己作为模特的拍片展示图。

设计师洪丹丹研究该品牌风格版型设计的三款简约成衣的设计样式，包括每款平面展开版型图示及正、背、侧的演示图例。1是外套；2是上衣；3是风衣。

品牌研究案例 4

崴欧蕾（VIONNET）

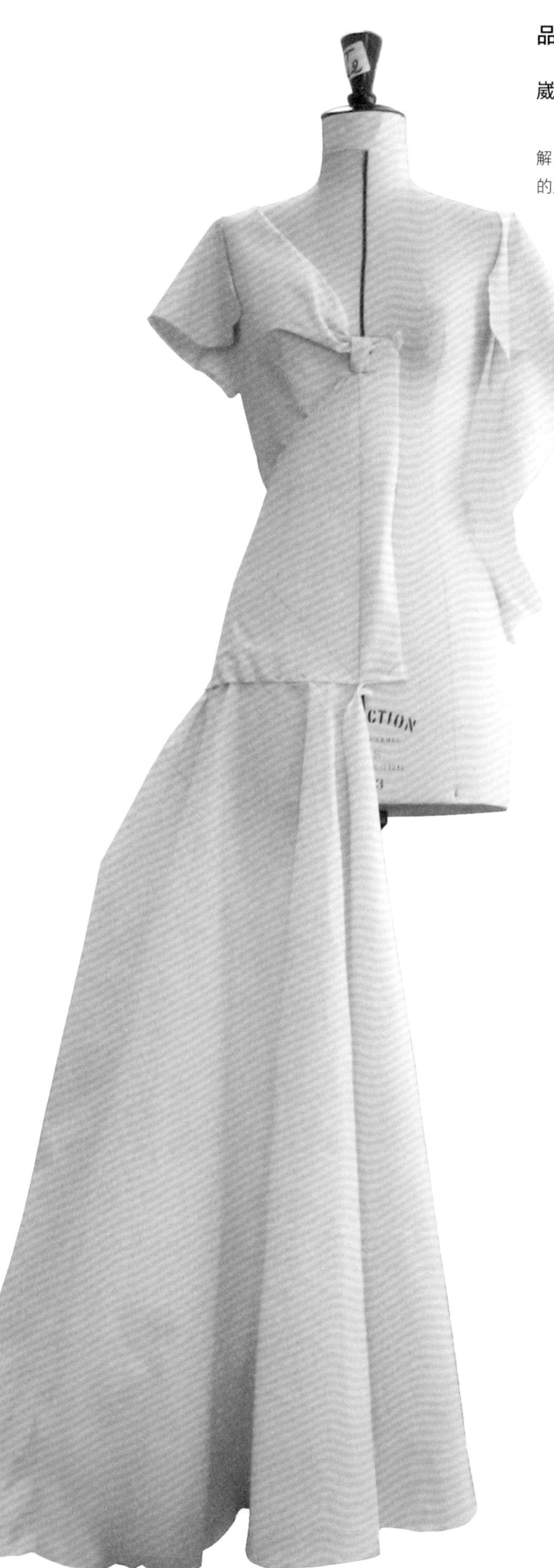

研究崴欧蕾的设计经验，首先要对她的设计创造的形成经历有所了解。她是一位纯实践型的裁剪大师，在其毕生创作生涯中，创建了许多的服装建构方法。特别是运用人台来进行裁剪的方法，使时装设计开辟了另一种创新的手段，她总结了许多的裁剪经验，给后来的学习者带来新的启示，她是一位在实践中寻觅创新设计构想的高级女装大师，像她一样有才华的设计师至今确实难寻。她巧夺天工地将“布料 · 人体 · 引力 · 装饰”融会贯通，形成自己的时尚语言，不断地为后人所演绎。崴欧蕾在其毕生的设计创作中的积累与留给后人的许多设计裁剪的理论与方法一直被不断地使用。裁剪的突破与成熟的运用，以及在时装业界的传播是设计师的最大贡献，如斜裁法（bias cut）、人体与螺旋裁剪、圆筒裁剪、插片裁剪（加布裆）、面料造型（缝饰装饰）等具有代表性的方法，以建筑雕塑般的设计制作服装，至今我们看到崴欧蕾的经典的作品，依旧为之惊叹和倾倒。

在此案例的研究学习中，我们围绕崴欧蕾的几大设计特点来展开：织物与语言、正方形“□”、缠绕式、缠绕式设计的推动、线性装饰五大部分的案例展示来说明研究学习的价值所在。虽然时装的变化不断在更新，但是有些前人积累的精华，我们仅仅通过研究性学习还是没有办法很快地提升设计能力的。织物虽然是服装在一定时代发展而传递下来的主流运用，当然，在新的时代，或在未来的时装发展中，织物的概念也会提升。但是，在研究中发现崴欧蕾高超的手工技艺改造后的织物特性的变化中，可以发现设计中另一种突破设计的思路。“在崴欧蕾的服装中可看到胜利女神雕像的重生，她充分掌握了希腊古典美中‘肢体与动感’最珍贵的自然美！”。我相信三宅一生与崴欧蕾在织物面料的创新方法上有异曲同工之妙处，他是一位织物研究取得成功的设计师，在面料的创新开发方面推动服装品牌的不断发展，提供了好的借鉴之处。简约现代设计的出现，我们也不妨感受一下崴欧蕾的正方形“□”裁剪设计，可见其发展应用的可能性还有很大的空间。“将布料沿斜线而剪能增加布料的伸缩度，或许有人亦曾有此想法，但这完全是我构想出来的。”斜裁法的出现，使织物的多种成型服装的可能性大大增加，对于缠绕式的研究，我们可以在设计拓展的自由度、灵活性方面受到启发。线性装饰的研究，也可能渗透到现代计算机领域的数字化时装设计当中。

研究崴欧蕾品牌巴黎高级时装工会教授博迪尼（Petigny）的教学示范作品，从裁剪的方法和设计美感上进行很到位的演示。

织物与语言

织物与语言的拓展性能：要成为一个优秀的服装设计师，对织物的感悟及与之灵动的相谐是非常重要的环节，织物在人肢体与动感之间展露出最珍贵的自然美，服装是以肢体移动的力学为基础，织物通过设计转化成服装的过程中，也不能脱离此项基本概念，织物与肢体结合产生和谐之美，而形成了服装与人体充分的融合。在熟悉与掌握织物的组织结构的原理上，设计师将活用面料的特长才能转化于服装上，在此，多种运用面料的设计手法也随之产生。随着时代的发展，技术革命与科技时代的到来，对服装设计中织物语言的创造与衍生也会随之融入服装设计行业，但是，无论时代如何改变，对织物的成型原理也仍然是相通的。织物作为服装设计不可或缺的载体，设计师在学习研究的过程中，研究织物、面料、材质以提升设计中合适的表达与表现。

正方形“□”

正方形“□”设计拓展研究：用斜裁法进行服装设计是一项具有挑战性的艺术创作，斜丝是指面料的对角线（45°的斜向和交叉）的丝缕，以此方向拉伸面料，可以感受到它潜在的张力。正因为设计师将很好的应用其张力的特性，选择织物性能效果佳的面料来进行创作与设计，特别运用绸、缎、双皱、乔其纱、天鹅绒以及新型的人造织物进行时装创作，用极其巧妙的手法使面料的自然性能发挥得更加流光溢彩，不仅会紧贴身体轮廓、展示出诱人的流畅线条，穿着者也舒适自如。在三维的人台上去实践创作这种设计的应用，能使你直观地感受到服装造型的变化与适应方式，合理解决款式变化的具体内在的需求。以下案例中，我们能够看到设计创作思维变化与发展的过程。

设计效果的表现手法

效果图的表现方法有各种不同的风格，绘画形式也多种多样，随着计算机的应用，运用电脑来表现服装设计效果图也是常用。以下设计图就是好的例子，这两款设计稿，采用了衣架式的模特人物姿态，比较安静的形态来体现服装的柔性与飘逸的悬垂之美。面料的质地可以较真实地表现细致，肌理纹饰清晰，较准确地表现出服装的效果，相对来说也是电脑数据化应用的优势显现。

研究该品牌的正方形设计方法的崴欧蕾具有典型设计特点的资料整理与收集以强化对设计演变的学习与发展。

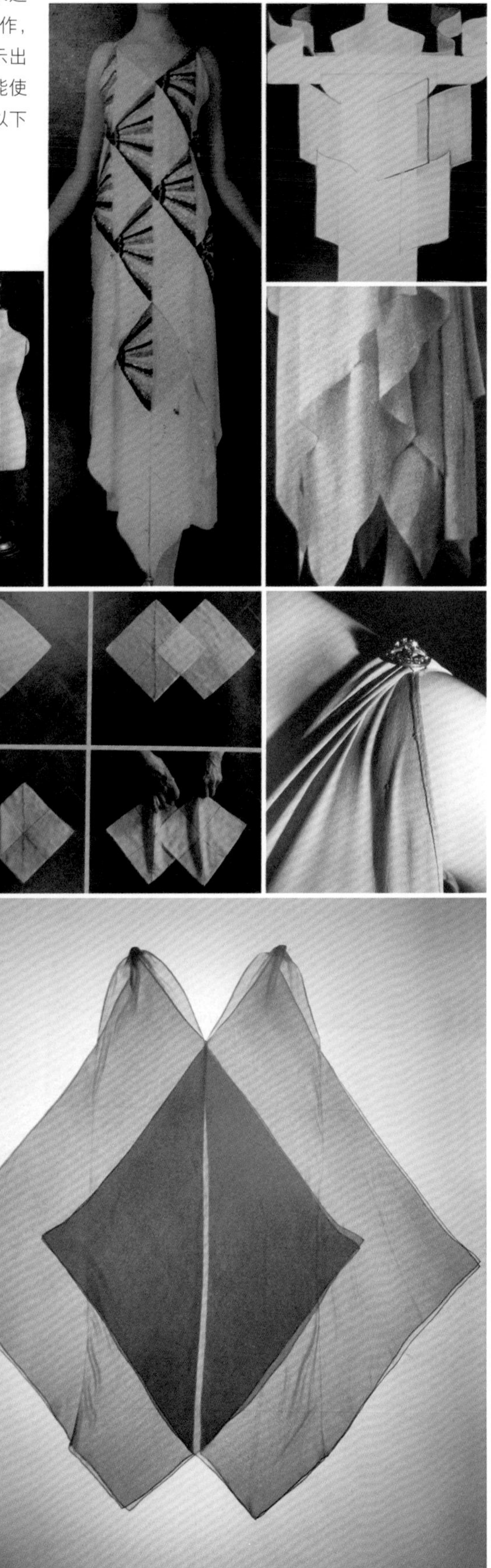

WEIGHTING: Stretching the bias in a quadrant.

QUADRANTS 87

Biais

Biais

设计师李艾虹研究该品牌运用实物面料的材质语言，正方形设计手法设计的两款礼服效果图。

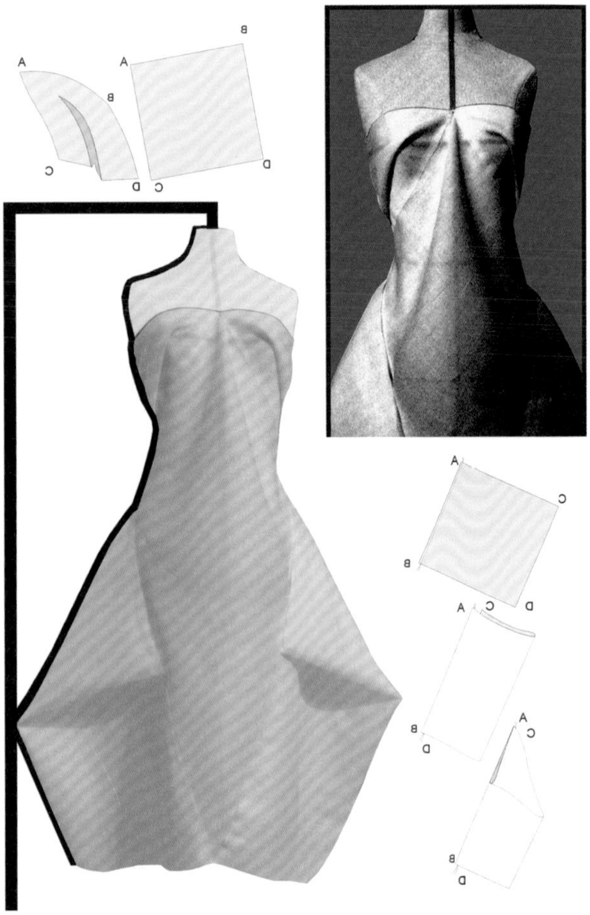

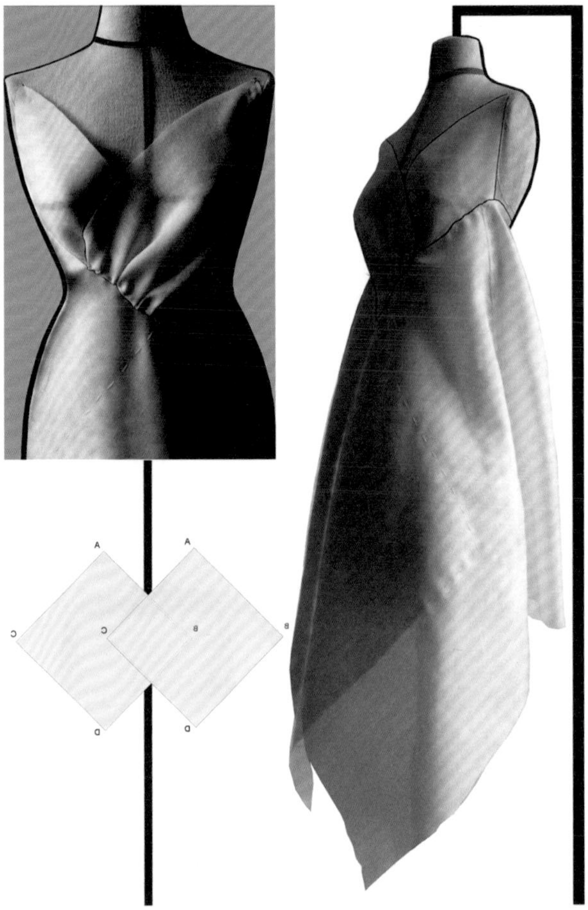

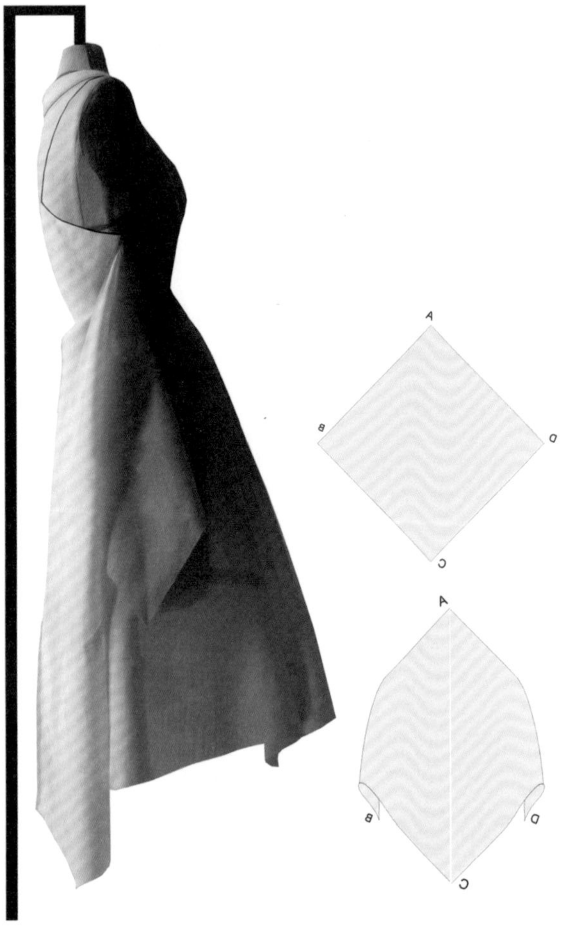

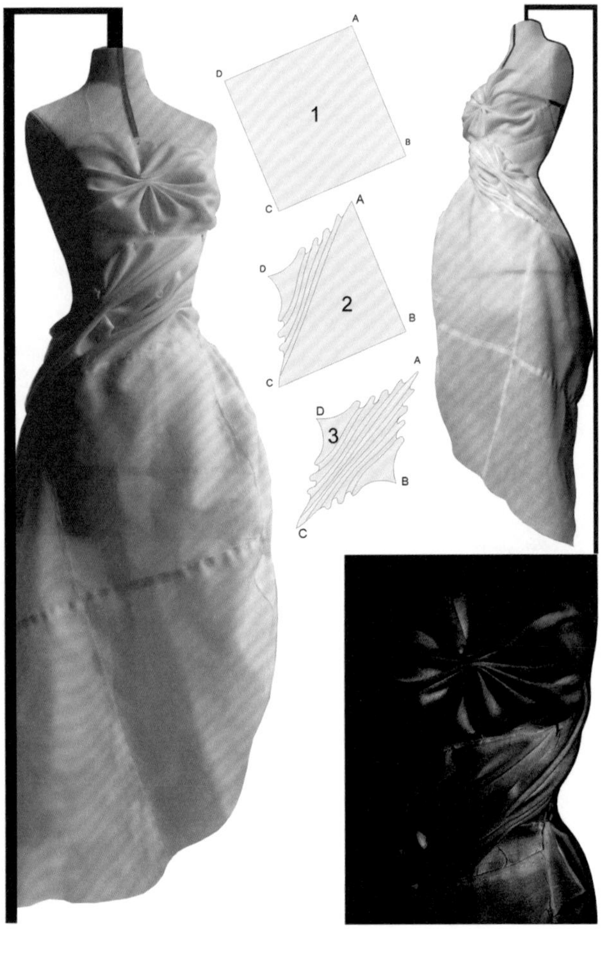

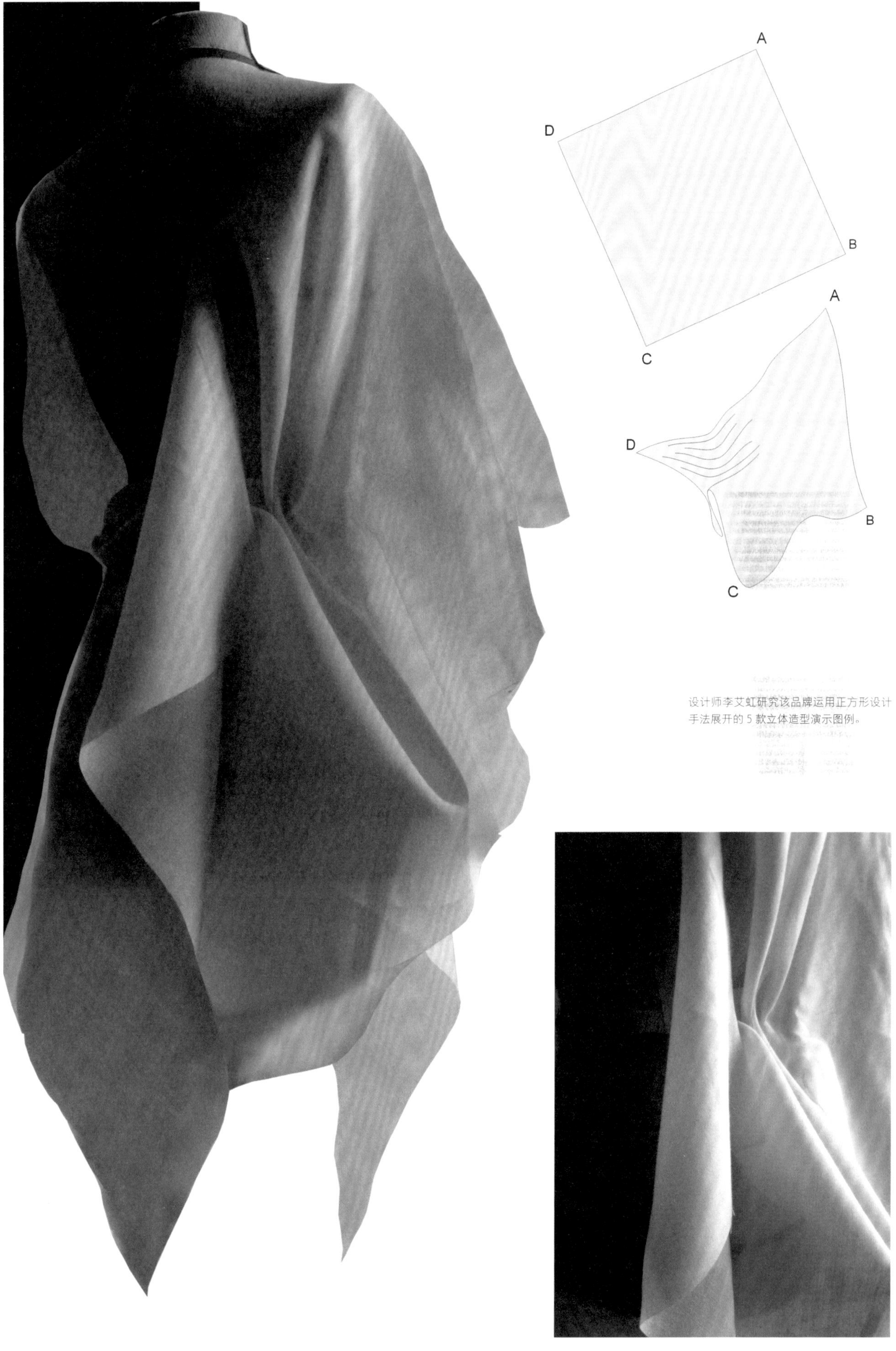

设计师李艾虹研究该品牌运用正方形设计手法展开的 5 款立体造型演示图例。

缠绕式

缠绕式设计拓展研究服装不仅仅给人视觉上的感受，服装材质的触感也是一种着装的享受。触摸面料的质感，特别是结合手工技艺所展现的肌理有着特别的感觉，可能使人的心理得到满足的享受，这种效果的对比突出了服装之间、服装与人体、服装与皮肤之间的区别，并为服装增添情感、风格与魅力。创造性的运用面料与巧妙的裁剪方法相结合，能使原本平淡普通的面料增添创新的设计语言和设计风格，使设计的创作空间得以拓展。

在研究缠绕方式的时候，总无法摆脱对褶皱的眷念，这两者是孪生的姐妹形影不离。因此，我们不得不回归到对古希腊的服装形制的思考，古希腊人已懂得增加布料来作褶皱，沿着身体的曲线流泻而下，相当简单而自然。褶皱同时有装饰的效果，从头部流泻至肩下更强调了脸与头的突显，使人与布料自然而优美地合而为一。超越传统的思维，在缠绕设计研究中，随着时代潮流的演变，让创意涌泉而出。

缠绕在该品牌中是一个值得研究与拓展的设计方向，设计师在学习中，只通过观看和想象是不能把这种技巧运用到自己的设计作品中去的，如果这样做，即使画出非常漂亮的效果图，也可能由于结构与面料之间的种种不匹配或不合理性，很难将设计稿制作成满意的设计新款，而且会遭遇损失的风险。此时。最佳的设计准备就是，对设计材料应用做一个实验，很好地运用“小人台”做设计试验，同时也会在实践中启发设计，这是一种相互依存的设计关系，正是有了可行的依据和设计的美感，再通过自己经验的思考拓展，此时绘制出的设计手稿就会避免很多“空想”的矛盾。

对于缠绕式服装设计的应用，设计师必须有足够的实践经验与设计体会，才能根据设计所选择的面料，凸显设计中自然流露出的材质与人体流畅放射状转折带来的身体肢态的动感和流畅的美感。

此系列设计案例，凸显了设计师对缠绕结构与面料研究的娴熟，在设计展开的过程中，既能拓宽对设计造型的整体把控能力，又增添了设计上的节奏韵律的流动美感。注重穿插缠绕的设计手法，充分表现女性的胸、腰、肩、后背视觉聚焦的设计眼上，那些多层次的结构，增添了服装的装饰感与造型感，没有其他装饰已然丰富自然，这是设计师凭借其娴熟把控技艺的能力，从中获得更多的灵感与更大胆的创新。

设计师段晓鎏研究该品牌设计的系列效果图展示，根据崴欧蕾品牌对缠绕设计特征的立体设计研究展开的系列礼服设计，每一个款式都很好的把控了服装的韵律美感，结构变化丰富且松紧装饰凸显女性柔美，更具有面料软雕塑的韵味和美感的体现。

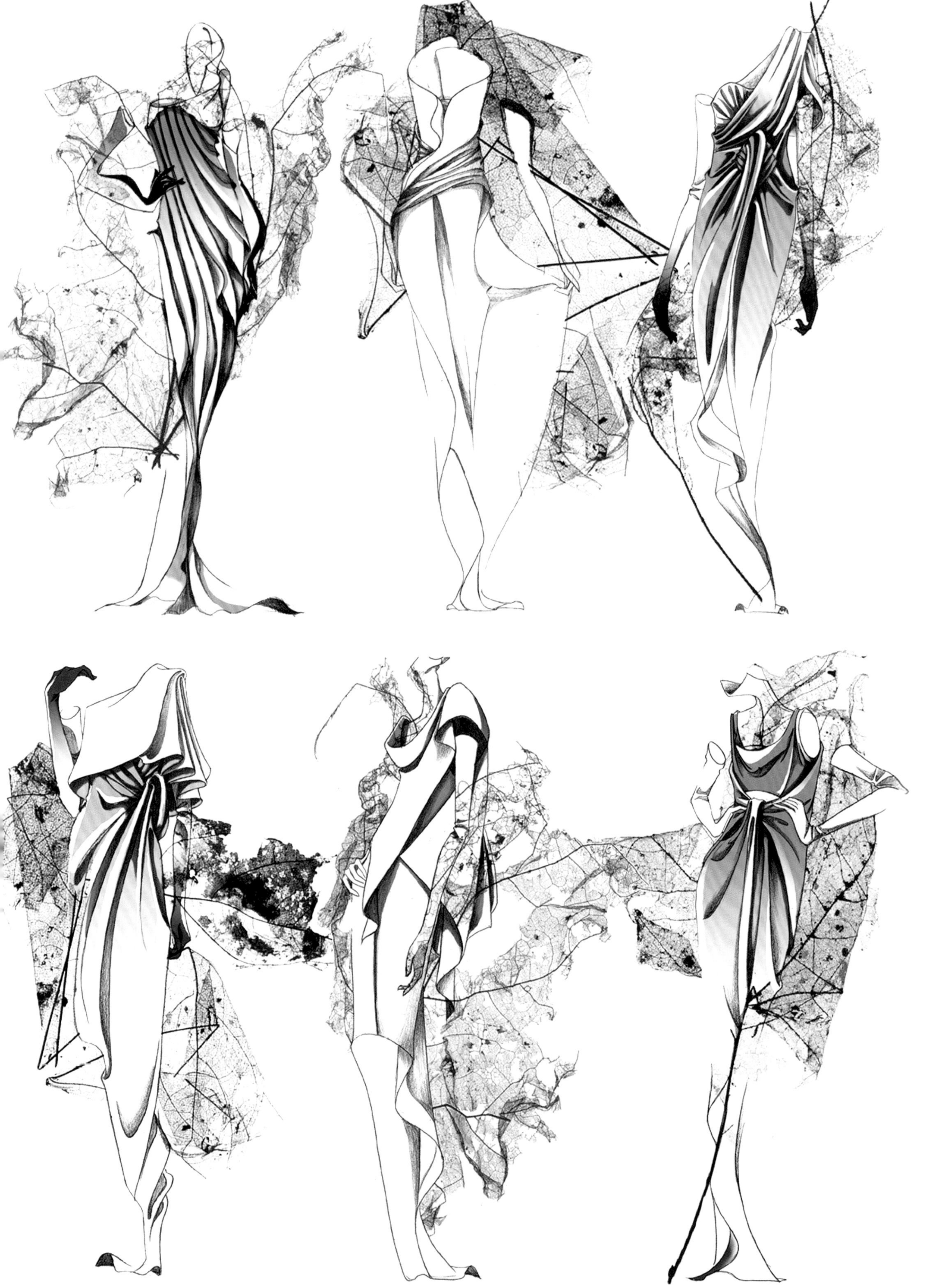

缠绕结构图的表现

抽象的缠绕结构与我们正常的裁片结构有所区别，因为在面料实际缠绕的过程中，会受许多因素的影响，比如会受限于面料的门幅、柔软性、悬垂性、弹性等特点，所以在绘制结构图之前，设计师一定会运用设计采用的面料来做尝试性缠绕实验，如果能够达到设计缠绕预想的效果，设计师才能较准确地绘制出设计结构图，有些难以表达清晰的地方，必要用文字说明以及局部细节放大图示，以便能够较准确地传递自己的设计意图。在缠绕中的绝大部分美感来自对绕转纹理的整理和动态悬垂的节奏与稳定点的选定，整理出非常合理和凸显女性体态的美感，所以设计师在此精心绘制了绕转纹理的疏密节奏的细节放大图示以及有必要附上人台实验的三维图例。

该设计作品详细解析每款设计的正、背结构图，以及面料绕转方法的试验图例解剖，以提高像这种较抽象设计款式的实现准确性，也充分说明了设计师对绕转造型能力的全面性。

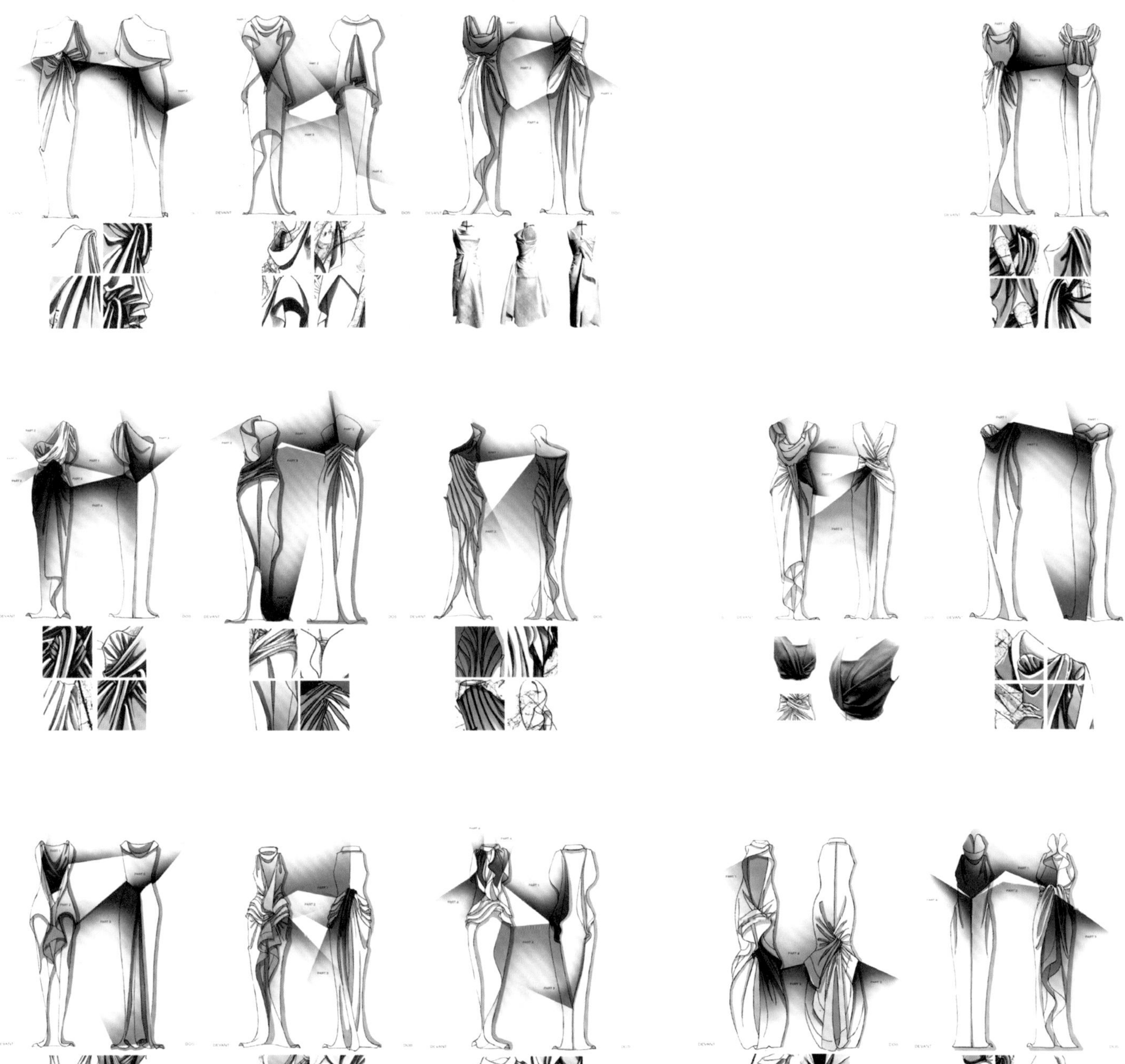

缠绕设计的推动

前面我们看了一组礼服类型的缠绕设计作品，线条流畅，构思巧妙，运用面料的转折，形成的绕转自然流畅线性，所以也能激发设计师的设计灵感，虽然在以往的高级定制时装中我们经常会欣赏到这种看似简单又复杂的造型结构，很多运用在女装的礼服裙装当中，在成衣设计中难得会应用到这些设计方法，这是因为制作服装的流程比较复杂，由于面料悬垂方向的重力变化因素，面料在时间的推移过程中，其组织结构会发生变化，导致服装造型的变化，所以，在服装制作的过程中需要稳定服装变形的问题，会使设计应用复杂化。但是，在高级成衣中，由于品牌的影响，会将这些高难度的设计手法沿用到高级成衣当中，所以设计师在设计中需要表现得更加专业化，职业化，特别是在设计操作的规范性上也需要有成效。

在设计中，边运用人台做试验，边画设计稿的方法比较有效，在设计制作的过程中，可以用真人模特进行试穿，发现问题，解决问题，而且可以把较复杂的、难处理的设计进行简化以应成衣着装的实用性。这组系列设计，设计方法与设计思路非常清晰，设计整体突出了对比装饰感与缠绕结构与斜裁方法的融合，服装整体视觉上比较简约，服装细节设计亮点明确，设计推广的成衣性强等符合品牌设计的要求。

设计方法的职业性

设计师许譬（Xu Bo）系列设计模特试装效果确认正、背图表。

（对页图）

该系列设计作品样衣展示记录图片。

此组研究拓展的设计手法，构思新颖而富有逻辑，展现了职业性、专业性与个性化的工作方式，是一组难得的产品开发模式。基于设计师对品牌精神的充分理解，由褶裥的巧妙应用所展开的设计构思，使简约的长方形面料在设计者的实验下，使设计表达得极其巧妙，在设计的知识点与表达上思维清晰，对服装上线型的理解实现非常合适。

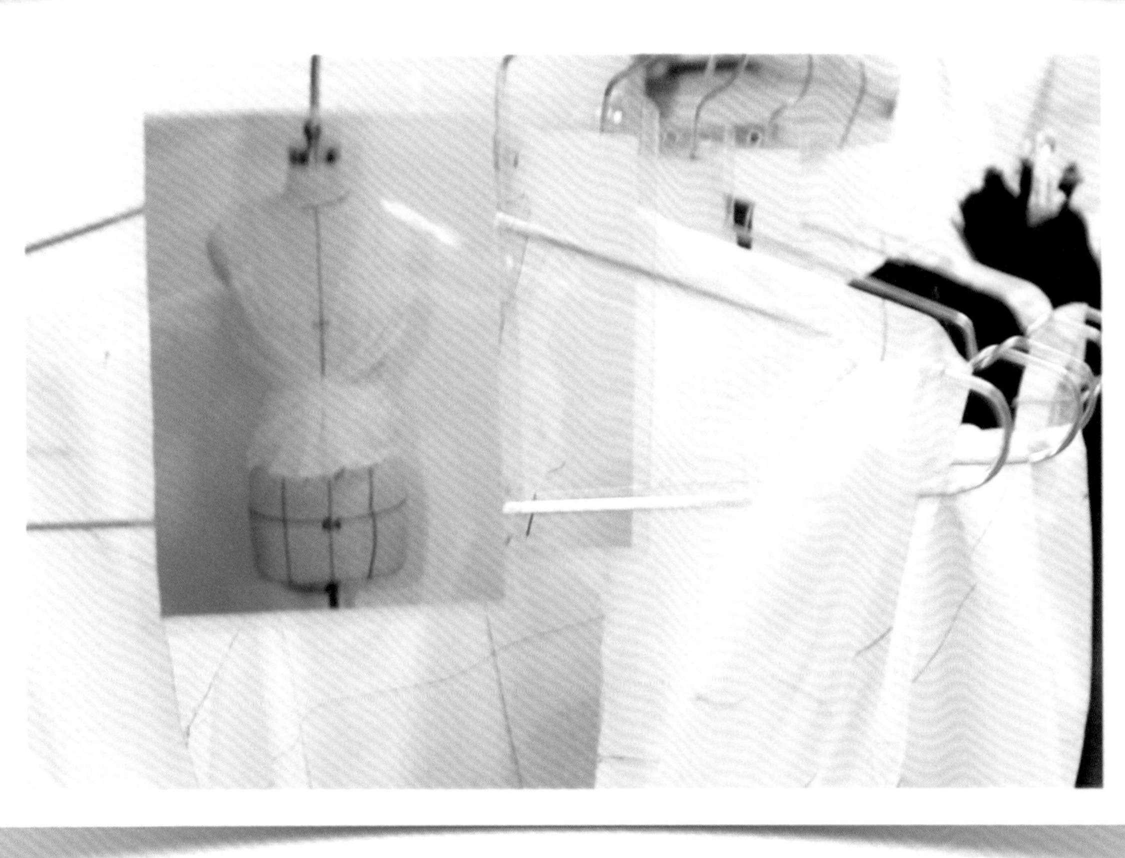

操作方法的规范性

这种设计操作方法非常实用而有成效。设计师在对褶皱研究的过程中，对自己设计的服装产品展开定位思考，进行有目的的设计开发，在实践中记录对试验结果的文字记录与描述，并配以细节展开图示，再通过对设计亮点的选取，采用绘制款式线稿的方法，拓展设计款式的运用。设计师很好地运用黑白对比的撞色搭配与视觉对比，在褶皱与服装结合的过程中显现新的视觉美感。

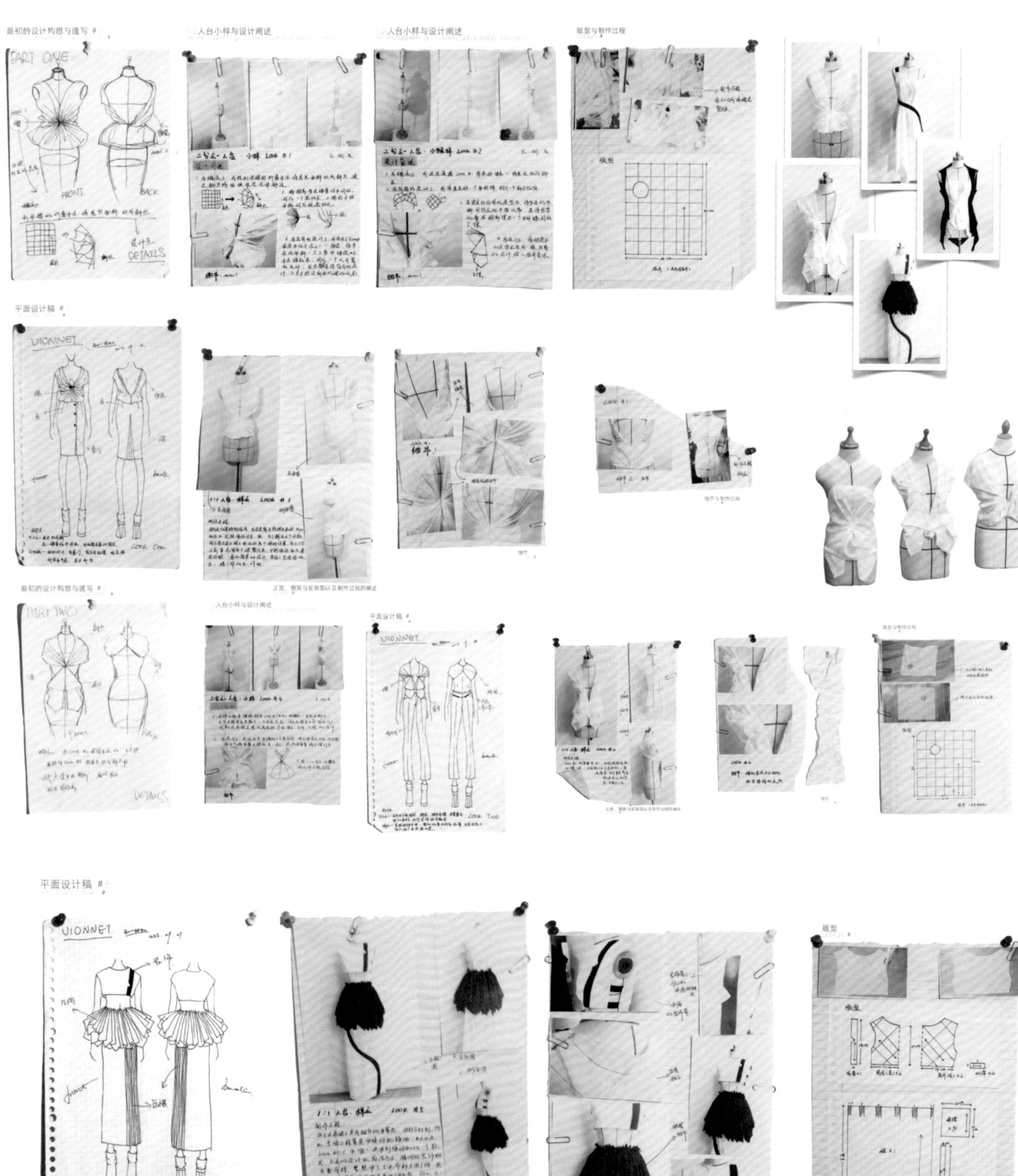

该系列作品设计方法款式应用设计手稿、实践试验、功能及工艺细节分析、设计效果修正等综合设计实践图例。

最初的设计构想与速写 #

人台小样与设计阐述

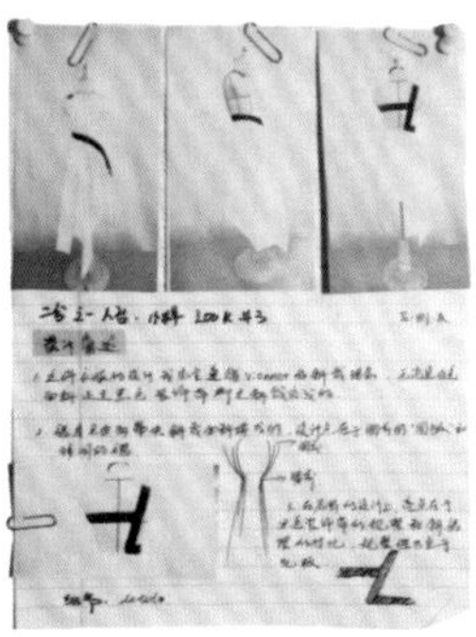

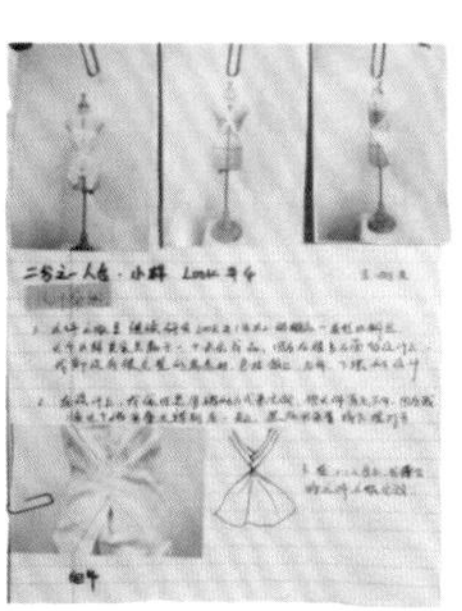

平面设计稿 #

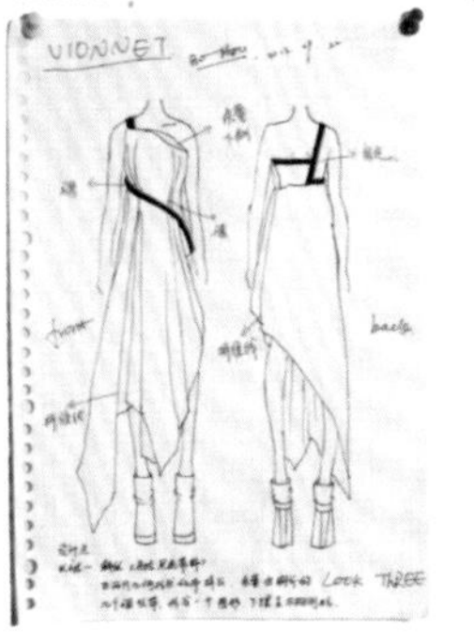

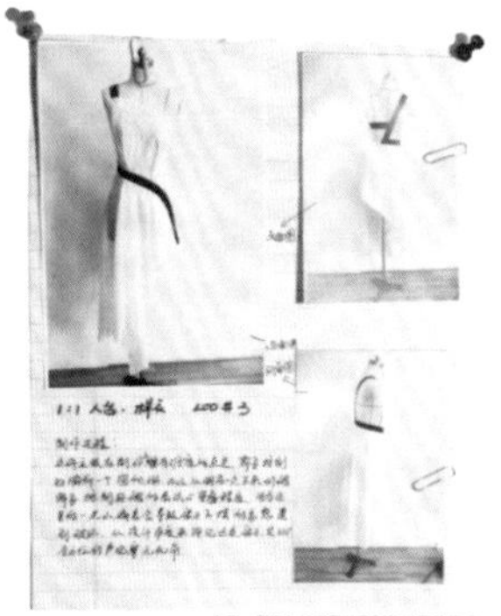

正面、侧面与反面图以及制作过程的阐述

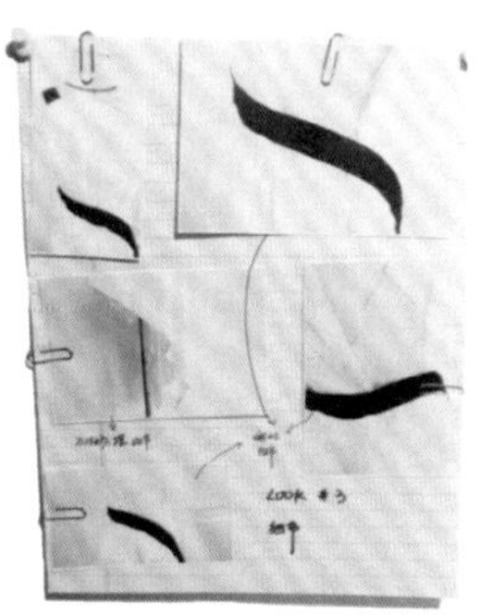

细节

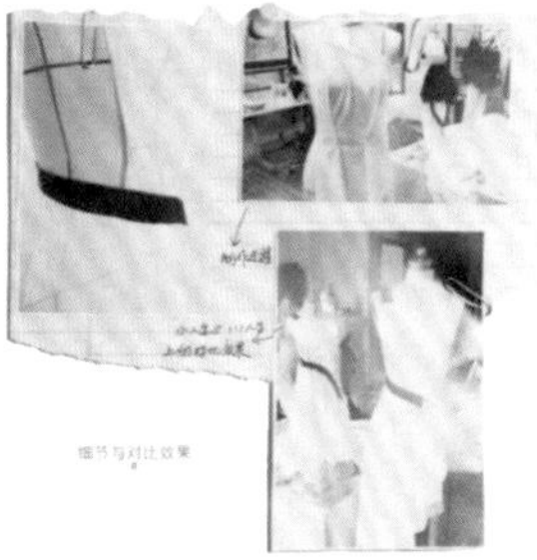

细节与对比效果

版型

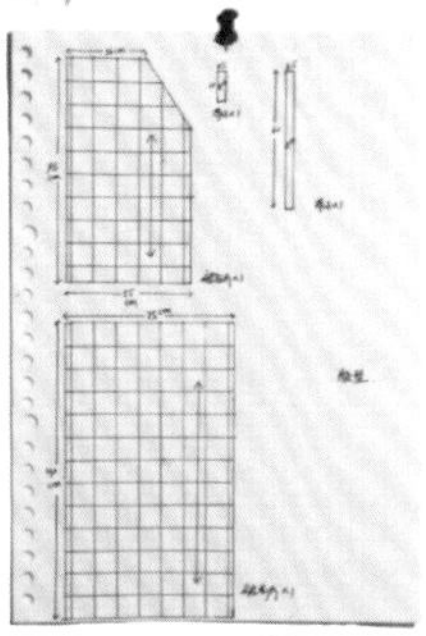

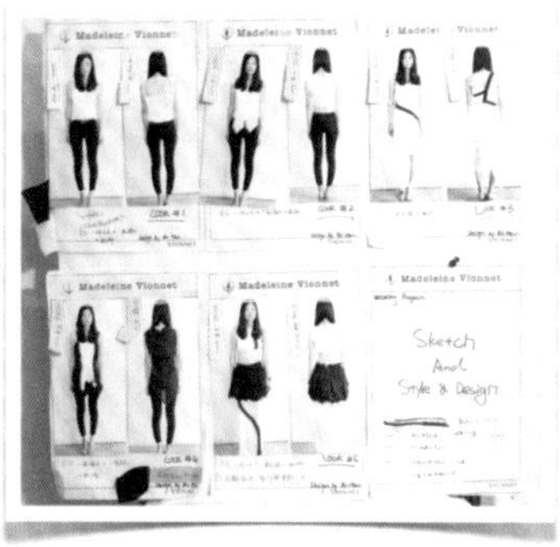

最初的设计构想与速写 #

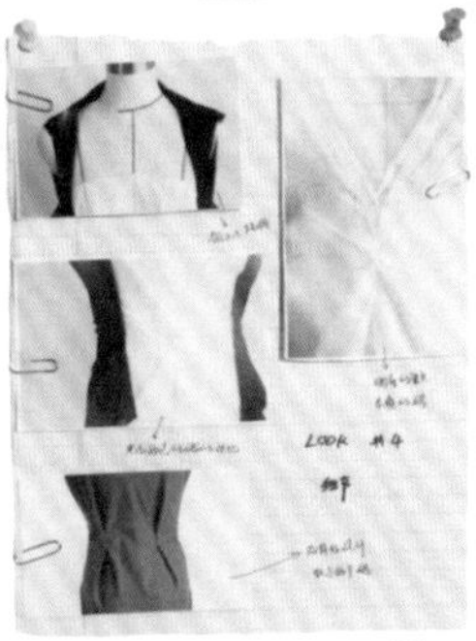

人台小样与设计阐述

平面设计稿 #

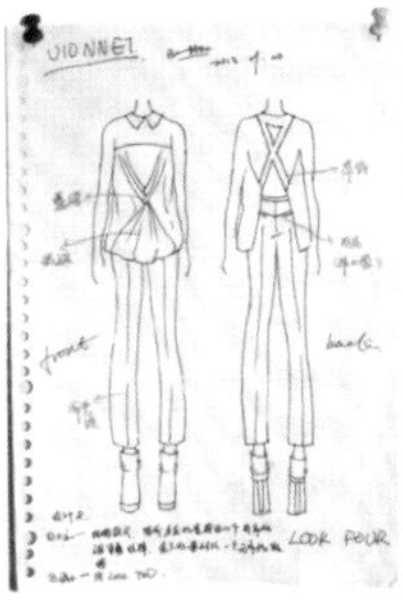

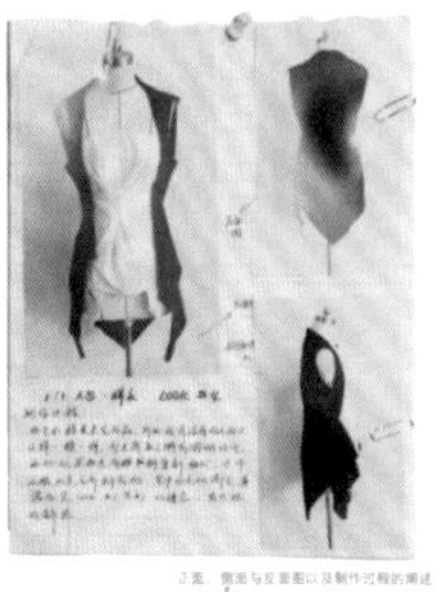

细节

正面、侧面与反面图以及制作过程的阐述

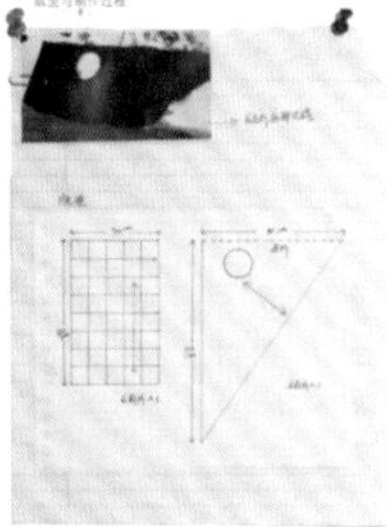

最初的设计构想与速写 #

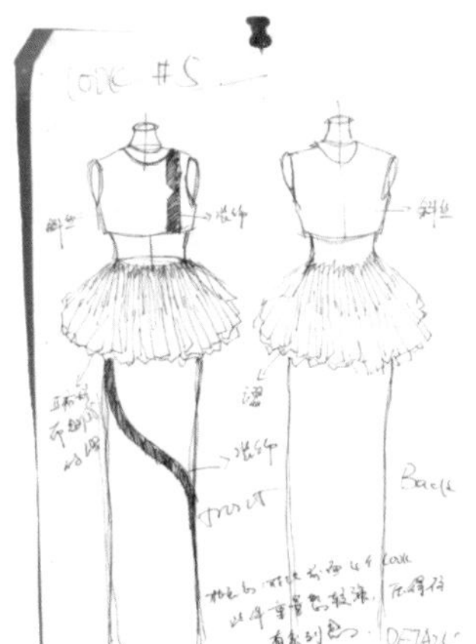

人台小样与设计阐述

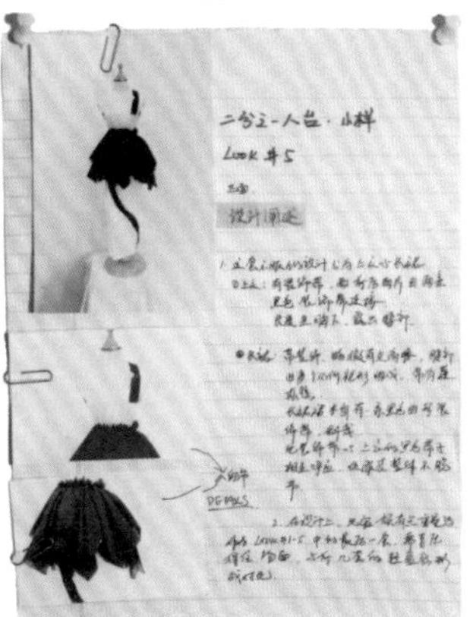

制作过程与对比效果

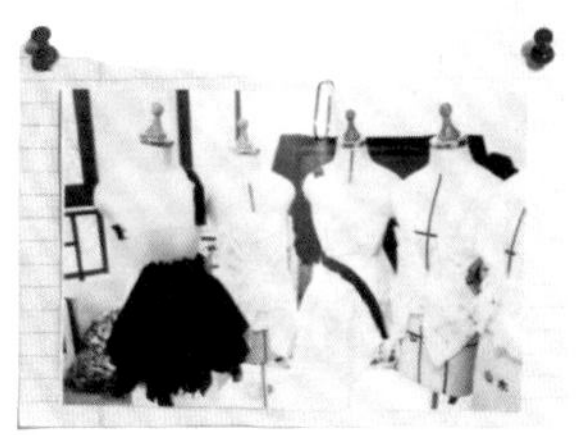

人台小样集合

线性装饰

这里的线性不是数学定义中的线性概念，这是比较直观视觉上的感受来拟定的，它是涵盖在装饰范畴中的一种称谓。这里指在服装设计中通过对面料与服装造型结构进行线型的设计而达到设计上的理想效果。设计师的创作启发的灵感来源可以是自然界里可参照的激发设计思想的相关元素，没有特别的限定，甚至连抽象意义的也可运用。这种装饰手段在服装设计中也会成为影响服装风格语言的因素之一。

长方形裁剪与线性装饰的结构设计：长方形为源头的裁剪方式，在服装设计中运用广泛，但其设计的拓展性也有很大的空间，如以下一组系列服装设计，则采用了极其简约的裁剪并与其设计的款式巧妙地揉和，既体现出面料肌理与质地的变化，手工细腻的装饰美感与服装的结构设计巧夺天工，线型流畅且柔中带刚，轻盈优雅之女性美感自然流露。可见，手工艺在面料上的处理方式也可结合款式结构的需要而精心设计。如手工刺绣、打褶、抽缝、手工缝褶等手法能使服装构造别有细致的装饰感与立体空间质感的强化，使视觉感受得到提升的特点。利用传统纹样的面料来进行单独的设计时，既要很好地体现纹样的装饰感与款式结构之间的巧妙关系，对服装风格的确定也会起到很大的帮助。人物形象的表现与服装的表现也有密不可分的需求，环境、语言、人物和服装的融合，使其成为一个设计整体，这也是设计需要训练的一个方面。

工艺・实物

在透明的真丝面料上采用缝褶的工艺方法，不但可以呈现明暗的装饰效果，还可以通过面料重叠所产生的不规则线条制作出不同的装饰效果，使原本平淡的面料生发出灵动的视觉体验，这种细腻的手工技艺美感被赋予了新的审美趣味。

乔其纱的面料，轻薄通透，纱线结构肌理明显，是一种比较容易定型的面料，材质的悬垂性和流动性比较好，所以在手工缝制处理时比较好掌控。在面料的染色处理上也有相当的优势，丝织物运用酸性染料染色，运用手绘的方法可以留下自由抽象的纹理，设计的个性变化丰富。从植物的茎叶中提取素材，用细密的手工针缝进行模仿，在面料小样上试做各种不同的设计语言，来发掘改变面料原来属性的可能性。

如果对面料的认识仅仅停留在面料设计的局限里，那么在服装上的应用只浮于表面的视觉效果，其实，这种手工艺术有很宽泛的自由性，实质是在于设计师本人的设计思路是否能跳出常人的框框，在这组设计中，你能够看到设计师与众不同的一面。

设计师张倩雅（Zhang Qianya）运用手工缝制线性的方法展示了三种不同的装饰设计效果。

设计师张倩雅在设计创作中所做的不同的实验小样、彩色手绘纹理及手绘线稿。

开发面料自然性能的线性装饰设计：

素材来源：

自然界的植物茎脉中提取的线性

纹样素材：乔其纱流线型缝褶

乔其纱不规则圆形缝褶

真丝绢直线型缝褶

乔其纱肌理模拟

手绘纹样运用

（下页图）

设计师张倩雅运用手工缝制的线性装饰设计的系列效果图。

（对页图）

设计师李艾虹 2011 年《天然态》作品。

两款服装效果设计图与成衣制作的成品展示图：

一套衣服圆领直身裙设计，前短后长，侧面开衩，前胸左侧做了手工直线装饰，胸线上方的分割线区分了透明与不透明的对比效果，款式精致的侧面开衩设计，包括了缝制的工艺细节放大图和平面版型展开图例。

一套衣服由两个长方形组合而成，上半身用透明的乔其纱，腰部至胸部自下而上运用了不规则的缝褶工艺，增加了服装手工缝线的细节装饰效果，而且增加了胸部与腰部的合体效果，与领子部位的飘逸流畅的动感有了很好的对比，在视觉上加强了装饰感。下半身则用仿真丝的面料裁剪出基本裙的款型。侧缝处安装隐形拉链，整套服装的领边、袖边都用卷边工艺缝制，裙子下摆贴边处理，包括了平面版型展开图例。

平面示意图

品牌研究案例 5

高田贤三（KENZO）

高田贤三品牌的风格特色，似乎大家都非常清楚，他建立了一个以产品、形象、结构为特征的概念化品牌，并使他自己的个人特征从品牌商标中逐渐淡化，甚至可以完全抽离，从而成功转型为无时间性的“概念品牌”。我们从品牌的设计特点中可以看到，比品牌的服装以色彩与材料的高度融合性为设计特点，在很大程度上淡化服装的形态语言，如果要从服装的形态语言上去分析，就显得比较平淡一些，但是，从服装色彩、材质的角度去挖掘，就比较具有深度，所以，选取该品牌作为研究个案，也具有一定的典型性。

研究该品牌实际操作的第一步是必须收集好各种有花色的面料，应包括不同质地的面料以及包括一些针织物等，反正收集得越丰富越好，没有严格的限制。第二步将搜集的材料，通过各种的组合，选出自己满意的搭配方式，每个组合必须有五种花色以上，并形成一定的格调，以便展开设计。第三步准备一个立裁人台，将自己初选组合的面料，放置在人台上进行立体的观察，可以即兴创作的方式，在人台上直接完成设计款式。在这个阶段的研究训练，主要是适应这种以真实面料为创作的启发方式，改变原来的设计习惯。在对组合出的设计感受较为熟悉的前提下，我们进入设计稿的绘制阶段，在此阶段可以更加发挥自己多色系组合的能力，并不断演绎系列的产品设计的重点要求，品牌特点是善于在一件衣服中突破多维材质与色彩花样的高度融合，是学习中的亮点，如果有能够掌控系列产品的能力，说明这种设计方法的有效性被你获得。这种有趣的设计方法在巴黎教授这里并不会给你许多条条框框，而是让每个同学展现自己的美的样式，尽量鼓励你去做出更多可能的新尝试，使你有足够独立的自我判断能力，更多的过程中，是不断地去说服教授的“为什么”。

KENZO 一份研究品牌档案的解读：

- 运用彩色印花面料的主题勾画 KENZO 的品牌风格
- 设计一册有风格的文件夹，附有各种印花面料小样、艺术性的色彩、丰富的材质纹理以及图片
- KENZO 品牌传记
- 创作一个品牌商标
- 选定一个合适 KENZO 品牌的廓形，在人台上进行研究 KENZO 品牌服装风格的造型（使用你购买的一打印花面料）
- 选择一个重点作为创作线索，解释你的选择，并提出论据
- 画出 15 个系列彩色效果图（在你研究的服装的基础上展开设计）
- 标注每个模型的解释性说明
- 坯布样衣要求：3 个小的，5 个大的，2 种都要

以上是一份研究 KENZO 品牌的计划档案，我们从思路与要求中可以感受到这些关键性训练的目的性。从设计思维的贯通入手，逐渐深入内在设计实践的解剖，让学习者从一个对品牌的模糊印象或仅仅停留在感觉上的表达，到实践体会式的体验，从真实色彩面料的处理中去把控设计方法的落地，从中理解设计品牌建立之初的设计师的出发点和依据品牌发展的重点去了解品牌的魅力所在。最后通过整体性设计方法的操作，完成下一季产品以开发设计为目的的整体设计方案的提交，整个研究学习体系完整，有很强的针对性。

设计师李艾虹对该品牌设计理解基础上绘制的时装效果图，表达一种轻松自由，色彩灵动的着装态度。

勾画中的 KENZO 品牌印象图片：

（对页图）

设计师李艾虹研究 KENZO 品牌设计风格所做的实验模拟效果演示图。

设计师李艾虹研究 KENZO 品牌设计风格而设计的系列时装效果图，主题《荷》以荷之页为灵感启示，运用多重面料与混和色彩的多元变化的设计语言的展现，整体隐含着东方韵味。

KENZO

设计解读：在该项目的创作中，对于学习 KENZO 品牌的设计方法，主要明白一些学习中的设计重点，至于开展的设计创作上就比较宽泛，没有太束缚性的东西。KENZO 品牌的主要特点是色彩元素，对于款式造型的严谨性不是特别的强，服装的设计特点专注于面料肌理，丰富的材质，及多样的花色面料融合的突出的设计风格。所以在理解和实践研究的基础上，切入设计创作，以将学习的体会融入到设计创作中去。以春夏高级时装设计定位为例，以轻盈年轻，富有朝气的年轻女子为设计对象，时装表现出飘逸、轻松、无绪而灵动的材质与色彩纹样的融合搭配，色调如何带有些许跳动，运用不对称的肩带设计结构，以表现女子躯干部为着重点，设计略显随意，但又不失细节上的精心处理，整体效果意韵生动，较好地表达了设计语言的整体性。虽然运用了该品牌的设计手法，但更多地在用面料、色彩、意境倾诉自己从文化意蕴中绽放出来的自我的个性语言。这里展现的系列设计稿，虽然沿用生活中“荷”的引申性的意向，同时融入了东方意境，服装采用多层次的、有序、无序的层叠，不管层次的多或少，整体表达穿着者的轻盈青春，少女般的柔美感，宛如漂浮在荷叶丛中的仙子。

纹样的设计特点与服装造型的关系

服装纹样是呈现在三维动态空间的一种表达方式，基于这种特点，尝试在服装纹样应用的时候，通过平面的纹样图案，如何能够感知三维的设计组合，在运用立体裁剪的服装造型中，运用图形处理系统来模拟直观的视觉效果比较有效而具象化，再经过设计的调整，与服装造型结构的变化，调整纹样与色彩的设计与融合。由此，得出在服装每一个裁片上的纹样装饰，在裁片上填入相应的纹样，以完成整体的件料设计方案。

在结合 KENZO 品牌的以色彩为先导的设计方法的基础上，我们来讨论纹样设计与服装设计之间的关联性。首先，我们知道色彩的调性，即统一性，无论你运用多少种颜色，色彩在映入眼帘的那一刻就会判断，这些色彩置放在一起的一种整体感受，这种感受可能是设计师的个性化感受的传递，那么，如何使这种色彩设计关系成为一个品牌风格的象征，这就是要在品牌对色彩选取与组合的方式上寻找出具有区别于其他品牌的特色所在。其次，在设计过程中，对于色彩与图形在服装上呈现的关系不能停留在二维状态来观察，在服装设计中一定是放置在三维的立体人台或真人身上来确立纹样与色彩关系的组合，这样才能够获得有说服力的色彩关系，并能够知悉设计师的设计意图与所要表达的思想和理念。在此，我们从系列的创意纹样与在模拟的立体服装款式中重新组合的色彩图形关系的时装样式，通过同一个造型的变化来比较说明时装设计过程中的可变因素与设计方法。

（对页图）

设计师黄羽倩（Huang Yuqian）灵感以海洋生物为设计对象的主纹样设计方案，花卉的水生物象形处理非常有趣味，通过多元色彩的配比，图形细致丰富，色调清新格调统一。

设计师黄羽倩主纹样展开的附纹样的变化设计，形成系列纹样调性，调性的变化显得非常丰富，可拓展设计有较大的空间。

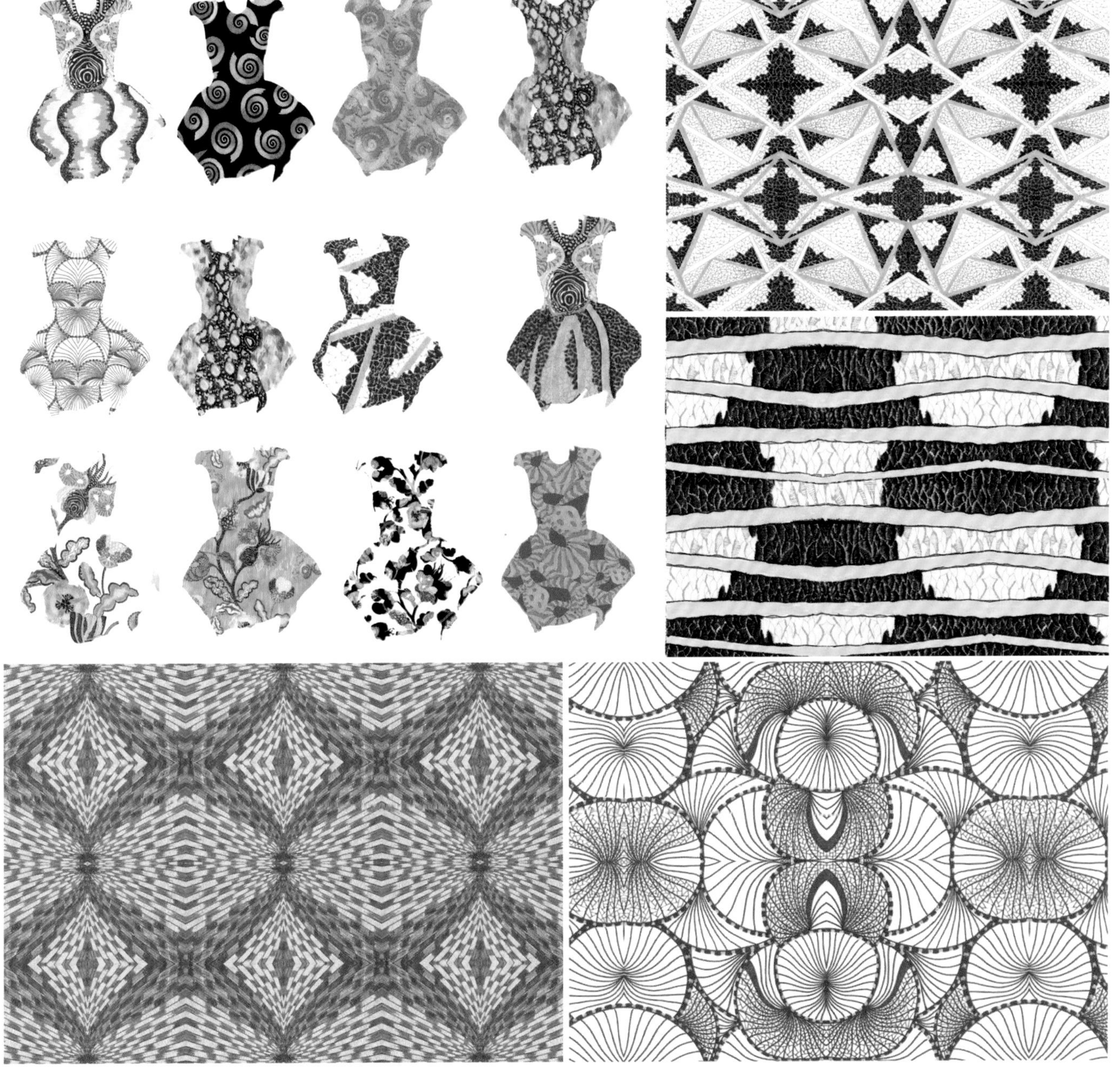

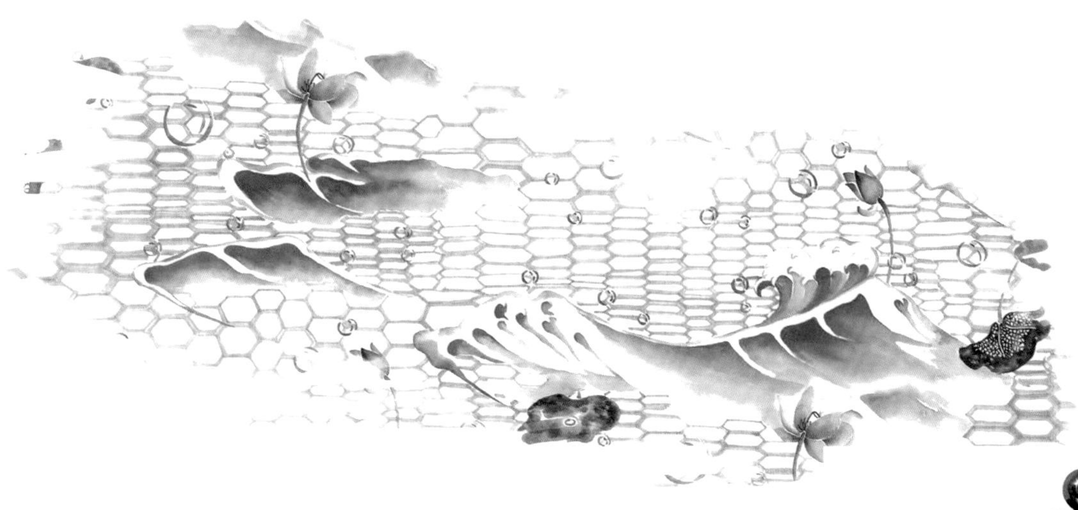

纹样的版型适应性设计案例

设计师依据服装裁片可以自由分配图案的装饰，依据纹样的明暗关系与纹样的松紧关系，来与服装结构进行合理的搭配，不同的搭配方式会产生不同的视觉效果，也能够看出设计师的装饰目的与意图，重点在表达什么风格语言，虽然此款服装是较立体的构造方式，但带有日本风韵的纹样装饰出现在服装设计中，整体感觉时尚并蕴含传统审美的设计语言在其中的表达，达到了较好的装饰目的。

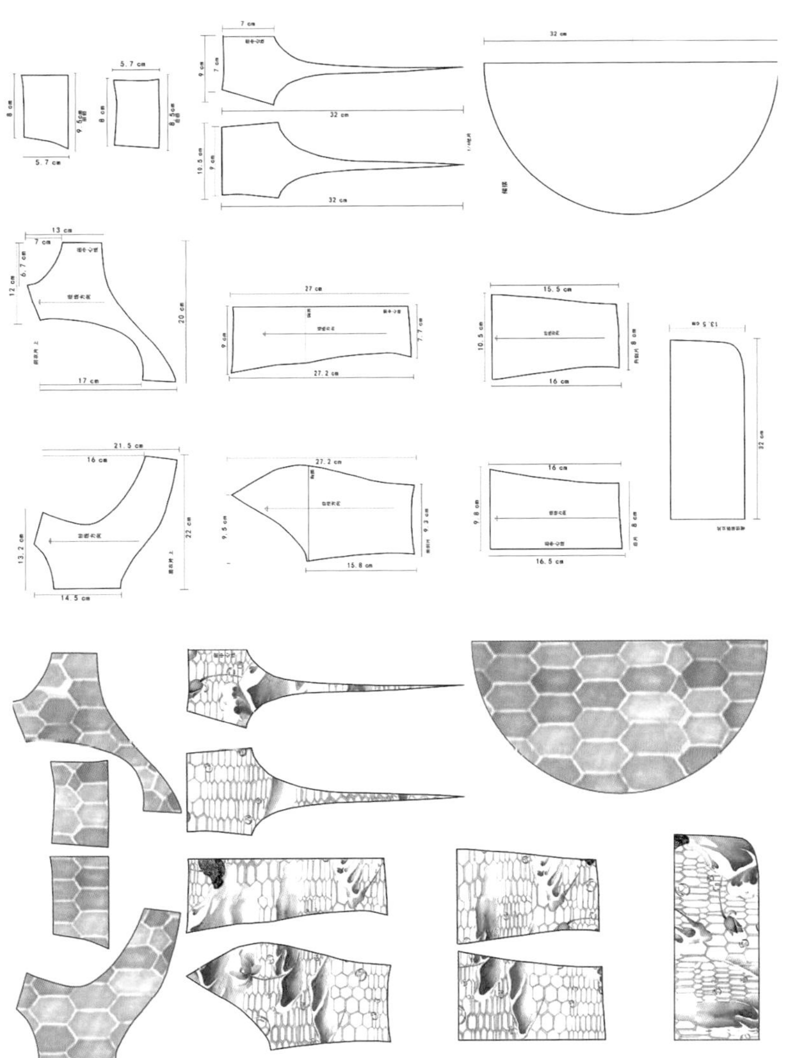

设计师马晓婕（Ma Xiaojie）研究服装款式，将分化的版型裁片，通过纹样的不同组合，将平面化的二维纹样，模拟到三维的服装造型中，使纹样在空间层次上发挥到极佳的状态，说明了纹样与时装语言变化的更多种应用可能性的存在。

（对页图）

设计师马晓婕灵感以水波纹设计为主纹样的设计方案，以自然景象的抽象化提升纹样设计的艺术性，具有东方韵味的设计风格情调。

左图

设计师刘荻（Liu Di）运用三种面料的组合设计效果训练。

左图

设计师龙安琪（Long Anqi）运用五种面料的组合设计效果训练。

多材质印花面料的设计应用

在研究 KENZO 品牌的学习中，我们除了要理解纹样与色彩以外，还需要经过实践的训练将多种纹样的彩色面料，进行自然的融合性设计。所以，我们在研究之初会收集各种色彩与不同纹样的面料，至少准备五个种类，然后，将这些面料混合使用。首先，准备好一个人台，将面料凭借自己的眼睛观察并自由组合，放置于人台上。其次，边设计边观察色彩、纹样组合与服装款型的设计变化，在自己的脑海中感受服装在立体构成中的造型能力，主要由设计者即兴确定设计特点与色彩搭配风格的形成，具有非常宽松的自由设计与想象的空间，接受这样的训练，以提升对色彩、面料之间的设计组合的敏感度。这里由训练学生的几组实践性练习的设计案例，提供研究该品牌实践性的参考。

景观色彩的时尚设计应用

这是一组从社会考察出发，提取内蒙古的独特原野风光的将色彩重新概括整理的一组视觉盛宴，设计师很好的建立起自我的设计创作概念（Concept），观察色彩在自然光影变化中的不同色彩以及肌理层次感受。将取景的照片进行二维设计的图案化风景的再现，拓展纹样、色彩、材料间的融合关系。设计活化的提炼，是设计师在时尚领域中需要去驾驭的方法，设计中对传统影响因子的把握，使设计由传统美学的时尚推动。此案例设计思路清晰，概念明确，实践性表达准确，设计整体的色彩搭配轻松活跃，景观纹样的高度概括，色彩、图形的提取意韵生动，时尚设计感突出以及能够很好地延伸到产品的应用，是一组值得学习的时装色彩设计案例，具有极好的参考价值。

设计师张雨瞳（Zhang Yutong）对草原地貌的色彩、肌理质感进行了创作，使用了油画棒、水彩、光面白色卡纸、纸胶等材料进行了一次创作，再现内蒙古风光；通过提取和运用，联想到使用针织工艺，加入皮草、皮革等材质在服装上进行结合应用，采用说明式图文并茂的表现方法，提取了一些比较感兴趣的元素，在设计上进行了转化的表现。

景观抽象纹饰的设计应用

设计师在设计应用时，并没有单一地以二维纹样作为设计出发点，而是结合服装材质与面料肌理的成型效果综合考虑设计与服装的适应性，并在着装搭配与设计风格语言上进行了恰当的表现，使每一套服装的穿着搭配方式生动自然，富有时代感。

设计师张雨瞳对景观纹样在服装设计中的具体应用与表现。

（上图）

设计师张雨瞳在此案例中整体表现的时装效果展示图。

（下图）

设计师张雨瞳对色彩图形在设计产品中的模拟应用的表现。

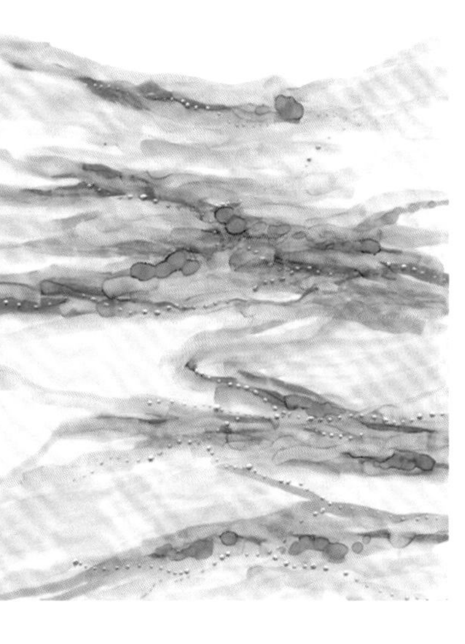

品牌研究案例 6

伊莎贝尔·托莱多（ISABEL TOLEDO）

我们知道，有一批设计师可能不是在学习服装设计专业后成为著名的时装设计师并拥有自己的品牌风格，以裁剪技术著称的设计师也很多，比如法国著名的设计师阿瑟丁·阿拉亚（Azzedine Alaia）。在时装界的很多同行，无数的名设计师都把他看作“Designer of Designers”。他是学习雕塑出身的，后转行成为服装设计师，其作品完美地烘托女性的曲线之美，显示出鬼斧神工的立体裁剪的高超技艺，以人的“第二层肌肤”之称的弹性面料为设计主体，自称其秘诀就是他的“剪裁、剪裁还是剪裁”，真正的用布料在做雕塑的一种性感而精准的设计表达。在研究伊莎贝尔·托莱多设计师之前提到阿瑟丁·阿拉亚的设计，是因为她也是艺术家出身而并非是设计师，有着比较相近的出身，对于设计的侧重也有着共同的特性。很巧的是伊莎贝尔·托莱多也常常被描述为“一位设计师的设计师”，其设计作品得到时装界同仁的钦佩。正如已故的时尚记者艾米·斯宾德勒写的那样：“只有伟大的设计师可以免去主题和发布而让作品自己说话。托莱多女士做的正是这样，让时装自身成为主题。”她的设计作品真的让人发现许多可以拓展创作的源泉。伊莎贝尔在接受瓦莱丽·斯蒂尔博士采访时表示：“我真的热爱剪裁技术，它比任何事情都重要……裁缝是从内部了解时装的人！这是真正的艺术形式，而不仅是时装设计，还要懂得如何制作的技巧。”这两位设计师被设计界的称赞方式和本人对时装设计的理解方式惊人的相似，可见，在时装设计的大领域中像这一类型的设计师的张力与爆发力还是非常之强的。

我们在设计之中，除了设计灵感触发你设计的冲动和热情之外，还有很多方面可以启示你设计的创新途径。当你对某一服装材料感兴趣时，你将会发挥对材料演化的最大可能性，当这种思考极其吻合材料的特性时，设计的终极美感也将显露出来。在这里用一种材料的特性而创造的个性化的成型方式所创导的设计方法，可以从中得到好的经验。以下的这组效果图的服装设计，采用的是轻薄、通透、柔软的丝质材料，如何将材料的特性发挥好，是这组设计的最大的特点，透明层叠又不显呆板，轻盈飘逸又不显平淡，设计师运用一种重复叠透的裁剪方法，很好地处理与人体功能之间的关系，设计手法成熟且富有逻辑，服装形态具有节奏和动感之美。所以从设计的逻辑上我们可以做出一种由技术衍生的时装设计方式，这种方式不断演绎运用，逐渐形成一种具有个性的时装风格语言，有时设计与技术的相互支持也是设计风格的突破口。在此我们对这一设计方式的展开加以分析研究，以便学习者获取经验和拓宽设计上多重的设计手法。

在此章节中，我们主要从该品牌设计的艺术与技术的契合点上展开，分别加以类别性区分和说明，再结合对实践性研究实例的解读，以及设计师在应用拓展设计的系列作品中的开拓性思维，这种开拓性思维方法也增加了学习者的实践应用能力。其内容分别是几何蝶变、维度转换、动态互动、适度姿态、圆形几何的思维畅想、螺旋塑造、手艺技艺、流动建筑、折叠式设计以及整一性思维等角度加以拓展的案例演示，使设计思维与通常的感性思维有所区别，这种技艺性与艺术性思维的重叠所产生的设计创造力，也具有非凡的创新力。

伊莎贝尔·托莱多品牌档案从 1985 年到 2009 年的代表性设计作品的展示，是“艺术与时尚的结合”的优秀品牌案例，是三维时装时尚，由内而外的时尚原创力量的潜伏源泉，从品牌时装创新档案中理解几何蝶变设计感悟。我们在研究其品牌时，也需要对每个时期设计作品的设计特征和设计方法有一个较全面详实的了解。

几何蝶变

在分析品牌设计的过程中，就服装本身而言，设计中更多地被服装内在的结构所吸引，对于穿着者而言，除了外在的品牌形象提升自我的着装形象外，更在乎的是服装的设计特点是否使自己的体态能更趋完美而更有韵味，所以服装本身对人体态的呵护也是品牌提升的重要因素。当我们看到真实的裁剪图形被简化成规则的几何图形时，对服装设计内在与外化的表现，思维将自然产生联想，去寻找服装与图形的关联性，这种思维的转换本身，迫使你实现从二维图形向三维"衣"的转换。

"几何图形"与三维立体空间的蝶变。在几何形态的世界里，从二维到三维的变化有一定的规律性，但在"衣"的世界里，变化的可能性有它特有的个性因素存在：一是"衣"为软体形态，在平面转化立体的过程中，其形态会自由的变化，依附于人的运动也会随之变化，在使用存在的空间里面有区别于其他设计语言的特点；二是"衣"可以选择不同特点的材质，由于材质特性的变化，其"衣"形态的变化有不可确定的因素。正是这些，可以更有创造并发掘可能性的设计空间存在，这种设计方法被很多设计师所青睐。

在几何思维的设计中，如何打破设计师对常规服装的既定印象，如何突破服装的廓形、结构的思维束缚，如何使自己的设计作品更加具有创造力。一位优秀的设计师必须具备的知识技能不仅仅停留于自己的想象和绘画表达，更要在实践与试验中去拓展思维与设计的可行性验证的方法。在立体的三维人台上进行多种实验性的尝试，是一种非常有效的手段，运用行为来激发学习者的设计思维以及前沿知识拓展，在设计教学方法上是行之有效的，不仅激发你创意设计的灵感，还能深刻了解不同面料的性格。

"几何图形"与三维立体空间的蝶变

伊莎贝尔·托莱多品牌档案的时装设计几何展开图形的思维方法，从平面到三维、三维到三维的思维动态联想的创造力，以及可拓展衍生的空间性与叠合性。

动态互动

人体动态与服装形态的互动性构想：运动着的人体会产生另一种美的变化。在日常生活中如果细心地观察，会发现姿态进行的移动，是具有规律性的，那么我们如何去取舍这些合理姿态的存在并有意识地把它固定下来，与人体包裹的衣服做一种互动的构想，是一个有趣的话题。在生活中往往无数次的重复的姿态，一般很容易被忽略，那么我们把它用图形记录的方式进行归纳，然后加以观察联想，将会产生服装不同形态存在的可能性。比如：人体手臂的运动轨迹的记录，最常规的运动方式是向前弯曲，一般情况将小于 90° 弯曲的姿态，这种状态对人体运动状态是舒适的姿态，我们是否可以保留这种姿态与袖子形态的设计加以融合，会产生与原有服装为人体静态姿态而为设计出发点相悖的新的挑战，也是一种具备艺术诉求的设想，当富于实施的可能性将会带给设计者一种创造性的思维方式，这种想象的连带性，会发现这也是另一片可被驾驭的设计空间。在案例中我们可以找到设计意向的明确性，服装被人扭动后的视觉状态完全出乎你的联想，当衣服形态被展开时，你会回归到原本的构想，这就是设计师如何在发现本质与表达的差异性时对度与量进行掌控与调和。

设计师陈宝迁（Chen Baoqian）研究该品牌理解人体姿态运动与设计的关系基础上实验性的服装设计作品演示。在人体运动的抽象图形中，与衣服的自然形态发生逆向性设计思维表现服装的合理性。

以人体可以 360° 运动的颈、腰、臂、腿等部位的运动迹象来观察，研究服装结构中贯通适应性线型的轨迹来看，这种创造性的规划也是非常具有挑战性的，对于材料与空间结构的融合性以及服装形成的风格与美感也是设计师需要挑战的一个方面，在形态语言中发现独有的服装造型美的产生，并习惯地被消费者所接受，也承载着设计语言的成熟性。

这种在人体动态原理的理解基础上，在服装设计应用中同样可以转换到服装上，即转换结构空间方位的思维方法，例如此两款的袖型结构设计就是运用了 360° 旋转的原理，使原本二维的平面面料，通过旋转的方法创造出别具特色的袖子造型。一款是：设计师设想是把袖片和衣片连在一起，然后袖子就是衣片的延续，以缠绕的方式一圈一圈往下绕，在手肘的部位停止缠绕，连成一个衣片，在手肘的部位留出活动的量，形成立体起伏有节奏的变化特点，线型连贯具有装饰效果。另一款：在 S 形的裁片中间嵌入一个圆形，再在中间挖出一个

此三款服装分别由设计师高翔（Gao Xiang）、胡雨露（Hu Yulu）、陈宝迁（Chen Baoqian）研究该品牌所创作的服装设计新的形态结构图例。

"o" 形，手臂从中伸出，余量抽褶，再将 S 形相对缠绕形成袖子造型。运用此原理不断地拓展到服装设计的其他部位，并运用富有体系化的设计语言，容易形成设计师个性化的设计风格，进而传递到自己的设计品牌中去。

圆形几何的思维畅想

在设计实验中获取原创性的设计构思是一个非常有利的因素，在以下几个实验案例中，我们能体会到在一个基本"圆"为出发点进行设计发散性思维，创造新的形态语言的设计表达，在基础设计中开发设计创造性实践思维的方法，并自然结合，学会用手与眼去判断所需的尺度、线型、造型、空间与美感，提升时装设计中的经验的延续性积累，这种对点、线、面的理解转化成实际的空间构造并且与人体形态做一个穿着的切合，能提升对服装与人体间的互动关系的理解，在探索构造的同时对材质的体验也会带入丰富的联想，思维与技术手段联动的思维方式，对于启发设计，培养设计能力上，使设计更有利于转化为具有商业价值的产品。因为在实验试验的过程中，设计师能够解决哪些空想的不合理因素，使设计的成熟依据更加充分，并带有自己的切身体验。在设计实践中设计师会体会面料的特性与人体之间的空间构造关系的变化规律，从而在空间形态中寻找最符合自我的设计风格体系和设计语言，在研究中拓展个性化的设计趋向，在众多的同类别中找到自己的方向。

设计师曹李婷（Cao Liting）研究该品牌对"圆"几何形态实现服装设计成型的多种可能性实验解剖图例演示。

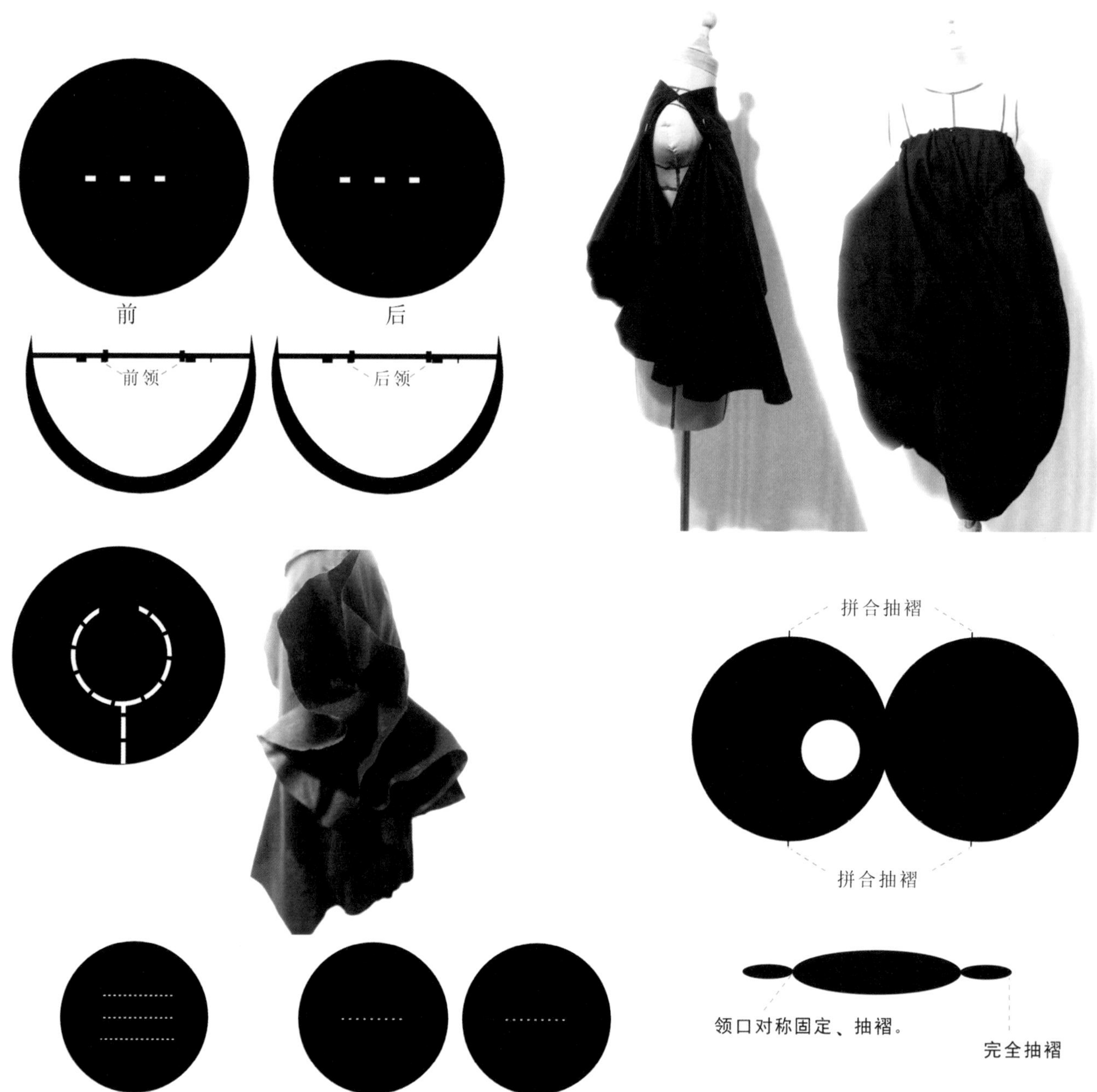

设计说明：此款选用面料为真丝绡（印花）面料，水墨感的花色，很好地利用面料织物轻薄，手感平滑略带硬挺，织物孔眼清晰，薄如蝉翼，细节透明，柔软而富有弹性，通透而且轻盈的特性，比较适合这款式设计，简约的"圆"形设计。

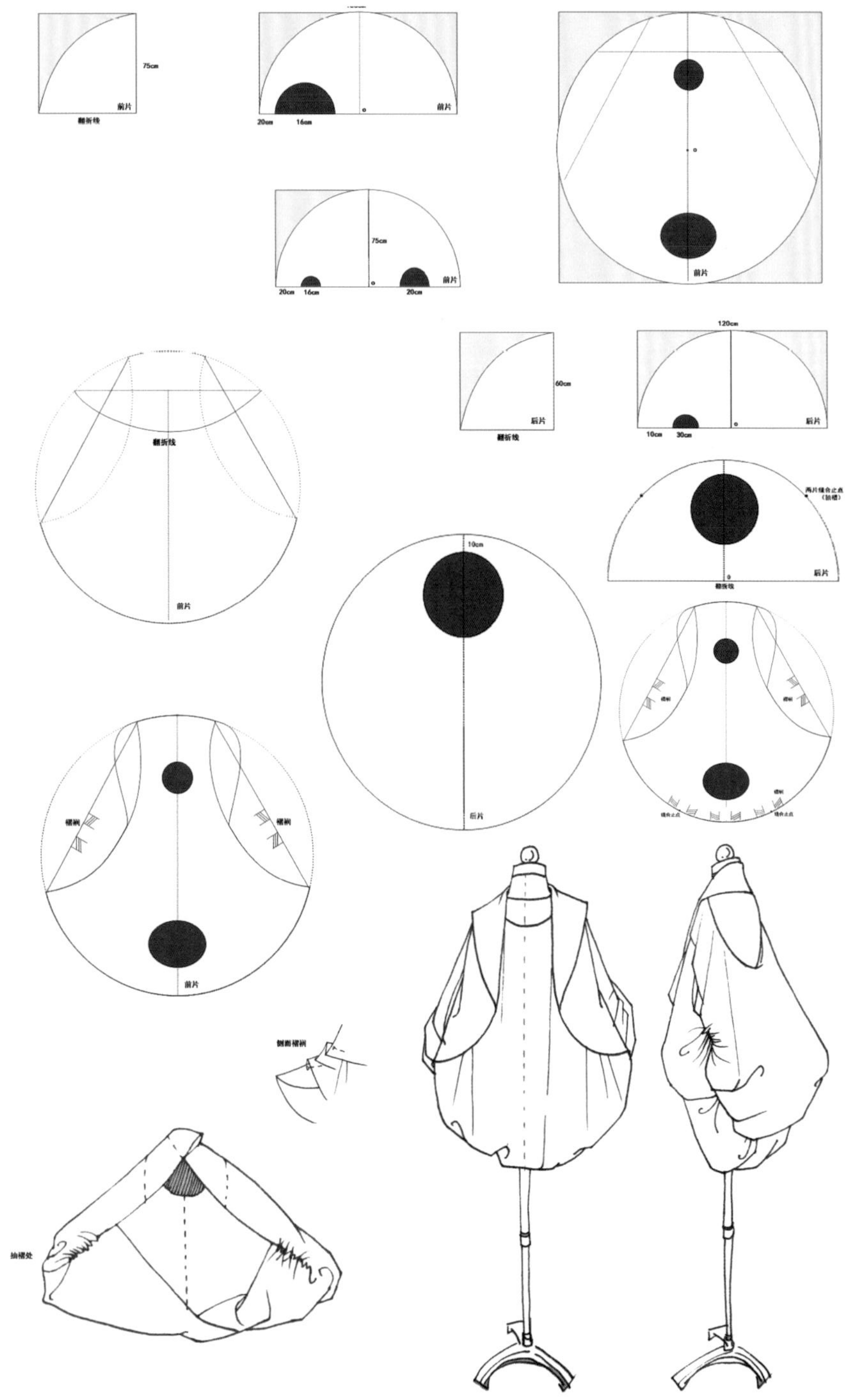

设计师张冬（Zhang Dong）以圆形单元素展开的服装设计的步骤释义图例：服装正、背结构图，服装制作细节图以及各个角度的成衣展示记录图片，能从中清晰地理解设计的方法和技能。

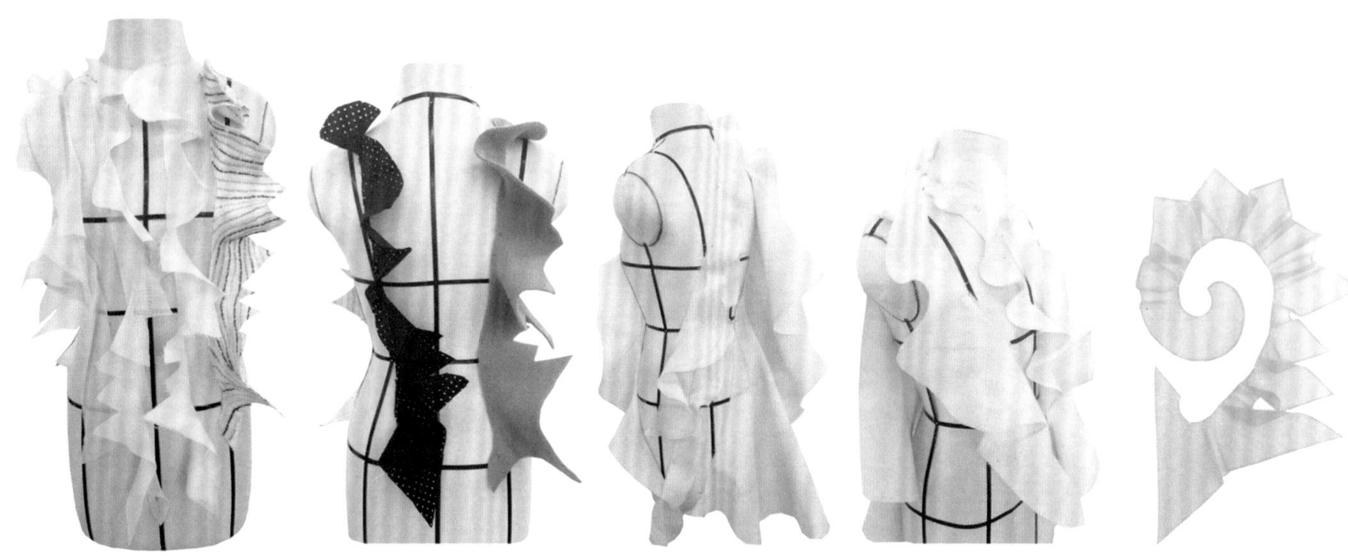

螺旋塑造

螺旋构思的设计应用。“螺旋”这一术语来自数学——直角螺旋、对数螺旋，这是非常有规律性的，但在服装设计上的应用比较自由，也可以第三种称谓——不规则螺旋。在实际应用中这三种螺旋分别表现的效果也不尽相同，此设计实验就是运用了不规则的对数螺旋所呈现的效果，首先设计师运用同样的方法对不同材质进行了试验，一种带有条纹的面料、一种带有细孔的面料、一种比较厚重的呢质面料以及一种非常轻薄的面料，这四种质地的面料伸展开后，立体转折呈现的视觉形态有所不同，设计师在对面料质地认识的基础上展开想象，开始绘制设计草图线稿，再运用立体裁剪的手法，选用合适的代用坯布，将设计的造型呈现出来，这种运用技术性与艺术性相结合的创作设计手法，在成熟的设计师当中是常有的现象，特别在高级定制和高级时装中比较常见。

设计师伍嘉颖（Wu Jiaying）研究螺旋裁剪运用不同材质的面料的试验立体呈现不同效果的记录。以及设计师伍嘉颖在以下三款设计作品实践中的坯布样衣与平面展开版型图例。

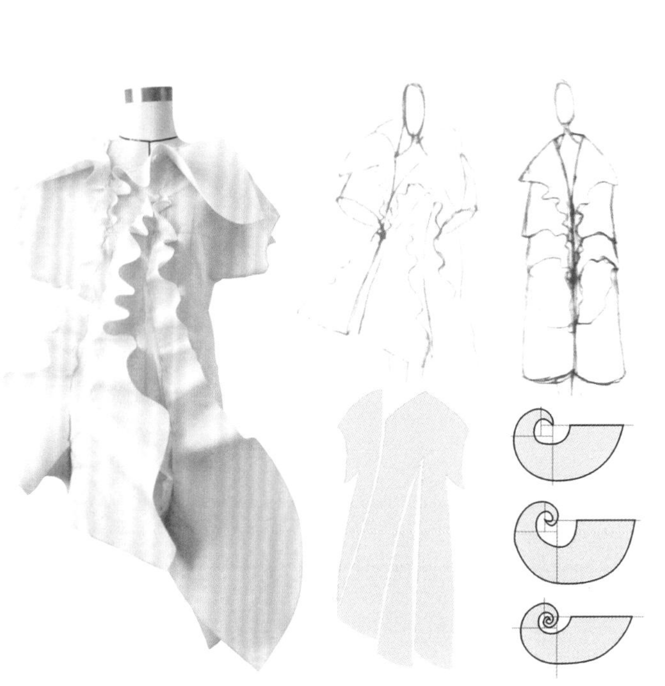

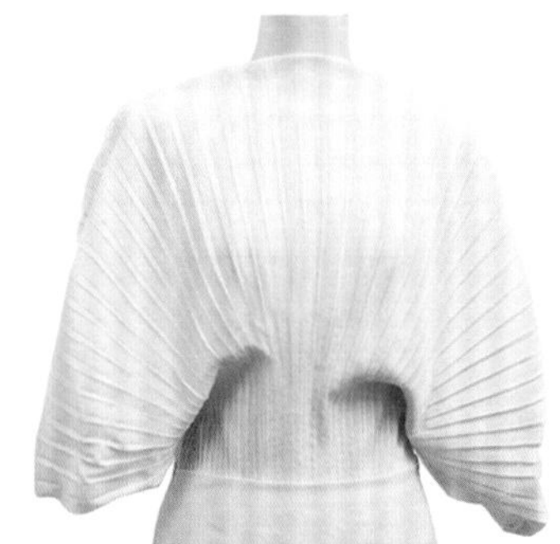

手艺技艺

手工艺在面料上的处理方式也可以结合服装结构设计的需要而精心设计，手工纳褶可以使面料改变原有的特征，有时候具有装饰感的效果，有时候适应形体的转折，有时候夸大造型的空间结构，使视觉感受得到提升。

设计师在拓宽设计思路上，不仅考虑设计各方面的要素，而且在设计造型方法上的突破也是至关重要，一种好的技巧能巧妙表达设计师意想不到的效果，但是这种效果需要高度的实践行为才有可能出现。在此进入实验式的设计创作方法，来获得设计思维的开拓与创新。立体思维模式在服装设计中是不可或缺的方法与手段，立体人台的辅助能使实践变得比较轻松、灵活并能即时发现问题、解决问题。尤其在设计创作过程中起到记录思考的作用。实验性的学习方法在拓宽设计思路方面起到开放式的作用，在判断设计的风格语言上有精准的把控，思维方式更加自由化，所以被很多设计师所采纳。

运用折纸的手法，训练对褶的造型变化构造的深入探索与理解，通过切割、转折、合并与分离的多重互动关系，在实际设计的运用中能够拓宽思路，巧妙合理地与设计融合，同时能激发创意思维的转变，能够加强服装内在形态语言的合理性与变化性，逐渐用手稿记录创意思维，使设计思维的连续拓展的思维方式涌现出来，这种不断丰富与延续的设计手法，使学习者的综合设计能力得到提升。设计的显现会使设计的统一性风格隐含其中，设计具有一定的逻辑性。

流动建筑

此系列设计可谓是“流动的建筑”，这种运用宽布条与曲折的流线切割相拼合的设计手法，在视觉上产生一种超强建筑立体感的效果，一种流动于人体之间的线型，其具有韵律感的视觉冲击力。通过材质、色彩与图形语言的实践，此设计效果会更丰富。

设计师朱静静（Zhu Jingjing）运用手工技艺的褶设计，对极简的几何裁片进行立体设计的款型实验图例，生动的流线转折富有力量感与弹性的轻盈感的视觉效果。

（下图）

设计师李弈（Li Yi）波浪型立体布条的空间装饰性应用设计的系列造型变化富有流动感视觉效果的服装造型演示图例，带来“流动的建筑”的设计体会。

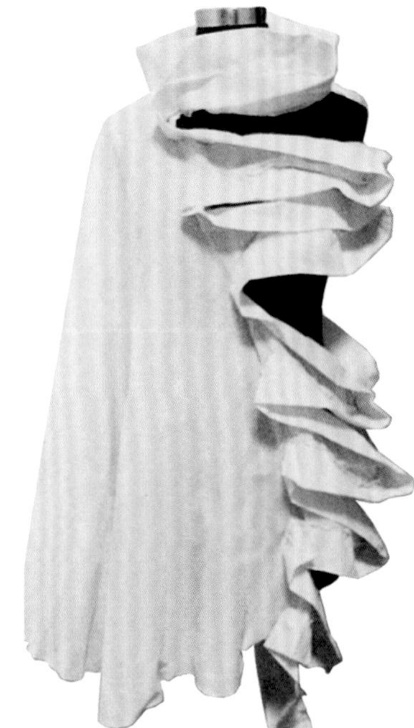

实验案例

此系列设计的思维形式可以从中分析出来，褶与领结构的融合，褶与衣袖结构的融合，褶与前身、后背结构的呼应性，褶与裙子结构造型的巧妙结合等，通过实践操作的体会使设计深入并成熟，既加强了对某类结构设计风格语言的把控能力，又使创新设计思维得到了经验的积累。

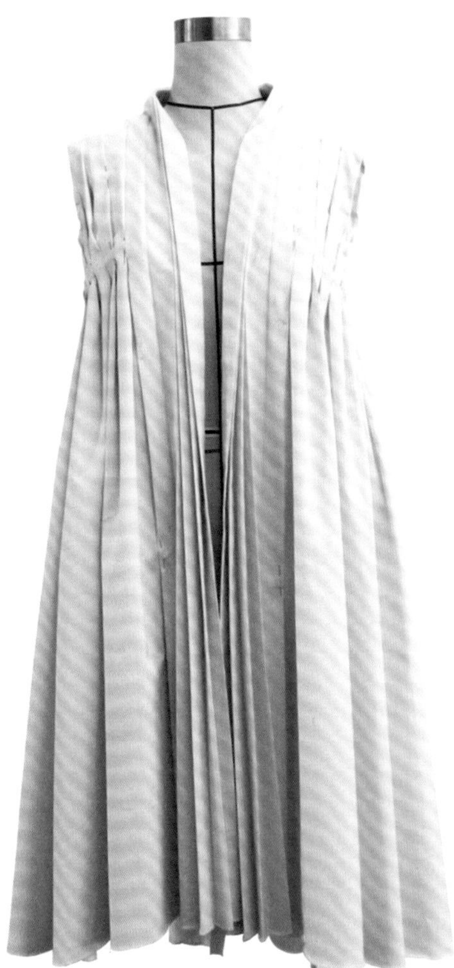

设计师廖亚玹（Miu Yaxuan）对该品牌案例服装的解剖性研究，从最基本的褶元素出发，通过实践研究的坯布样衣展示其设计的特点和整体性效果。这种带有专题研究的方法，能够深入发现设计应用的更多可能性。

裹式状态；松动的余量褶皱等，使服装整体造型会隐蔽体态的特征，使服装
显；富有引诱欣赏者去感受身体运动传递出来的美感，具有含蓄中带有性感

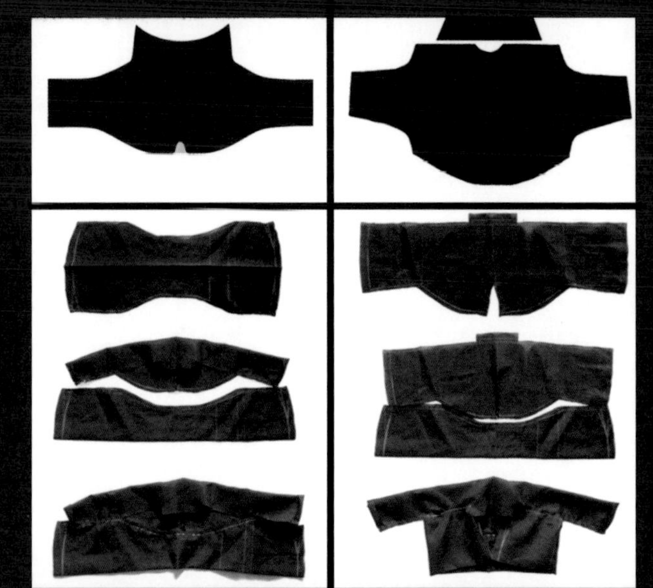

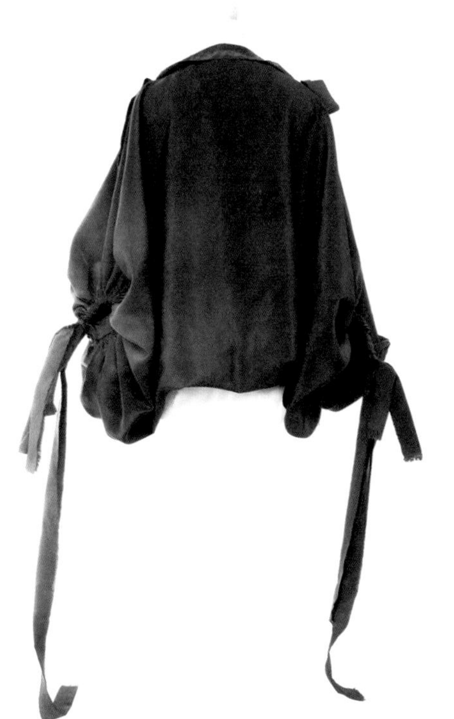

整一性思维

此设计构思源于对材料“整一性”的构想，在研究人物运动之态的时候，运用布条抽缩的原理，在平面“整一性”面料的软塑空间中塑造服装的整体构成元素，在此类设计构思中需要在人的互动姿态中去感受衣形态的合理特性，在设计平面构思草图和设计人物动态图中进行联想，在合理的尺度布局中形成与设计较高的关联度，再通过真人试穿，可以变化出不同的穿着方式，衣服的整体形态也会随之改变，在不断的实验尝试中，使设计经验得以成熟，在此基础上才能顺利地绘出一系列风格一致具有贯穿性、合理性、和随性的设计作品。

此类构想的设计往往需要设计师在服装面料的选择上仔细琢磨。不同质地的材质语言，在抽缩过程中会呈现不同的空间造型，特别是厚重的材料在抽缩的过程中的张力会比轻薄的面料来得大，所以表达出来的视觉感受会有很大的差别。还有对于抽缩量的尺度的把握也是非常关键的一点，所以往往会在试验之前先做一个局部的尝试，估算好抽量的大小。另外抽带的宽窄、长短的变化也会影响整体的设计效果，可见要做好此类款式的设计开发还需要具备丰富的实践经验。

设计师石林林（Shi Linlin）对该品牌研究的“整一性”思维设计的实验图例以及展开的设计构思草图的解读与演示。

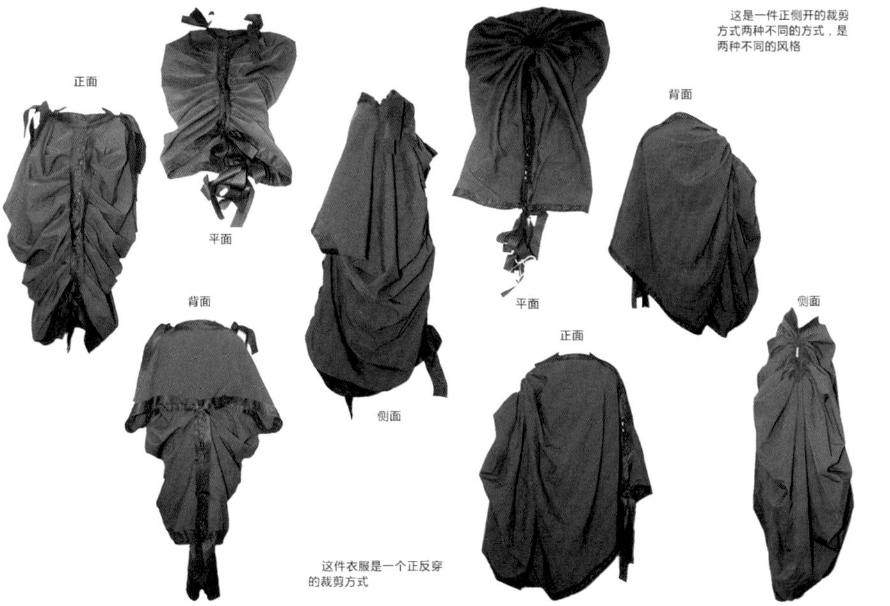

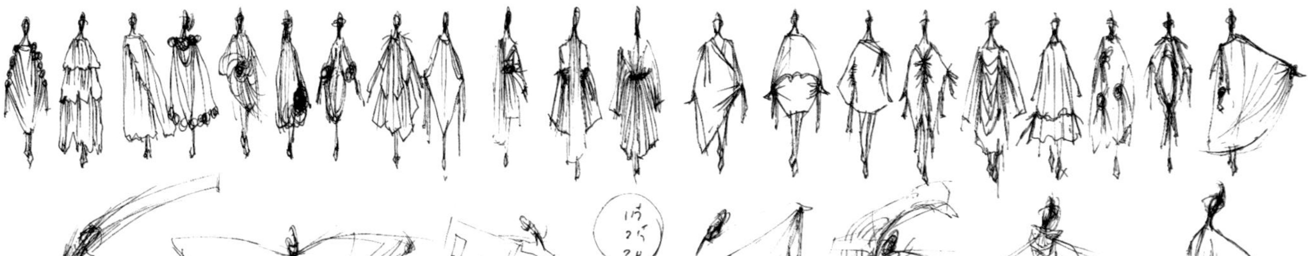

正面

平面

背面

侧面

这是一件正侧开的裁剪方式两种不同的方式，是两种不同的风格

背面

平面

正面

侧面

这件衣服是一个正反穿的裁剪方式

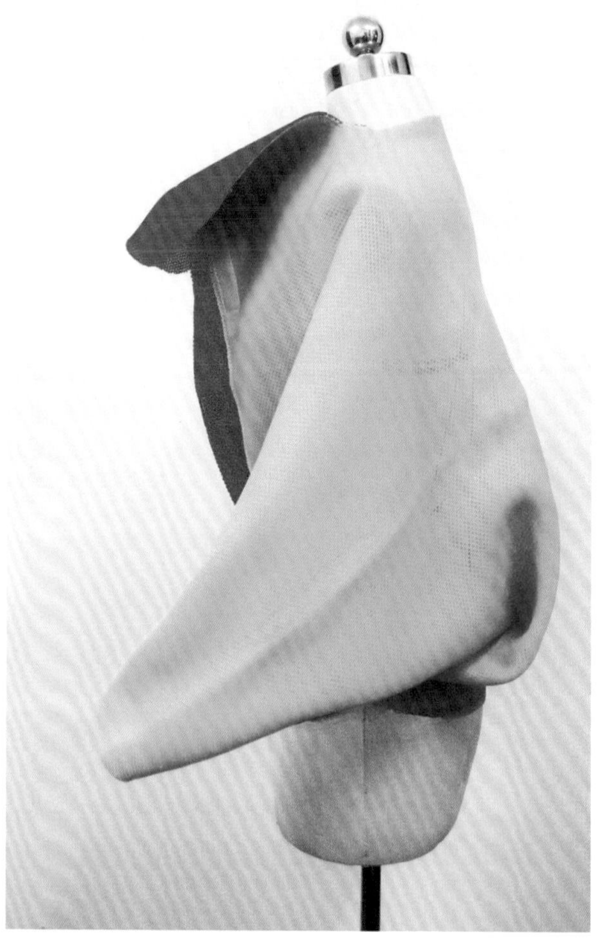

此系列作品运用简约的设计手法，很好地运用面料本身的特点，发挥其轻盈、有弹性，色彩鲜亮、质地柔软等优势，结合了具有个性化创新“图形空间转移法”。在一个个极简的图形设计面前，往往难以想象着装后所呈现出的富有软雕塑质感的服装体验，这是设计师在二维图形与三维服装之间的思维体验中的一种大胆而全新的尝试。通过分析可以找到几大亮点和特色：

- 转移领子的固有思维的颈部位子
- 将袖子的位置进行巧妙的后移
- 衣身内嵌式分割线的运用

这些特点结合着装后的立体空间转移形成了独特的设计优势：面料运用的整一性，利用率高效，工艺流程简化，服装简约又富有个性化的造型语言，穿着舒适自由，富有现代气息，受到着装方式个性化的年轻人喜欢。对于一种设计手法在造型语言上的创新，发现服装材料的局限性，就像艺术家发现绘画材料的局限性一样，寻找一种符合这类的图形，通过面料的空间转移，与生动的人体运动形态相吻合，既符合时装创新的内涵，又在视觉形态上具有现代立体感的体验，强调现代几何分割线的处理方法，在色块的对比上也突出了几何结构形成的构成美感。

设计师朱秀梅（Zhu Xiumei）2011 年《消失的出现》设计作品之一及平面结构图例。

（对页图）

设计师朱秀梅 2011 年《消失的出现》设计系列作品及平面设计展开图例。

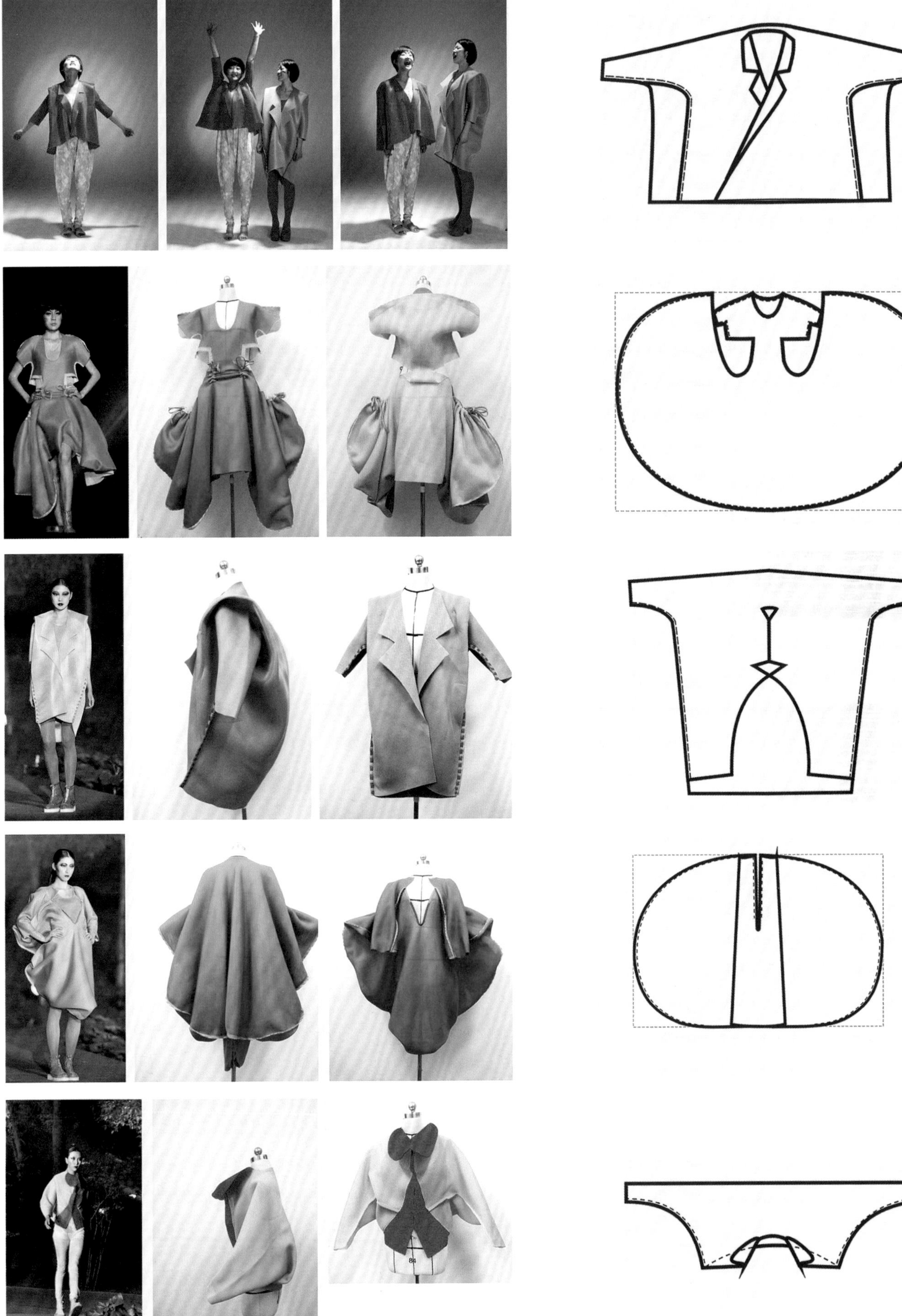
84

巴黎街头橱窗的富有现代线性设计的服饰品展示。

时装设计师品牌风格认知性创新

Cognitive Innovation of Fashion Designer's Brand Style

时装设计师品牌风格认知性创新

- 设计师创意概念与品牌发展的关系
- 传承与创新中吸取品牌经验的支持
- 引导设计师设计创新的导向与目标

品牌导入式思维方法

借西方的眼睛来发掘东方的品牌成长基因，以品牌导入式教育作为培养时装设计人才的主体构架，以弥补国内时装品牌意识较弱的缺憾，让时装设计人才的培养借助西方经典时装品牌的构建方式，逐渐提升设计师创建个性化品牌的能力并缩短与西方的距离。研究西方是为了活化自身的时尚文化活力，中国传统文化的活化艺术，在时尚的境遇中展露自己的思想。“品牌”在时尚领域，我们知道首先是独具才华的设计师，其次是设计师的设计作品的展现与传播，再次是消费认同。也就是时尚品牌应以时装品牌为基础，以设计师为铺垫，以时装本身为先锋的拓展模式，由此展开对时尚品牌的扩张。在以时装品牌导入式设计创新的思维中，品牌的构架语言在设计师的原创性动力上起到了驱动者的作用，通过将链状式的锁定品牌的核心价值、品牌的创新性、品牌的个性化风格紧密地连接在一起。对于品牌的认知性创新的理念可抗拒瞬息万变的时尚大潮，在品牌发展的方向上有更好的延续和发展，逐渐形成稳固的品牌基因。此章节中我们对时装品牌风格的认知性创新，以由设计师的创意手法而展开的设计实践的成功案例为依托，来真实性地验证设计与品牌构建关系的紧密性，我们可以从中获取经验和借鉴。

设计一直追寻的是一种独有的创新性的语言，即称为“设计语言”。时装设计中，服装传递的设计语言，关乎某些特有的细节，设计重点，也可以说是设计之“眼”，如何触动消费者的情绪化的神经，激起他们的热衷是其中的关键，也是时装品牌生存与发展的潜在因素。当一位设计师开始关注自己的设计语言，是自身提升设计创新的好现象。假如时尚设计之初呈现的是一个虚拟的设计师品牌，设计师的目标就是将自己的设计语言明确地注入到建构消费者与时尚产品之间的价值联系与互动关系之中，用柔性化的手段成就设计语言的“新鲜感”的体验，去除设计师品牌圣人般的传教姿态。设计师在设计创作的过程当中，必须不断地补充自己的养料，并且要脱离于常人的思维方式，用理性化的一体式的设计语言贯穿到品牌构建当中，就像从一棵小树苗，在设计创新的养料的供应下，随着时间与阅历的成长，让品牌长成参天大树，使品牌构想的影响力不断地深入着装的生活当中，保持美好生活方式的持续性成长。

在实际的教学中，如何使风格体系的突破性培养意识形成规模，让学习者自身意识到这种有系统的教学导向的重要性。如何使学习者在自我的职业导向、发展潜力、自己喜好的生活方式、对自我时尚发展的审美语言的建构等方面，慢慢地形成系统有序的成长经历，对于围绕品牌核心的知识面的补充和完善有了较明确的方向，也是品牌导入式教学中的关键因子。此章节中，从不同的层面，选取了代表性的案例，我们可以将其设计方法、设计发展、设计侧重、设计题材、设计具体表达与实践结合，直到形成品牌，成为品牌不可分割的设计贯通。我们分别从“YES OR NO”“理发店”“IN SIDE LINE & OUT SIDE SPACE”“BEHIND THE SCENES”“市井”“废墟”“互动”七个案例中，从不同的品牌方向做了实践性的引导，对设计师的设计方法和设计思维有了一个从无到有的设计全过程，在一些落地的翔实性上有了一个较全面的展示与解读。我们可以从中学习到“品牌”为导向的学习时装设计的方法，有其可行的一面，这也是时尚设计中，特别是在时装设计的挑战性中，在设计师掌控自己的设计方向性上保持自我的个性，而不易被非常属品牌所影响而扰乱了自我的品牌建构，当品牌建构成为你的独立的风格体系的时候，时尚的语言对消费者的传播力度才会显现其商业价值，时装无论如何地标新立异，如何地具有独创吸引力，如何地脑洞大，最终还是要由商业价值来支持设计师和设计师品牌的生存与发展。

（对页图）

该款成衣设计作品夹克衬衫设计，造型简约、精巧富有张力。

技艺与时尚

在时尚行业追求顶尖设计者莫过于高级时装及奢侈品。我们知道，在时尚中，高级的另一面是手艺，技艺精湛的手工艺人在默默支撑着时尚产业的生死存亡。随着现代科技的发展，似乎数字化技术已经渐趋成熟，可以解决设计师所期待的任何构思，然而这些便捷的实现技术没有被消费者看好，这就是时尚业独特的怪圈，它需要先进又排斥先进，相反，那些纯人工的手工技艺，却使人们越加眷顾。在不断提倡的“非遗”传承的创导，那么，这些优秀的传统工艺如何能够重返现代时尚生活，在此提出技艺与时尚的话题，也是顺应当代人的紧迫感。传统的工艺是生活经历智慧的结晶，为何会在一定的时期内被人们所遗忘，这是一个值得人们思考的问题。分析原因：一是生活节奏的加快；二是快速消费的膨胀；三是与时代不相和谐等导致。那么，设计师所要做的就是要告诉消费者，这些记忆中的技艺，依旧可以融合到现代时尚中来，可以返回到时尚的怪圈当中，被消费者接受，并且被崇尚与推广。手艺意味着有温度、有时间感、有神态的融入等因素。在时装中的穿着体验感受区别于机器制造的标准化、复制化、简单化的流程图样，难以提升高要求的着装体验。所以，作为以技艺优先的设计师，让传统的技艺成为时尚，我们将遗留在历史一角的极具艺术魅力的传统技艺，通过设计上的创意创新，将这些技艺保留在符合时代趋势并被当代人喜欢使用的高品质、高附加值的时装上。

“YES OR NO”

这是在法国巴黎的新锐设计师创建的高级时装（haute couture）为导向的时装品牌，由轩·图·芸仰 Xuan-Tu－Yunyang 设计师任品牌总监，在此品牌案例的设计创作中，我们清楚地认识到作为消费产品的时装设计的落地模式，这种实践与品牌推广销售贯通的设计创作，在时装教学中应该是非常重要的理念，这是我们在创作中除了要有天马行空的创意理念，还要有延续到创作结果的转化过程，我们应该注意到设计思考与创作中很多细节问题，我们能从她的设计稿中领会到其中的设计所注意的要点，设计师会清楚地一一将其说明。设计是与商业息息相关的产业，设计师的设计构想与创意的目的，一方面引起消费者的注意，一方面让消费者追随与崇拜设计师，一方面提升品牌的形象等。所以设计师的推陈出新的创造力显得尤为重要，但是这种创造力一定是基于逻辑性、延续性发展的能力之上。设计师在推出每季新产品时并不是盲目的，他在设计中融入的设计元素，会考虑到消费者的接受程度，设计既要融合创意，符合较夸张的设计语言，又要具备时装的可穿着性，这是高级时装设计中必须权衡的设计要素。

设计师在设计之初，运用针对品牌的思维方式，展开思考式的设计草图构想，设计图往往是图例与说明并行，会详细地注明使用的材料、方法与特点等具体要求。对于时装（couture）的设计，设计师甚至标明制作的时间与工序等。可见，设计师在绘制设计图的同时已经全面地考虑好服装预想的设计效果。在很多细节方面可以看到设计师对设计背后的技艺素养的支撑性是非常强的。在这一季的设计作品中，从设计概念入手，从季节、气候、关乎到生命的和谐，促使设计师通过思考而展开设计，用雕塑般的厚重而又不失细腻的触感质地，运用材质对比的手法，产生一定的视觉效应。

设计师轩·图·芸仰（Xuan-Tu－Yunyang）
秋冬 2010 高级时装系列作品。

概念

这个概念是 2010 年高级时装冬季主题的延伸。(此延伸设计也是 2010 年高级时装冬季的一个演变。)

它曾经是“是”或“否”、左或右、夏天或冬天！对大多数人来说都很容易。一切都在改变！季节在变化。气候已经不像以前那样了。夏天不像我们以前知道的那样。冬天不像以前那样。好与坏。这是不相关的。它是关于你的反应和处理。似乎我们必须调整自己。我们的生活，我们的习惯、形状、材料，一切都是新的，重新思考或重新使用！它不仅存在于气候中，而且存在于一切事物中。

该系列的灵感来自结合了雪的柔软性的大型冰雕。采取有机生命形式，如花 / 植物，甚至动物。谁住在那里作为一个形状的主题。作为灵感，不是把主题整体化，而是把他们的性格转变成一种更友好的生产和谐的时尚。亚麻布的毛皮雕塑，冰花，水晶滴，以及挂在线和带上的移动的地球层……

Concept

The concept is an extension of the theme of the HAUTE COUTURE winter 2010
(The extended designs are an evolution of the HAUTE COUTURE winter 2010)
It used to be yes or no. Left or right, Summer or winter! Easy for most people, Things are changing! Seasons are changing. The climate is not what it used to be. Summer is not as the summers we used to know. Winters are not what they were before. Good or bad. That is not relevant. It is about you reacting and dealing with it. It seems that we have to adjust ourselves. Our lives, our habits, shapes, materials, everything has be re-new, re-thought or re-used! It is not only in the climate, but in everything.
The collection is inspired by big sculptures of ice in combination of the softness of snow. Taking organic life forms like flowers/plants and even animals who lives there as a subject of shape. As inspiration, not taking the subjects it whole, But taking their character and changing it in to a more friendly harmony of production…Of fashion. Sculptures of FUR in linen, Icy flowers, drops of crystal and shifted layers of the earth hanging on threads and straps…

从设计师的设计手稿信息中我们可以知道，设计师对设计稿件从材料的应用，手工技术的要求，甚至详细的标注尺寸等信息，在工艺的难点处，都会进行翔实的说明，并传授制作的经验。织物进行手工切割，线料的用量也会注明，以花为主体的设计，在高级时装上加入了非常细致与耗时的手工工作量，但是在制作的过程中也没有丝毫的马虎。很多方面我们可以看到设计师的实践经验的丰富性，对自己的设计创作与完成成品的预想达到高度一致的状态。

设计师轩 · 图 · 芸仰秋冬 2010 高级时装系列作品制作细节之一。

设计 1: 外套
技术部分：· 长度在膝盖以上 · 顶部的外套棉布面料 · 伯爵缎衬里 · 整件外套有衬里 · 前门襟 5cm 用暗扣固定 · 所有的东西都是手工缝制 · 拼缝 1.5cm －缝下摆、领、和袖口 1cm
面料：·“毛皮”是用手剪的亚麻线做的 · 斜缝 · 手工完成 · 手工缝制外套 · 手工剪出花型

设计 2: 裙子
理念 衣服就像被鲜花一层层地将人包裹起来
技术部分：· 长度在膝盖以上 · 素库缎面料 · 伯爵缎衬里 · 整件裙子有衬里 · 前面相连，从肩带开始的那一边右边下面装有隐形拉链 · 所有的东西都是手工缝制 · 拼缝 1cm · 大花 · 肩带应该很长，至少可以绕肩部两圈 · 为了使背带和裙子分开的地方不那么厚，我们把它分成两部分

DESIGN1

COAT

Technical part:

- Above kneelength
- Fabric for the top coat is cotton
- Fabric for the lining is silk satin duchess
- The whole coat has a lining
- The front closure is an invisible button closure of 5cm width
- Everything is hand finished
- Seami is 1,5cm
- Seam hem,collar and arm is 1cm

Fabric

- <The fur>is made of hand cut linnen strings
- Stitched on a biais
- Handfinished
- Handstitched on the coat
- Hand cut in a flower design

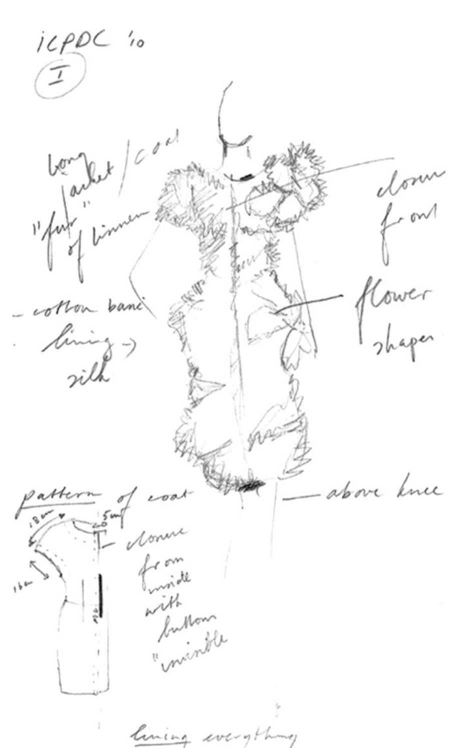

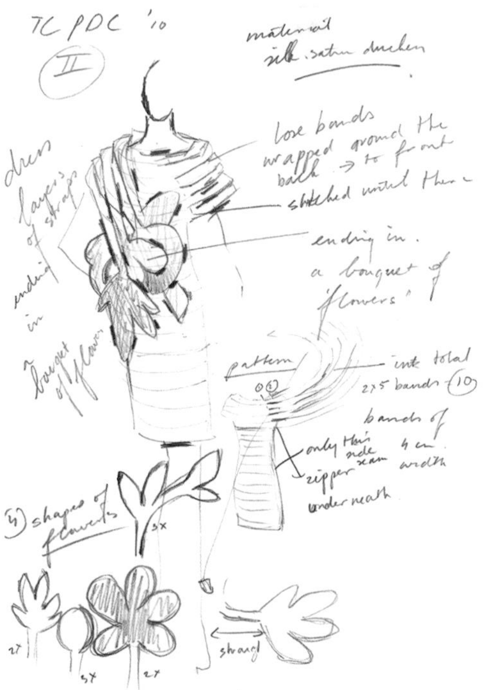

DESIGN2

DRESS

Idea

The dress is like layers we wrap ourselves in, in this case the strapsend ina big bouquet of flowers

Technical part:

- Above kneelength
- Fabric is silk satin
- Fabric for the lining is silk satin duchess
- The whole dress has a lining
- The front closure is an invisible zip on the right side and unde meath the life side where the straps start
- Everything is hand finis-hed
- Seami is 1cm
- Flowers are large
- The straps should be long as you can drap it 2x around your shoulder
- Straps are 4cm width
- To make the it less thick where the straps are de-tached from the dress, we divided in 2 parts

设计师轩·图·芸仰花的制作步骤。花：这些花是按萼片花瓣切割的，组装成像 1 一样。圆的花由 12 个花瓣组成，尖尖的花由 8 个花瓣组成，要造出每一朵花，你必须把每一朵花看作是它自己的花束，这样你就有了花朵。然后，所有的花都是手工缝在衣服上的。

设计 3: 裙子

技术部分：·长度在膝盖以上·棉布面料·内衬面料为丝绸·整件裙子有衬里·前面相连，背后在花朵的下面装有隐形拉链·一切都是手工完成的·拼缝 1.5cm·缝领、袖和下摆 1cm·花朵顶部大下摆为小花·花朵全部手工制作

顶部袖子的前后是一个版：不收省道，由于袖子的设计省道放在了后背·袖子正好在袖肘处

设计 A&B：这个概念是 2010 年 7 月底高级时装冬季主题的延伸。我放了两款设计，因此你能够理解系列设计的变化，并且理解设计的技术部分，知道为什么在纸面上画和解析是相当的困难的。

设计 A：·顶部打褶丝绸·一条手剪雕塑般的裙子·亚麻毛皮……

明细：·9 公斤线·7 周的工作量·48 米的斜料·7 周的工作量·所有的东西都是手工缝制·8 小时雕塑剪

设计 B：·带银线外套的丝绸裙子·短上衣……亚麻毛皮……

明细：·13 公斤线·55 米的斜料·8 周的工作量·所有的东西都是手工缝制

DESIGN3

DRESS

Technical part:

- Above kneelength
- Fabric is cotton
- Fabric for the lining is silk
- The whole dress has a lining
- The front closure is an invisible zip on the back under neath the flowers
- Everything is hand finished
- Seami is 1,5cm
- Seam collar,sleeve and hem 1cm
- Flowers are large in the top and smaller on the bottom
- Flowers are hand made
- The top sleeves front and back are from 1patter:all coupes has to be desolve in the pattern,of the sleeve/ex cept for the coupe in the back
- Sleeve are just below the elbow

FLOWERS:

The flowers are cut per separ-ate petals.Put together as1. After that the round flowers consist 12 petals and the pointy flowers consist18petals.To make each flower,you have to see each flower as a bouquet on its own.So you have avivid. Then all the flowers are hand stitched on the dress

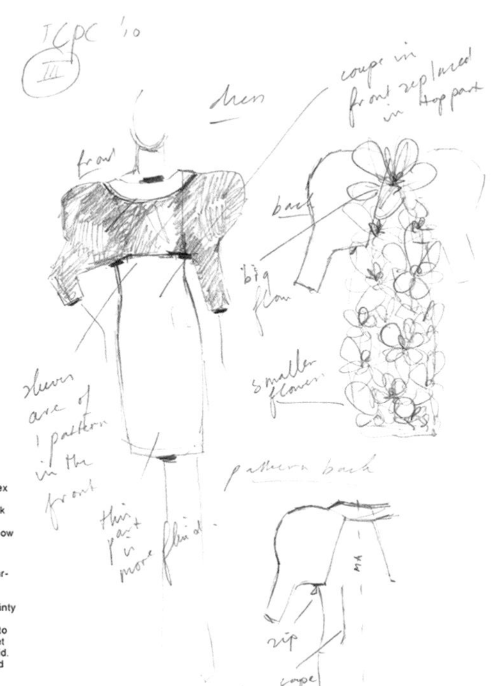

DESIGN A& B

Because the concept for ICPDC2010 is an extension of the haute couture winter 2010(this last july).
I put in 2 designs,so you can the evolution of the serie of design.And understand the technical part of the design.What is quiet difficult to explain on paper or draw.

Design A

- A silk pleated top
- A sculptured hand cut skirt: the linnen...fur...

Details:

- 9 kilos thread
- 7weeks of work
- 48meters of biais
- 7weeks of work
- all hand stitched finised
- cut in sculpture 8hours

Design B

- Silk skirt with silver thread
- jacket...fur...linnen

Details:

- 13kilos of thread
- 55meters of work
- 8weeks of work
- All hand put together

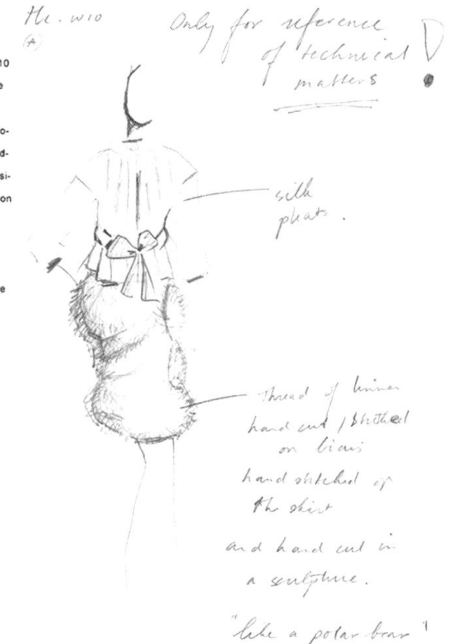

创意与品牌

“理发店”是一个好的学习案例，对于在高校学习服装设计专业的学生，如何在学习阶段规划好自己的职业生涯的问题上有很好的参考价值，这是一件原创性的毕业设计作品，经历了四年左右的坚持，其方案被品牌采纳，重新启用成为品牌设计产品推出的主题概念，并由设计师亲自参与团队合作的设计产品开发项目。这种类似的实践案例尤为难得，并跳过了独立设计师构建品牌的难关。也是从理论到实践的一个完整的体系，在此，我们也要感谢设计师对于本书撰写的支持，并充分表达了自己设计创作的整体构想和拓展开发的延续性策划。如果一个创作体系能够得到发展性的延续，那么品牌风格语言的确立，与品牌形象的影响力等方面也将持续的发展。《理发店》最初是 2011 年指导的学生王含羽的本科毕业设计作品，当初是希望设计师为今后的设计创作体系开启一个以个性化独特文化视觉语言为基点的品牌设计传播影响因子，设计师可以在理论与实践的总结中明晰个人独立的思潮趋向，形成具有可持续的设计方向，逐渐形成品牌的确立。2014 年学生毕业之后在“素然”品牌工作，在品牌拓展的过程中，有幸又以此主题深入展开品牌产品的市场化开发，重新诠释了设计主题，做了更多的调研和设计开发，被更多人关注和喜欢。当成为品牌设计师时，一直觉得一个主题应该是可持续的，就像手机系统，可以不断升级改良，所以借用这个思路，把学生阶段的理发店叫作“理发店 1.0”，工作后的叫作“理发店 2.0”，当然之后还会有 3.0 版、4.0 版……

“理发店”

“理发店 1.0”到“理发店 2.0”（作者自述）：

关于“理发店 1.0”版：理发店缘于自己日常理发过程中长期积攒下来的喜怒哀乐，然后觉得理发店里的工具、机器，甚至特有的洗发水的味道都很有意思，感觉可以延展出很多很酷很新奇的东西，于是就开始了。当时学生阶段预算少，想尽办法在有限的预算内做出最好的效果。特意跑了一趟柯桥面料市场，扛了一卷又新颖又容易出效果的面料回杭州，后来用那一卷面料做了理发店整个系列 6 套衣服。我永远不会忘记那一卷面料：灰色的三明治网眼布。

在 1.0 的阶段，是完全放飞自我的一个过程。怎么特别怎么来，不限男装和女装，只是想着做一些特别、有趣、我自己喜欢穿的衣服。现在看来还是有点太过粗糙和不完美。

毕业设计阶段，在李艾虹老师的指导下，循序渐进地引导品牌设计系统的思维方法，服装使设计思维外化，通过服装语言传递品牌文化内涵，去打动与影响消费客户，逐渐赢得有共同文化审美的倾慕者。在毕业设计的创作实践过程中，他教会了我一些很实用的方法，包括怎么选取主题，怎么提取和运用好灵感源，如何实验和自我体验，以及技术上的支持等，这些很实用的方法至今对我的助力还是很深远。

关于“理发店 2.0”版：2011 年 7 月于中国美术学院毕业后就进入“素然”工作。“素然”有个“没事儿”系列，每次设计师们都会提一些有意思的主题。当时王老师（“素然”创始人王一扬）觉得我的理发店挺有意思，可以继续延展一下，于是就有了你们看到的“理发店 2.0 版”。有情感的设计好像无意中会被发现与挖掘一样，这种幸运并不会出现在每个人身上，但是被企业品牌设计创始人认同，一定有了感染力在起作用，此时觉得李老师在指导我，在我迷茫与迷失方向时候给我勇气，克服不够自信的缺点，现在想来只有对时尚品牌的构建有系统的思维方法才能延续我喜欢的设计并顺利地被该品牌所采纳。

2.0 版是一个团队合作完成的，有一起出款式做图形的设计部小伙伴，有专门的版师，有丰富的面料资源，有工艺及技术支持，有推广部，有商品部……也正因为你不是一个人在战斗，所以必须逼自己想清楚很多细节，这样才会清晰明确地传达给其他人，才能高效完成工作。这个阶段，没有了学生时期的预算不足，但有其他更大的挑战。首先就是责任感，不像毕业阶段的小打小闹，结果好坏直接关系到品牌，必须让产品得到最好的呈现。你得在符合品牌定位的情况下又有所突破，要具备更精准敏锐的元素提取、转化能力，对面料的规划能力，对款式类型的判断能力……

从“理发店 1.0”到“理发店 2.0”是一个变化和成长的过程。你能感受到风格在变，自己对服装的认知在变……但细细想来这么多年，唯一不变的是喜欢服装并想通过衣服表达自己的初心和韧劲。也庆幸在服装这条路上遇到了很多的好老师和指路人，希望自己能不断升级、更新、成长，有机会的话还想继续“理发店 3.0”、“理发店 4.0”。

（对页图）

2011 年设计师王含羽（Wang Hanyu）的毕业设计代表作品。

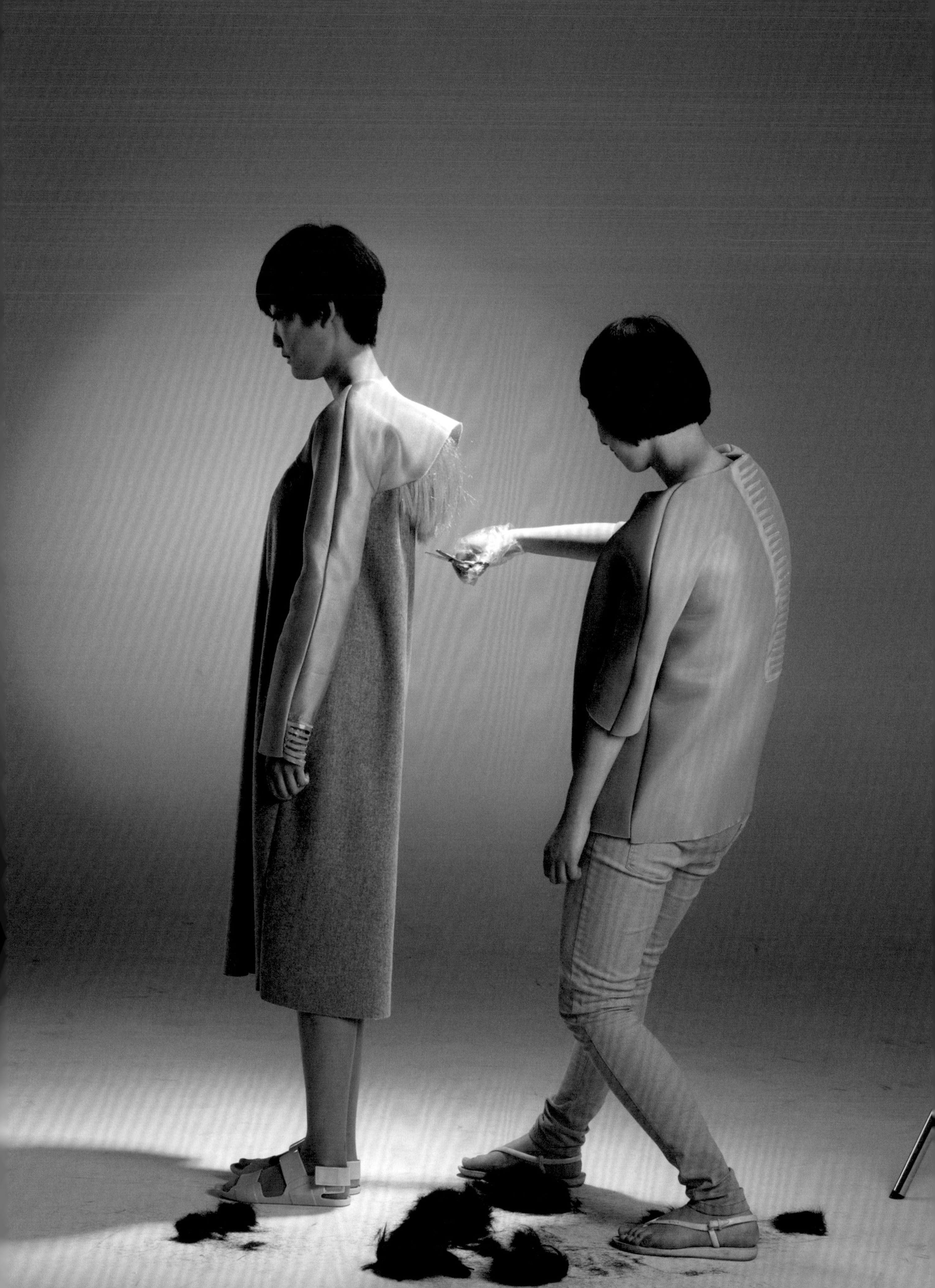

在人模上用面料来试样造型，亲自体验服装穿着的造型变化与人体结构之间的舒适度，并进行多角度的观察与修正，确认设计表达的准确性。

（对页图）

设计师王含羽与模特互动的理发场景大片，富有亲自体验的设计真切感受。

实践体验

体验与表现，在设计构思创作的构成中，设计的初心与出发点的定型是非常关键的环节，需要找到自己设计思维与物态表现之间的贯通形态，在分析理发店的一些特别吸引点的文化细节，设计者运用简约的手段用非常吻合的美感形式来表现设计的服装语态。在这里我们看到设计师对人体与面料材质之间的把控度，表现得非常出色，理发店的文化特征与服装的设计表现一气呵成，这是与其在设计过程中自己一次次地体验与调整等工作分不开的。

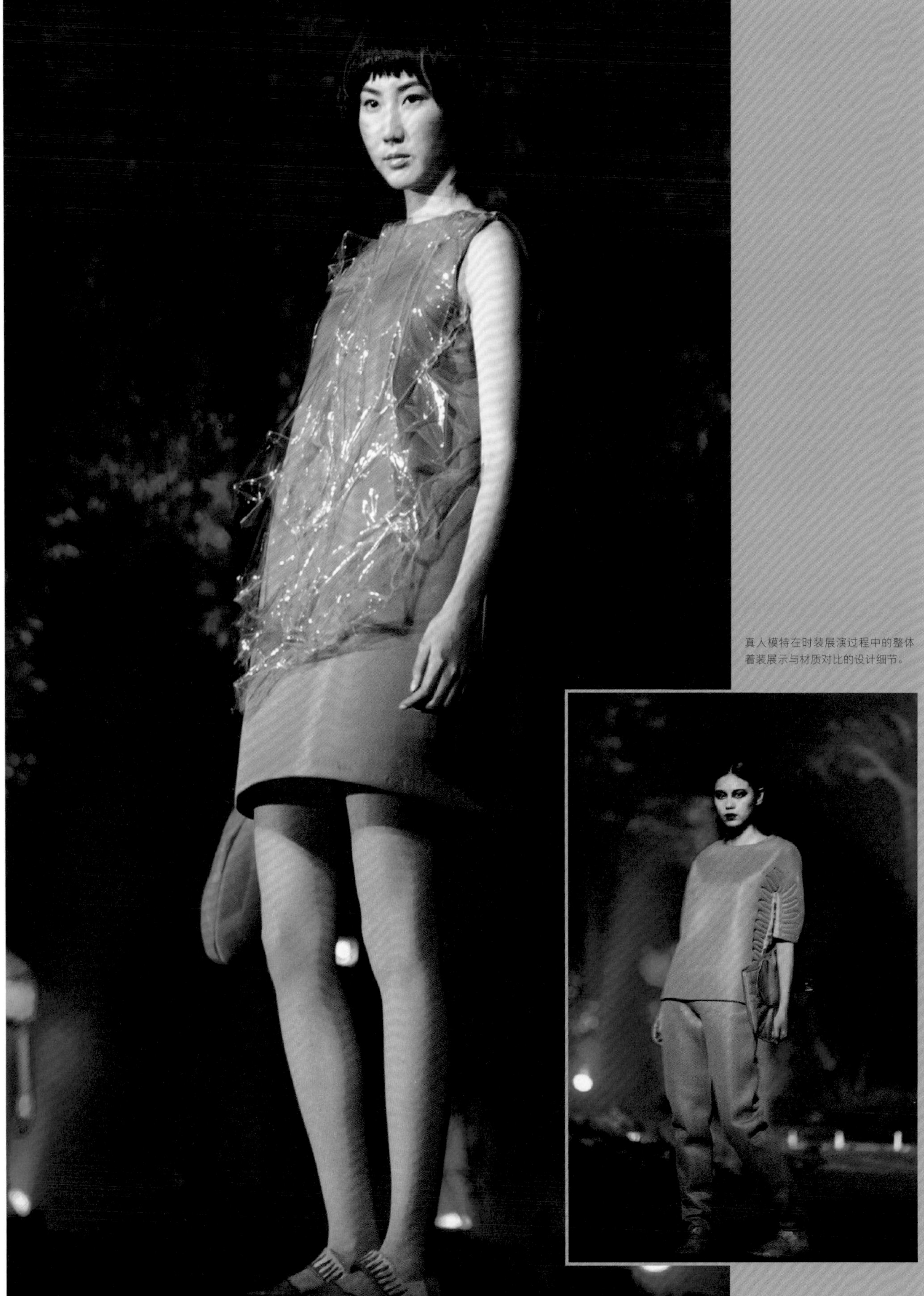

真人模特在时装展演过程中的整体着装展示与材质对比的设计细节。

没事儿 理发店

ZUCZUG/没事儿2014

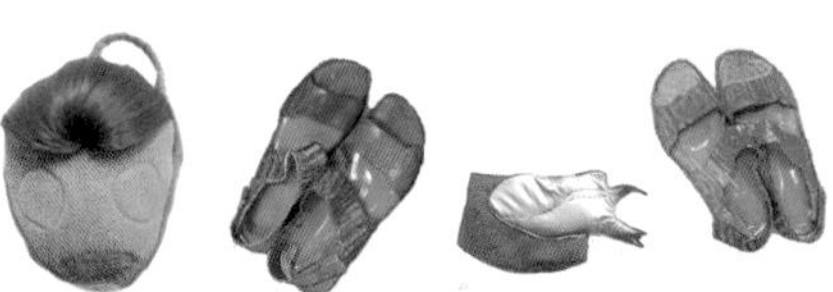

设计师运用理发店的元素设计的服饰配件包与鞋子。

真人模特在时装展演过程中的整体着装展示。

品牌形象

时尚文化，从文化拓展的角度，用较真切的生活感动的方式传递时尚信息的方法，也是品牌形象的可取之处，以理发店为视觉文化聚焦中心，通过设计师的智慧，进行围绕生活感知的灵气发散，在时装的设计语言上，可以与消费者怀念的生活情趣产生共鸣，引导消费者追随品牌进行消费的行为。在品牌形象的支点上，注入很好的图形记忆，这种记忆将使着装者引起群体的注目，引发群体对时尚文化的另类的想象空间。

品牌推广

展示与格调，当视觉感受与唯美想象冲突的时候，是否暗示着你必须停下来思考和作出自己的选择，是认可还是不认可，是愿意接受还是不愿意接受等。品牌在推广的过程中虽然具备某种挑战性，这种挑战性的把控与品牌推广的构建也是相辅相成的。有时往往模特儿的一个姿态，一种眼神就能被消费者捕捉在记忆中，使其驻足去感受自己穿着此类服装的心理需求，并与模特儿进行对比。对于文化题材的设计，往往是生活积累后的一种反馈式体验，使品牌与市场产生互动性消费。

2014年素然（ZUCZUG）品牌以理发店概念推广的春夏季产品宣传推广大片海报展示

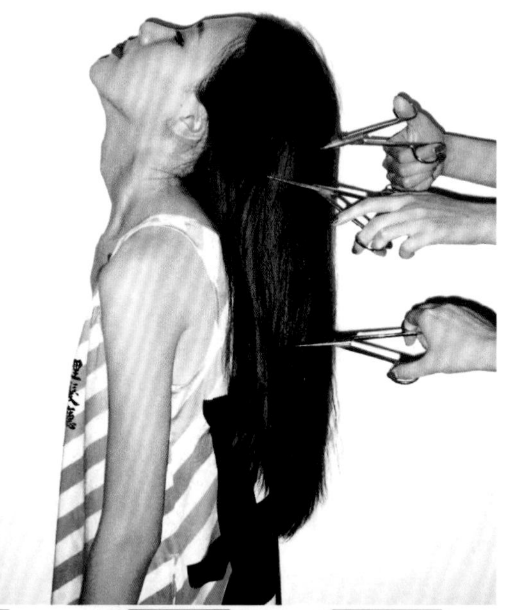

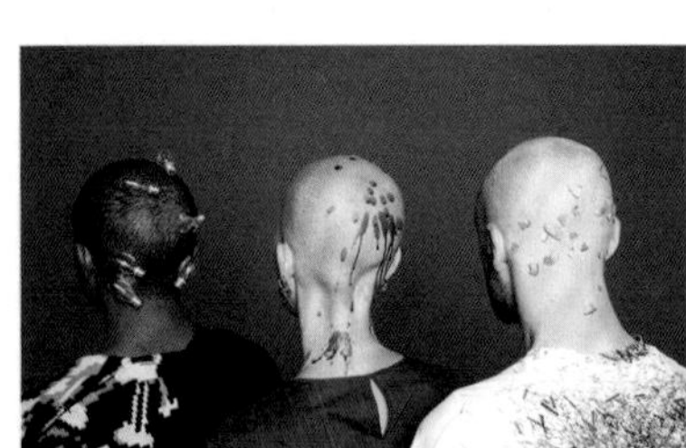

形象与营销

在当今的商业环境中，时装品牌会通过自己的连锁实体店、代理商、订货会以及网上旗舰店等多种渠道进行销售，面向自己的客户群体。对季节性产品进行形象导入式推广，也是一个好的思路，店面形象以主题生活文化概念、鲜明的图像语言直击客户的视觉，用生活化的语言“有事儿没事儿来逛逛”“理发”等醒目的文字引起消费者的兴趣，加入一些店面布置的小技巧，将发丝铺陈桌面，这也成为点睛之笔。加上有生活情趣的宣传招贴与图册相配合，对人具有一种极强的吸引力，加上产品设计风格的呼应，成功的营销氛围油然而生。

2014 年素然品牌在上海专卖店的店面布置全景图及细节特写展示图例。

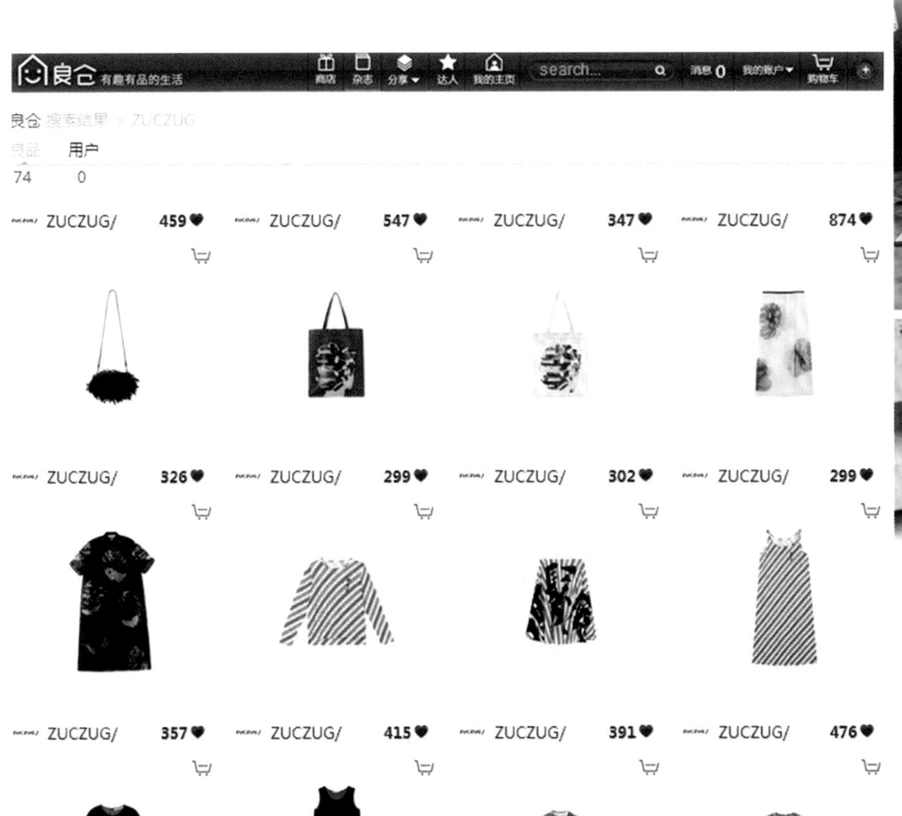

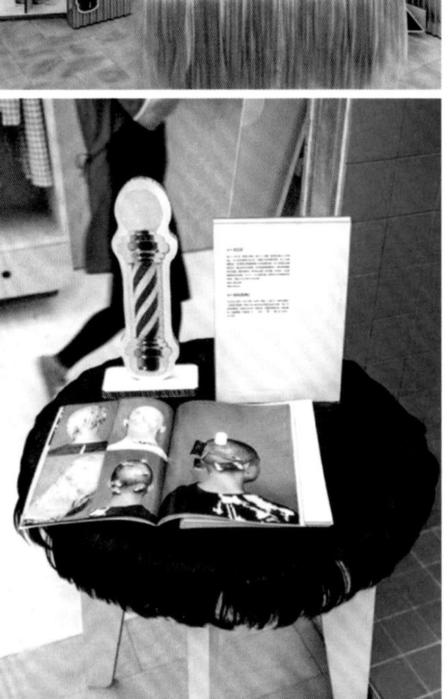

传承与创新

时尚设计的行业中，在传承中创新是一个必然规律，因为一个成熟的时尚品牌建立之后，在品牌发展的历史长河中，该品牌的风格会有相对稳定的持续发展，那些在品牌中担当重任的设计艺术总监，不得不娴熟于对该品牌的认知，必须传承该品牌的主体精神和该品牌的风格体系，在时代的发展与变化中寻找自己的位置。我们知道，在设计创作中，时装设计有别于其他门类的设计创作方式，其设计有一定的规范性、系统性，对于品牌来说，需要既有发展开拓的空间，又要保持好品牌的个性化风格体系，由此看来，传承与创新是两者兼容的运作方法。所以，时装设计师品牌在物色培养继任设计师的时候会相当地谨慎，会全面衡量对该品牌发展的可行性，如果误选人才，将会令其品牌受到致命的打击。在这里，学习这种设计方法，将提升学习者对创建品牌设计风格语言的训练，并通过实践研究在成功的品牌作品中快速获得技术与经验，以及在设计中获得如何创新的资源，同时，设计师在选择研究品牌中提升自己的审美认同和寻找到设计突破点。传承是创新的有源之水，是设计师成长的必经之路，所以我们要正视在研究传承中发掘创新的可能性，而不是找一大堆的灵感资料，在漫无目的的想象中去架空设计，造成难以赋予实际应用的纸面设计的后果。在这里对于传承品牌的设计研究，一定是基于实践体验的基础之上来展开设计的应用，在巴黎只要是学习服装设计的，就一定拥有一个完美的人台，不断地用面料去造型服装，使思考具有可视性，使想象变得具体化，在不断的取舍中提升设计的完善度。所以，设计开始初期也需要介入实践研究的步骤，边学习边研究，理解涉及的特点和美学原则等，再结合自己的创新理解，寻找能生成共鸣的灵感源，使设计生成变成有本之木。

巴黎高级时装工会学校（ Ecole de la Chambre Syndicale de la Couture Parisienne ），对于课程结构的安排，有着比较严密的设计目标性。首先，该学校与旗下的高级时装品牌在设计创新上有互通性的链接，每年的主题式导向会渗透到课程体系之中，这些因素来自学校所聘请的在高级时装品牌中任职的设计师、造型师、工艺师等。他们进入教学实践，将品牌精神带到课堂之中，每年的设计创新计划在前一年就已经有了明确的方向，设计语言明确，而且是极富有实践性的设计理念的导向。一步入学校，我们就可以感受到非常实践型的教学氛围的开端，在大厅中我们就可以看到人台，立体裁剪的坯布样衣等，学员的桌面上放置各种材质的面辅料，以启发设计的契合性，具有浓厚的时装创作氛围，每个教师似乎都是不断地做衣服的角色，看上去极像造衣工作坊的场景。在巴黎似乎教学的空间永远都不够用，流动性教学，使教室的教学利用率非常得高，有独立开放的空间供学生在教室自习等。一所专业的时装设计教学院校，所映射出的时尚哲学，确实离不开实践中再实践与衣服打交道的机会，通过系统的实践型设计思维训练，才能培养出出色的具有划时代意义的时尚设计师。

高级成衣设计课程的教学编排：

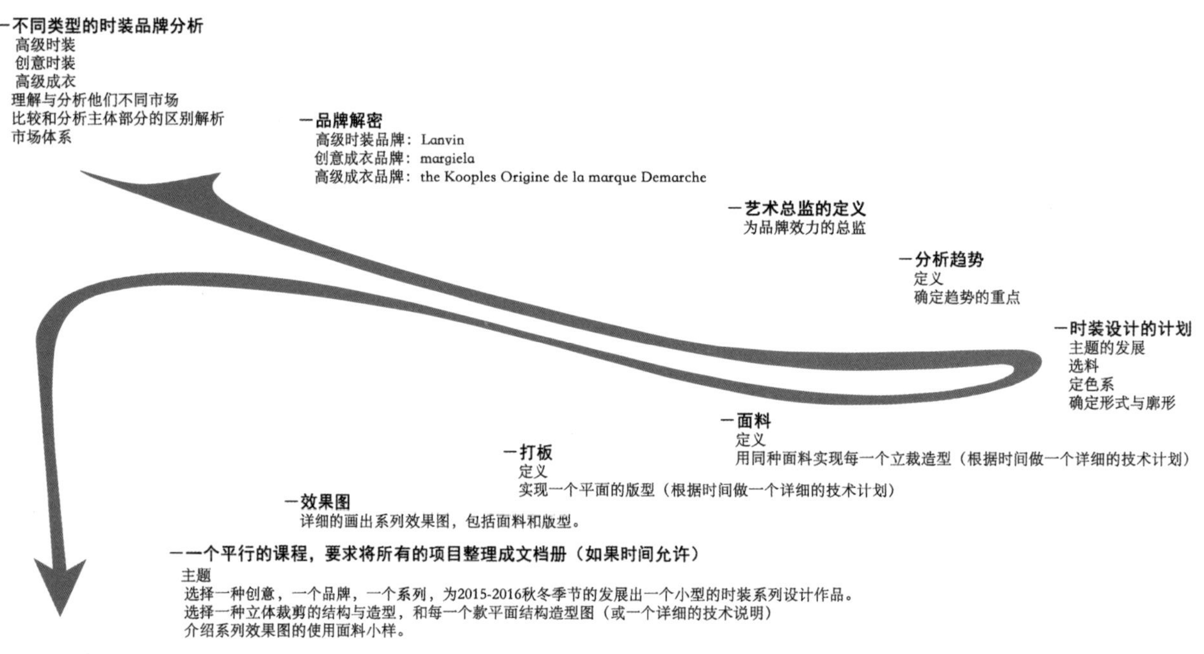

—不同类型的时装品牌分析
高级时装
创意时装
高级成衣
理解与分析他们不同市场
比较和分析主体部分的区别解析
市场体系
—品牌解密
高级时装品牌：Lanvin
创意成衣品牌：margiela
高级成衣品牌：the Kooples Origine de la marque Demarche
—艺术总监的定义
为品牌效力的总监
—分析趋势
定义
确定趋势的重点
—时装设计的计划
主题的发展
选料
定色系
确定形式与廓形
—面料
定义
用同种面料实现每一个立裁造型（根据时间做一个详细的技术计划）
—打板
定义
实现一个平面的版型（根据时间做一个详细的技术计划）
—效果图
详细的画出系列效果图，包括面料和版型。
—一个平行的课程，要求将所有的项目整理成文档册（如果时间允许）
主题
选择一种创意，一个品牌，一个系列，为2015-2016秋冬季节的发展出一个小型的时装系列设计作品。
选择一种立体裁剪的结构与造型，和每一个款平面结构造型图（或一个详细的技术说明）
介绍系列效果图的使用面料小样。
—每一步工作都必须独立完成

在本章节中，我们主要是围绕教学展开的对时装品牌的研究，也是基于法国巴黎高级时装工会学校教学的经验和有针对性的对设计教学中围绕品牌展开设计的方法传授。虽然创建一个品牌需要多方面的因素，但是从品牌产品开发的设计角度来说，其针对性还是比较明确的。以下是法国多米尼克 佩兰教授受邀到访教学的高级成衣设计课程的教学安排流程表，这里包含了课程的整体结构，阶段性内容和预期的成果目标。正因为用课程教学安排来说明教学与研究中的知识要点，需要我们在整体的设计课程中得到良好的衔接性问题与知识结构的补充性问题。首先，突出了基于品牌为出发点的设计优势，其次，在设计阶段上形成平行渐进的知识融合模块，提升学习者的设计能力，再次，突出实践型的重点，使设计变得更加落地，细致的要求让设计更加符合商业化的需求，最后，锻炼独立完成一个系列作品开发的能力。了解品牌市场化开发的设计方法，正是我们期待的最终目标。当我们了解一所专业的时装设计院校的教学方法，借助思考设计再突破创新的同时，还是要回归到设计商业领域的拓展为目的，这样，当学习时装设计的设计师才能很好地融入到时装品牌的整体管理架构当中，使学习的目的性增强。当然，不可比拟的优势是能在时装品牌当中得到实习，接受真实的设计体验，这不是每所学校都能拥有的主打优势。

我们前面已经分析了关于品牌风格与设计师本质区别的一些观点，也做了较客观的分析，在展开研究之前必须了解所需要研究的品牌风格的典型性，以及如何深化研究的步骤与方法。我们用几个教学案例来说明学生在学习过程中所获得的学习方法和学习经验及成果展示。

（左上图）

缪璐辉（MiuLuhui）设计课程作业范例，现留学于巴黎高级时装工会学校。

（左下图）

"展示和介绍"的环节可以锻炼你的表达能力，提升理顺设计思路和进步的方法，以便在将来的设计专业领域做到得心应手，游刃有余。

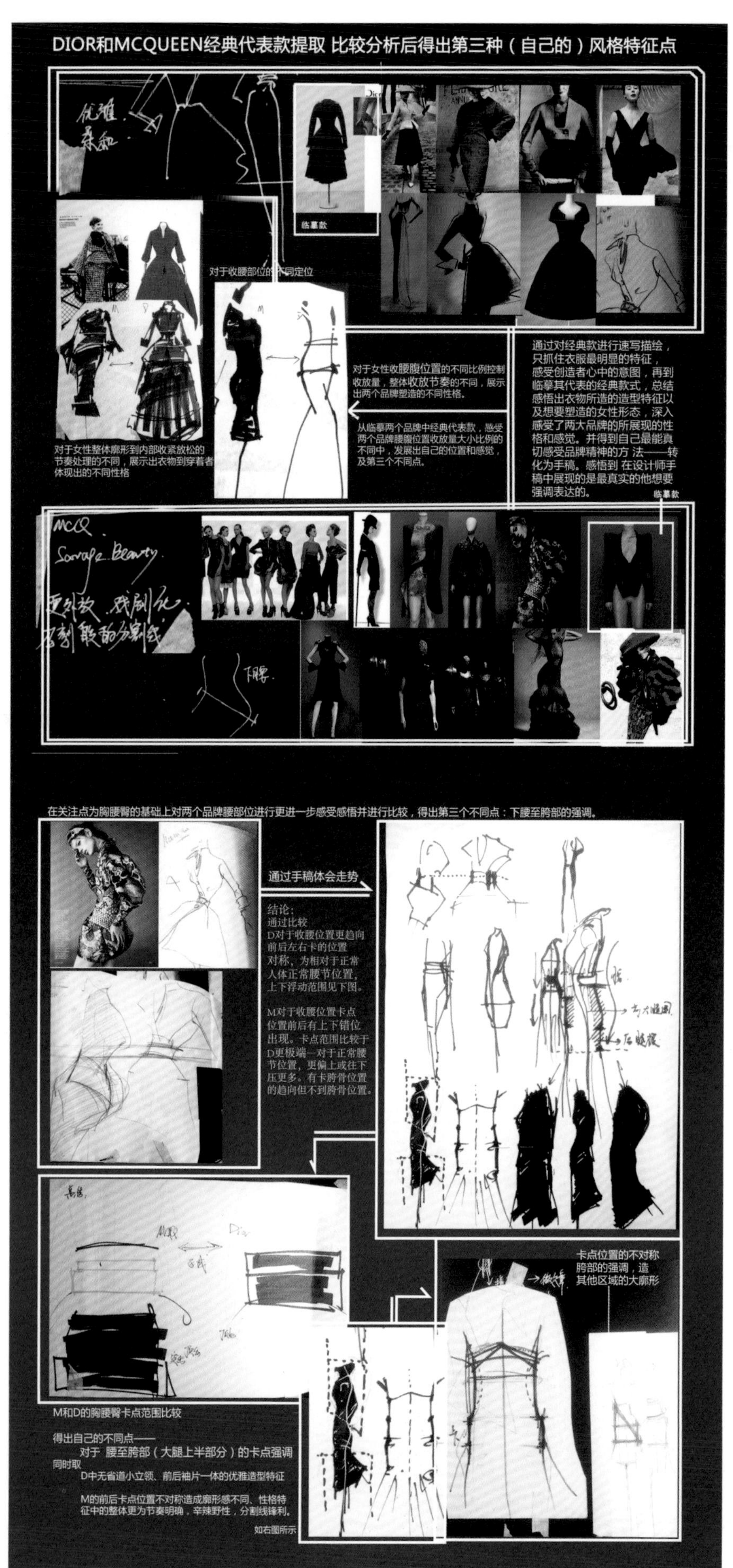

DIOR和MCQUEEN经典代表款提取 比较分析后得出第三种（自己的）风格特征点
临摹款
对于收腰部位的不同定位
对于女性收腰腹位置的不同比例控制收放量，整体收放节奏的不同，展示出两个品牌塑造的不同性格。
从临摹两个品牌中经典代表款，感受两个品牌腰腹位置收放量大小比例的不同中，发展出自己的位置和感觉，及第三个不同点。
对于女性整体廓形到内部收紧放松的节奏处理的不同，展示出衣物到穿着者体现出的不同性格
通过对经典款进行速写描绘，只抓住衣服最明显的特征，感受创造者心中的意图，再到临摹其代表的经典款式，总结感悟出衣物所造的造型特征以及想要塑造的女性形态，深入感受了两大品牌的所展现的性格和感觉。并得到自己最能真切感受品牌精神的方 法——转化为手稿。感悟到 在设计师手稿中展现的是最真实的他想要强调表达的。
临摹款
MCQ.
Savage Beauty.
在关注点为胸腰臀的基础上对两个品牌腰部位进行更进一步感受感悟并进行比较，得出第三个不同点：下腰至胯部的强调。
通过手稿体会走势
结论：
通过比较
D对于收腰位置更趋向前后左右卡的位置对称，为相对于正常人体正常腰节位置，上下浮动范围见下图。
M对于收腰位置卡点位置前后有上下错位出现。卡点范围比较于D更极端—对于正常腰节位置，更偏上或往下压更多。有卡胯骨位置的趋向但不到胯骨位置。
卡点位置的不对称
胯部的强调，造
其他区域的大廓形
M和D的胸腰臀卡点范围比较
得出自己的不同点——
对于 腰至胯部（大腿上半部分）的卡点强调
同时取
D中无省道小立领、前后袖片一体的优雅造型特征
M的前后卡点位置不对称造成廓形感不同、性格特征中的整体更为节奏明确，辛辣野性，分割线锋利。
如右图所示

“IN SIDE LINE & OUT SIDE SPACE”

设计师马珺（MaJun）的作品《IN SIDE LINE & OUT SIDE SPACE》该主题灵感来自对中医学人体经络抽象线型的研究，结合对服装成型线型的对应性，将两者融合创新的思考。其表明了有关线与空间的设计，那么，先从何而来，又如何转换成空间语言，这给人带来了丰富的遐想，我们来看看究竟这组设计的表现方法，所带来的创新视觉。首先，从研究品牌作品的选择上，可以看到设计者对服装与人体塑形的美感表现角度深入解剖与实践的体验，感受不同设计师在表现女性躯干时的微妙差异形成的不同的风格表现，在认识到这一点的重要性的基础上，寻找相关的灵感题材，通过精心的筛选，选择与人体筋络相关的中国中医学文化贯通的设计题材，这也是作为在本土成长的设计师对自己文化体验的推崇，也比较具有挑战性。接下来我们可以从设计过程中看到，在整个设计过程中，非常自然地将人体筋络的内在无形之线，通过设计师巧妙的变化，应用到服装之结构与装饰的线性语言，并通过第三种风格的锁定创造，表现出既具有野性之美，又具有女性性感柔美的韵味，在整体系列的设计稿中，都具有款式变化丰富但风格语言统一的设计特色。

设计师马珺（Ma Jun）的设计案例以Dior&Mcqueen品牌中提取经典代表性的款为研究与分析对象，关注服装胸腰臀的细节变化，对品牌间对胸腰臀表现的特征差异与服装整体风格形态展现的不同进行有序的比较，对人体上呈现线型进行描绘，抓住其最明显的特征，感受创造者心中需要传递的女性内在美的力量，两位设计师在服装中对女性形体表达上有哪些具体的比例关系，在线型的个性化表现上有哪些定格因素等，将研究收集的信息在女性人体的部位找到相对应的标记，总结感悟出服装造型特征以及想要塑造的女性形态，从而深入感受两大品牌所展现的性格和感觉。在此基础上得到自己最能真切感受的品牌的设计精神与方法——转化为手稿，达到从内心出发设计最想要强调与表达的审美语言。在思考中引入东方人体经络学的灵感启示，以人体内在的经络贯通的线型作为创作的依据，将服装造型中的塑造风格美感的语言进行架构与贯通，再结合通过品牌研究所得的设计原理来支持和实现自己想要塑造的“第三种”设计风格的时装作品，在经络学的原理中，寻找个性风格特征的设计语言，用再创造的思维方式展开设计。

（对页上图）

该作品灵感来源于中医理论的人体经络图，设计通过对人体内部经络抽象线形的理解，有选择性的贯通来思考服装结构外在造型的贯通性和经络科学系统的反馈的三维作用。

（对页下图）

该作品的色彩提案与服装整体的色彩搭配比例演示和面料材质的确认以及工艺处理的细节实物展示。

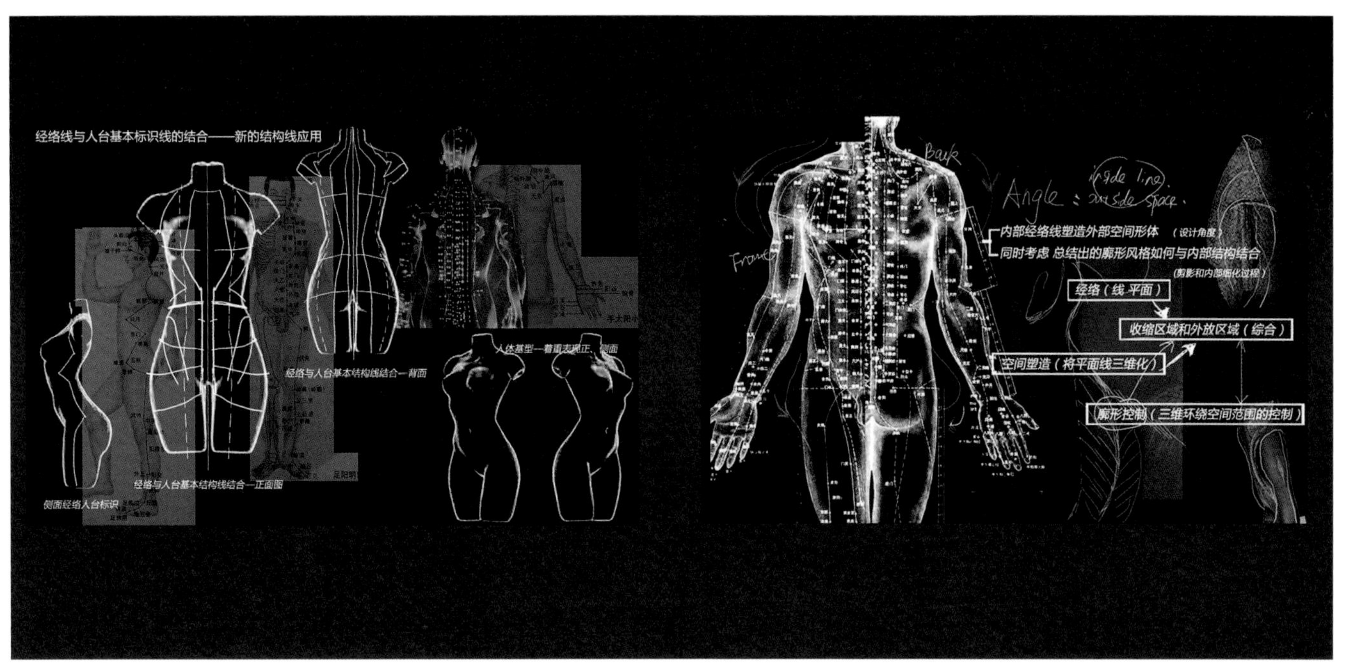

高级成衣设计的思维拓展

这是一份带有研究性基础上的高级成衣设计课程的教学案例，我们知道，高级成衣设计开发的背景资源必须依靠原有品牌风格的因素与品牌精神的展开，在设计之前必须对品牌的核心内涵与技术有一个全面的理解和训练，有的甚至需要解剖具有品牌风格代表性的款式，了解其内在实现的原理和结构以及面辅料运用的特点等，在此基础上融入设计师个人的感悟与新的设计构想。一般来说，高级成衣都带有浓烈的品牌风格，在一定程度上保留或继承了高级定制的某些技艺，国际上的高级成衣品牌大部分是一些设计师品牌，主要还是源于国际高级时装品牌旗下的副线品牌。高级成衣法语是 Pret-a-porter、英文是 ready to wear，是指在一定程度上保留或继承了高级定制服装（haute couture）的某些技术，以中产阶级为对象的小批量多品种的高档成衣。是介于高级定制服装和以一般大众为对象的大批量生产的廉价成衣（Confection）之间的一种服装产业。到 20 世纪 60 年代，由于人们生活方式的转变，高级成衣业蓬勃发展起来，巴黎、纽约、米兰、伦敦四大时装周，就是高级成衣的发布和进行交易的活动。

这里我们探讨“风格”一词，一个比较全面的理解是：艺术作品在整体上呈现出具有代表性的独特的风貌。不同于一般的艺术特色或创造个性，它是通过艺术品表现出来的相对稳定，更为内在和深刻，从而更为本质地反映出时代、民族或艺术家个人的思想观念、审美理想、精神气质等内在特性的外部印记。风格具有同义性，可以使作品具有统一感；风格具有时间性，这样可以判断作品的年份和起源。在服装设计师品牌中“风格”即是品牌形成的独特着装的生活方式的社会表象，是对特定消费人群的一种视觉感官的吸引力，并具有一定的社会属性功能。

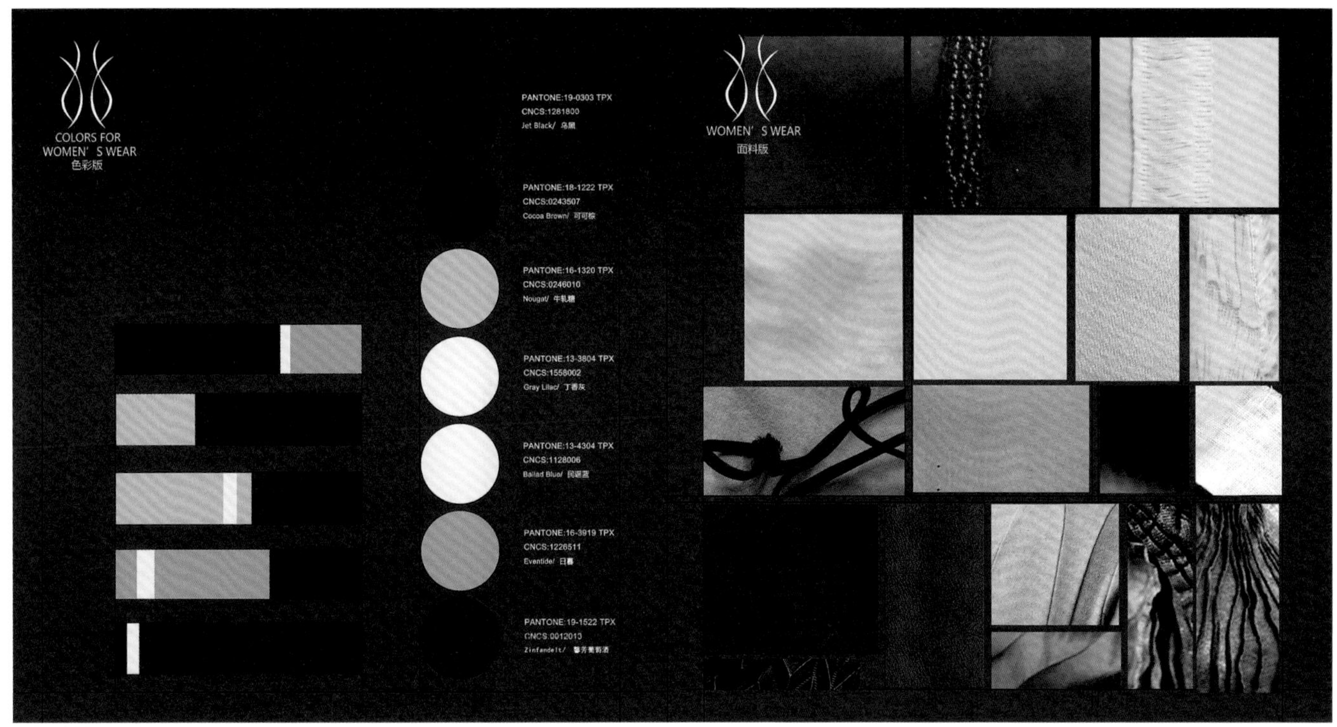

小人台临摹的两款过程图

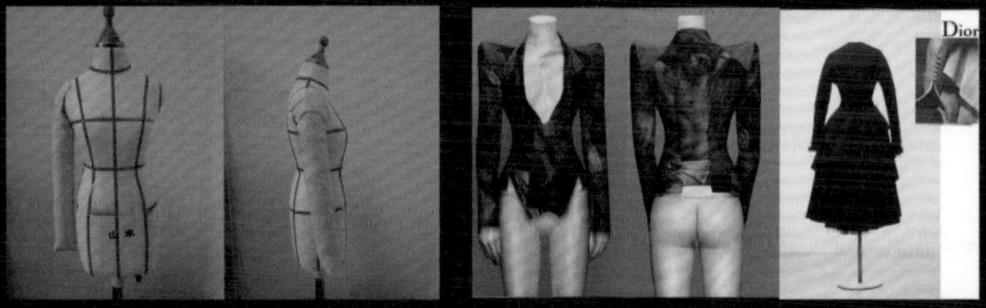

Dior

在临摹DIOR的这款连身裙中，掌握了裙身下半部分螺旋形裁片放量的手法，并在一次次试验中最直观地感受到创作者在设计比例上的意图和审美

在对领子进行临摹的时候，发现其前后和袖片连成一片还保持小立领和整体的挺直有型的独特之处，这是只有在临摹后有细致深入观察后才能领悟和学习到的，就像直接与大师对话，在他的示范中自己变成他的学生，在一步步临摹中，掌握这种手法，学到真正的知识。 在最后终于临摹处理的时候，其呈现的独特的优雅和精湛技艺，深深触动人心，就算在缩小的人台上，呈现的形体依旧如此优雅，吸引人。这就是大师的伟大之处。

最后，我取了D的前后一体成型和无省道小立领作为我的一个深入点，取了M的锋利的分割线，同时利用分割线收掉省道量的方法，还有他的野性和充满节奏感，作为塑造后面我的服装的性格基础，并在此基础上得出自己的特征点（对腰胯的突出表现）后，与自己经络的灵感源同步结合，进行深入设计。

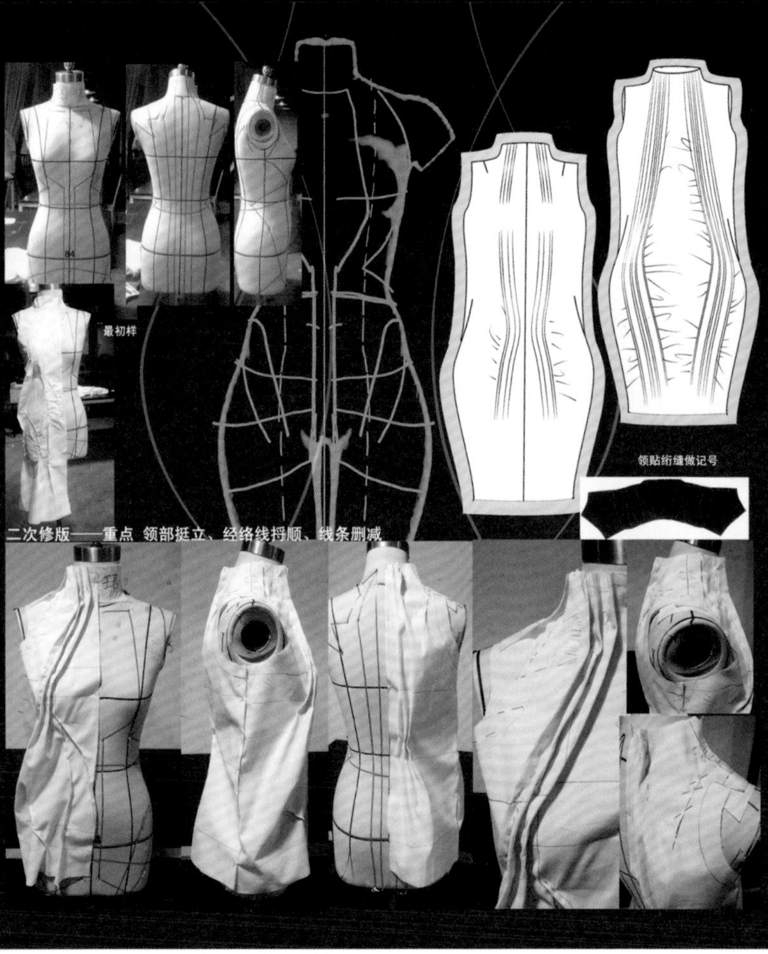

最初样

领贴绗缝做记号

二次修版——重点 领部挺立、经络线捋顺、线条删减

（上图）

从设计实践中研究 Dior 品牌的这款代表性的连身裙装，通过细致的临摹，掌握其审美与尺度的关系，在精湛的技艺中感受品牌的优雅美感的真实传递，使其深入地理解品牌中服装造型的突出要点。以及该设计款式的白坯布立体实验的操作步骤演示图。

（对页上图）

此款的设计无袖连身裙与七分袖敞襟外套搭配的着装方式，外套采用绵羊皮设计，不对称领部与不对称敞开门襟设计，肩部造型与工艺采用刺绣嵌条装饰，突出人体肩部筋脉的运行信息，体现柔软触感和精致质感，袖部用金属拉链连接，整体呈现干练优雅之美。连身裙采用高支纱棉布设计，通过对人体主经络的梳理，整理出能契合具有装饰感的线型结构来加强连身裙的设计特点，工艺手法用较新颖的立体褶的效果，加强线型的视觉冲击力，同时通过褶的疏密关系，解决了服装构造上的细节处理，这种装饰在符合形体流线需要的情况下，又有了横向细碎褶皱的动态呼应，显得生动而流畅。

（对页下图）

此款外套大衣的廓形非常有张力和柔韧之美，很好地传承与创新了自己独特的风格感觉，面料采用鹿皮绒的绒感的应用体现出皮肤触感的感受。在研究造型的时候，在设计特点上动足了脑筋，突出强调了臀部的造型区分，上身松、臀部紧、下摆飘动的节奏处理方式，很好地把控了整体的尺度关系，通过女性形体运动姿态的衬托，形成自然穿着状态下的独特优雅造型。

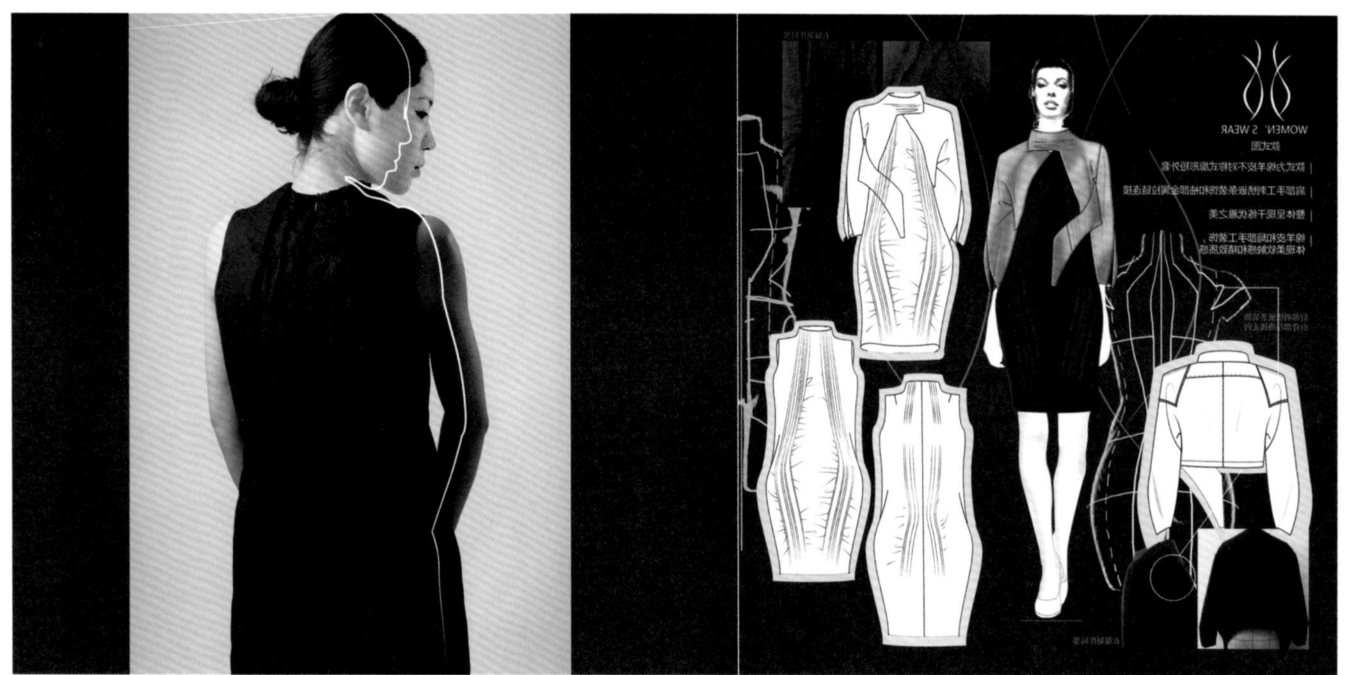

探究型实验设计的创新

在展开设计思考的同时，设计对于色彩与面辅料的配合也是关键因素，此系列的色彩追随大师的足迹，当我们在观看与分析的过程中，虽然能够对设计感受有所领悟，但是，很大部分也只是停留在自我观点的想象当中，所以在此基础上需要进一步的深化研究，那就是需要通过实验解剖来知道其如何成型的原理，所以在这一步骤中，需要亲自模拟研究对象来知道真实比例与数据的变化。临摹的优点是能最直观地感受到创作者在设计比例上的意图和审美，掌握设计表现精湛的技艺与独特优雅美的呈现，无论是优雅与野性都能在设计创造者的手中实现出来，体味那种既有造型又具节奏感的性格特色，更能打动如何塑造有性格的服装形态，在综合的基础上得出自己设计的创新特征意向，并与自己的创作主题经络融合，开启自己的创作风格的设计格调。

设计师在开启自己的设计风格的形态时，必须知道接下来的思考需要围绕心中所锁定方向的指引发展，而不再是放松自由的状态。这是一段学习者自己的学习体验：在临摹 Dior 的这款连衣裙中，掌握了裙身下半部分螺旋形放量的手法，并在一次次试验中最直观地感受到创作者在设计比例上的意图和审美；在对领子进行临摹的时候，发现其前后和袖片连成一片还保持小立领和整体的挺直有型的独特之处，这是只有在临摹后有细致深入的观察后才能领悟学习到的，就像直接与大师对话，在他的示范中自己变成他的学生；在一步步的临摹中，掌握这种手法，学到真正的知识。在最后终于临摹处理的时候，其呈现的独特的优雅和精湛技艺，深深触动人心，就算在缩小的人台上，呈现的形体依旧如此优雅、吸引人。这就是大师的伟大之处。最后，我取了 D 的前后一体成型和无省道小立领作为我的一个深入点，取了 M 的锋利的分割线，同时利用分割线收掉省道量的方法，还有它的野性和充满节奏感，作为塑造之后的服装的性格基础，并在此基础上得出自己的特征点（对腰胯的突出表现）后，与自己经络的灵感源同步结合，进行深入设计。

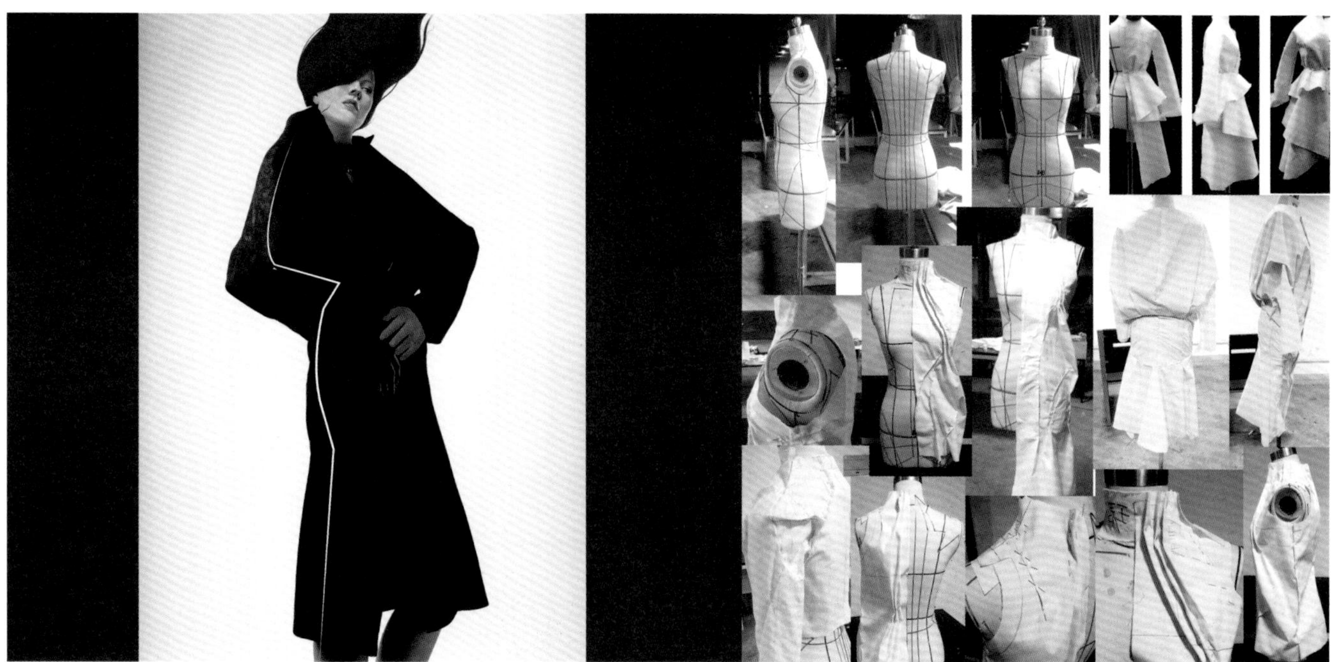

（上图）

此款短款廓形大衣线型圆润有力，采用前长后短的不对称设计，整体呈茧型的廓形，外套肩部的版型突破常规的分割线规则，结合研究人体经络的过程中在立体的人台上实验自然得到的结果，这条分割线形成了后背肩部整体的装饰线型，设计上采用手工立体刺绣的方法，加强了细节的装饰感与肌理的美感，在成衣设计中设计师会减少烦琐的装饰，但是仍然需要吸引视觉精致的的亮点。

（下图）

拼接式连体裤的设计，面料以鹿皮绒为主，以皮料与金属嵌条相结合，整体感强，重点在腰部的设计处理上增加了连身裤的生动的一面，d 呈现干练知性之美的同时，胯部镂空的分割和皮质条带的穿插处理，体现了女性的性感之美，局部金属嵌条的具有未来科技感的色泽材料，搭配精致，在着装的运动中强调了人体线型的动感之美，具有未来科技的指引意蕴。

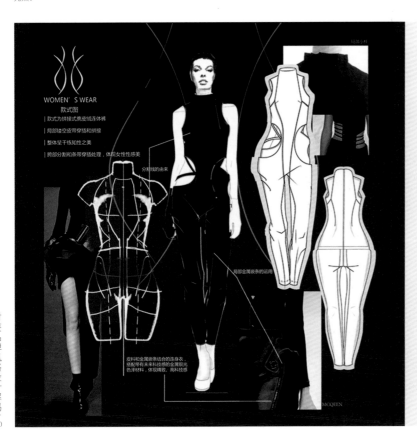

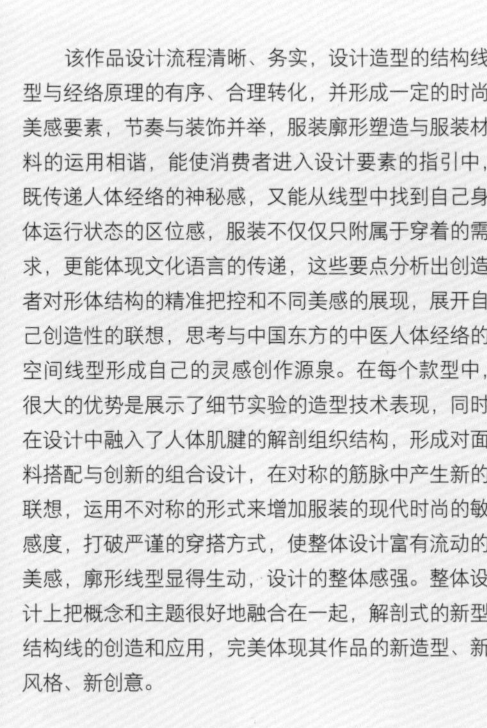

该作品设计流程清晰、务实，设计造型的结构线型与经络原理的有序、合理转化，并形成一定的时尚美感要素，节奏与装饰并举，服装廓形塑造与服装材料的运用相谐，能使消费者进入设计要素的指引中，既传递人体经络的神秘感，又能从线型中找到自己身体运行状态的区位感，服装不仅仅只附属于穿着的需求，更能体现文化语言的传递，这些要点分析出创造者对形体结构的精准把控和不同美感的展现，展开自己创造性的联想，思考与中国东方的中医人体经络的空间线型形成自己的灵感创作源泉。在每个款型中，很大的优势是展示了细节实验的造型技术表现，同时在设计中融入了人体肌腱的解剖组织结构，形成对面料搭配与创新的组合设计，在对称的筋脉中产生新的联想，运用不对称的形式来增加服装的现代时尚的敏感度，打破严谨的穿搭方式，使整体设计富有流动的美感，廓形线型显得生动，设计的整体感强。整体设计上把概念和主题很好地融合在一起，解剖式的新型结构线的创造和应用，完美体现其作品的新造型、新风格、新创意。

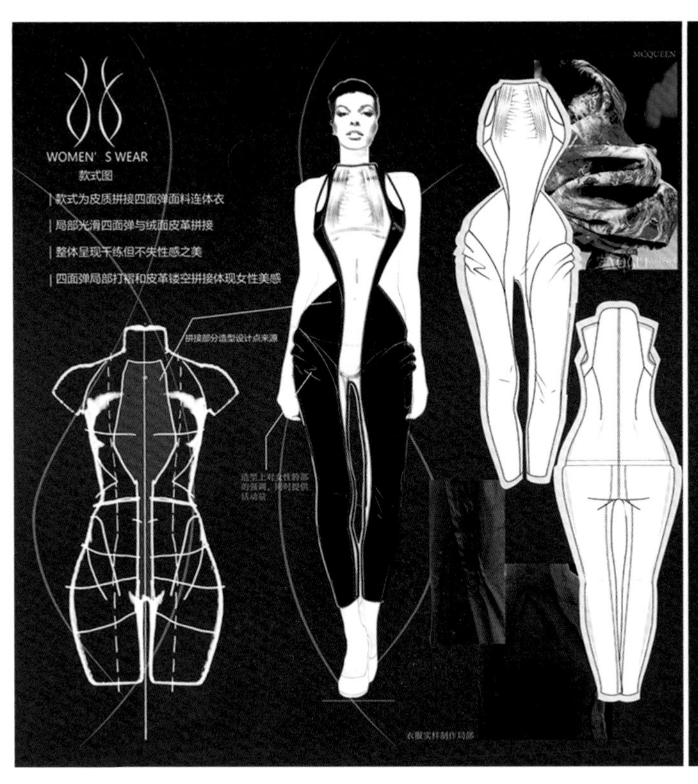

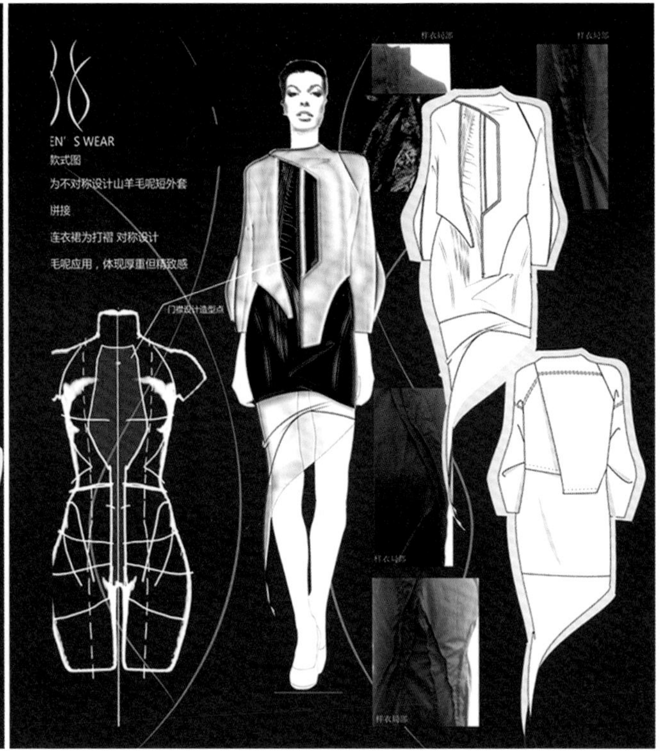

（上左图）

拼接式连体裤的设计，面料以皮质面料为主，配以四面弹面料相结合，在设计的身体前身主经络的显性部位，运用拼色四面弹面料设计，整体感强，腰部的设计处理上菱形通透处理起到修身的视觉效果，造型上对女性胯部的强调，用放松型的动感褶皱增加运动的舒适度，领口运用弹性面料的抽褶装饰，既有动感又有装饰美感，设计整体线条流畅，充分展现女性形体美感。

（上右图）

山羊毛呢短外套搭配手工细碎褶装饰下摆不对称连衣裙，整体上重下轻的节奏型搭配，重点有不对称的毛呢领门襟设计造型亮点，结构处理上延续了整体的灵感源设计构思，袖型肘部的圆润饱满，与裙部下摆通透材质相应相谐，材质的轻重上下对比，但用相同的色彩起到呼应的作用。

（下图）

系列外套的模特动态展示图。

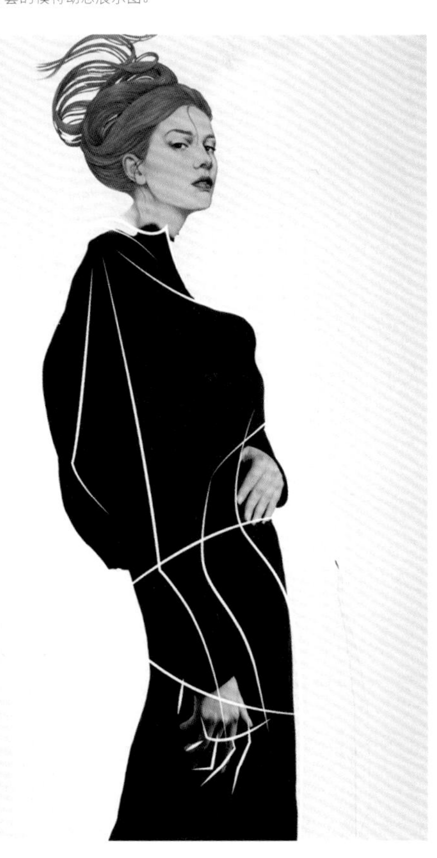

WOMEN' S WEAR
款式图
|款式为麂皮绒感不对称小西装搭配合体连衣裙
|局部长线打褶和镂空
|整体呈优美但干练利落之美
|麂皮绒质感仿皮肤触感引发细微触觉体验
取平面的经络线条中最主要的主干长线做门襟、分割线上的运用。
WOMEN' S WEAR
款式图
|款式为麂皮拼接西服搭配修身及膝半身裙
|局部打褶和光滑与麂皮绒触感拼接
|整体呈现干练但优雅之美
|麂皮材质的应用体现与人体-皮肤触感的共通
取主干经络线塑造门襟造型
省道外翻形成褶皱
将量收入其中
同时造型并突出表现出经络线
MCQUEEN
海德尔 艾克

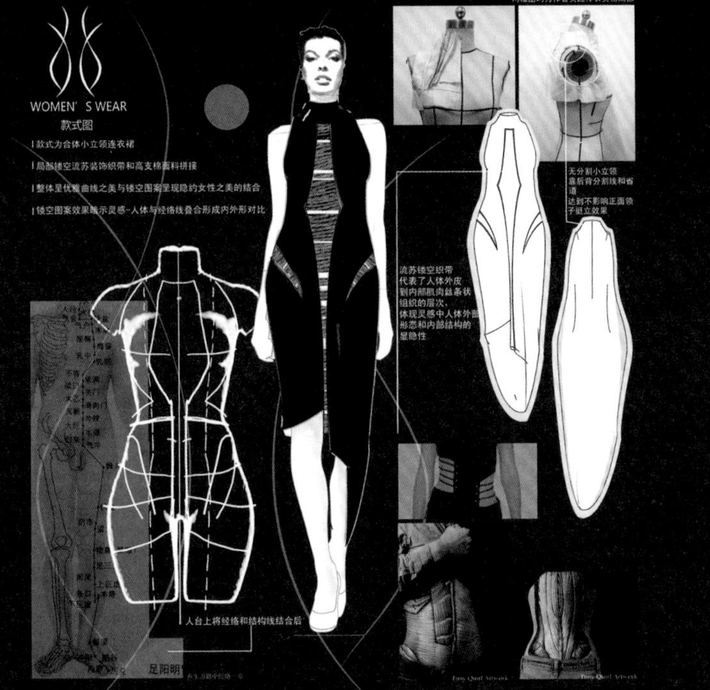

WOMEN' S WEAR

款式图

| 款式为合体小立领连衣裙
| 局部镂空流苏装饰织带和高支棉面料拼接
| 整体呈优雅曲线之美与镂空图案呈现隐约女性之美的结合
| 镂空图案效果暗示灵感-人体与经络线叠合形成内外形对比

流苏镂空织带代表了人体外皮到内部肌肉丝条状组织的层次，体现灵感中人体外部形态和内部结构的显隐性

无分割小立领
靠后背分割线和省道
达到不影响正面领子挺立效果

人台上将经络和结构线结合后

足阳明

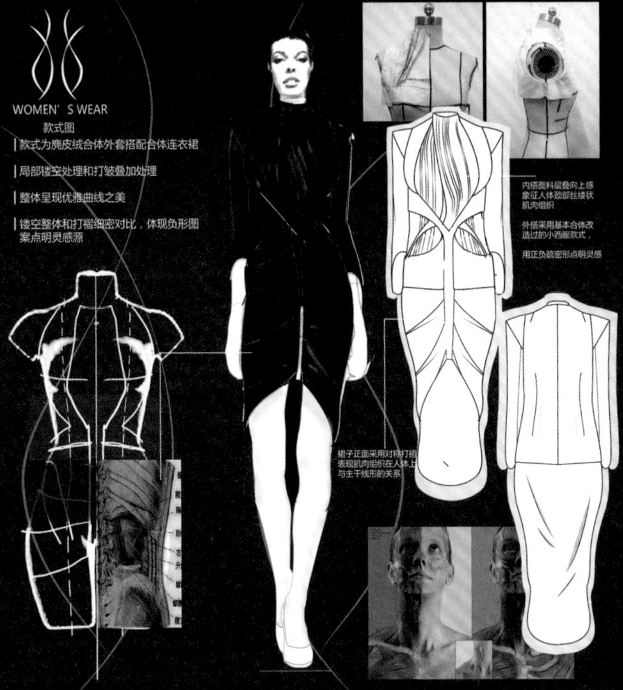

WOMEN' S WEAR

款式图

| 款式为麂皮绒合体外套搭配合体连衣裙
| 局部镂空处理和打皱叠加处理
| 整体呈现优雅曲线之美
| 镂空整体和打褶细密对比，体现负形图案点明灵感源

内搭面料层叠向上感象征人体颈部丝缕状肌肉组织

外搭采用基本合体改造过的小西服款式，

用正负疏密形点明灵感

裙子正面采用对称打褶
表现肌肉组织在人体上
与主干线形的关系

创新与视角

“视角”原意是观察事物的角度，在这里指看问题的角度、观点。在设计创作中一般指设计师思考问题、观察事物、提出问题和观点，将自己个人化的视角，不断加以充实、强化生成的一种对事物的认识。这种个人化的角度和观点被确立和拓展应用到时装设计开发的过程和方法中，这对设计的突破也将产生积极的影响力，从而生成创新的驱动。在时尚设计中，设计师对趋势的理解和把握，使创新的视角成为顺应时尚思潮的趋势和方向。在每个阶段，会产生很多新的信息，设计师面对新的信息需要敞开心房，充分理解新的信息对设计趋势的研究、分析、归纳以及获取内涵价值等，去理解与把握对设计创新的创造力。设计师在日常生活中要养成搜寻设计趋势的习惯，在信息汇聚中提升自我消化的能力，以逐渐培养与掌握设计的敏锐度。时装设计是信息化传播非常迅速的行业，是不断更新不断迎接挑战的职业，时装产品的生命周期的长短决定了设计师的成功与否。在此，设计者从一种新的视角描述了对时装的另一种表达，它通过对影的概念，从生活的各个角度出发，收集相关的信息，不断加以整理、选取并将其条理化，在资料的凸显上具有强烈的视觉冲击力，让人产生设计共鸣。从时尚的视角导入到自己的设计创造中的应用，很好地呈现了设计的整体思路与脉络。以下我们可以看到这组具有时尚趋势原动力的设计创作的概念作品。

设计师苏美纯（Su Meichun）2015 年作品 *BEHIND THE SCENES* 的一款针织胸前交叉结构设计款式的模特展示。

设计师苏美纯（Su Meichun）2015 年作品"BEHIND THE SCENES"的一款针织单片设计结构款式的模特展示，款式通过左右肩部交叉穿着的效果，上、下身运用不同的针织织造方式在设计感上进行了合理的变化。

"BEHIND THE SCENES"

设计理念：运用"让着装回归自然"的设计理念，系列主打简约硬朗的线条，凌厉锐角但却转出柔和的曲线，不同的花型手法或材质组成丰富的层次，女性化的细节与强势风格共存，柔和的大地色系与天然羊毛线共同营造舒适自然的设计格调，朴素的装饰元素和中性造型令经典、舒适的款型呈现出宁静浪漫的格调。鲜明而低调的文化元素在休闲廓形上得到呈现，干练而独具心思，低调却依旧醒目。去除所有不必要的装饰，显得中立、无明显特征且实用，中性裁剪与直线在女装中的运用显得更有力量和率性气息，就像重新粉刷的墙壁、清洁干净的画布及画廊中的防尘布。经典设计运用针织手法体现质感，具有现代低调的风格。"针织元素"是这个系列的主要创作手法，除了极简的犀利剪裁，X2.o 系列在本季中将裙装和裤装拉长比例，营造更细窄瘦长的视觉效果。一片式衣片与侧面高开衩的形式，融合了休闲装和玩乐精神，可调适的绑带让服装本身与着装者形成互动，让每个不同的人穿出不一样的着装感。粗犷质朴的羊毛纱线和阳刚直线形的元素被流动的褶裥所中和，各种绑带的灵活调节方式改变了极简乏味的一面，天然的羊毛毛绒让着装回归到轻松自然的格调，鲜明而低调的文化元素在休闲廓形上得到呈现，其中细腻的细节也不乏带有些微中产阶级的小情小调。朴素的装饰元素、中性经典舒适的款型、微妙的纹理令这个质朴、简约的休闲装主题更近一步。

时尚趋势原动力的概念设计

探究科学逻辑的思维方法与创造性的艺术表现成为设计师的一种本能追求，某种形式语言导入的联想可以激发学生的创造能力和个性风格的独特体现。强调多种教学元素和内容的互动，逐步形成独具特色的个人时尚视角，创造新的流行。该设计作品以“让着装回归自然”为设计理念，寻求简约、硬朗、朴素、中性、干练、低调的文化生活、舒适自然的设计、宁静浪漫的格调的思想传达，以简约直线的剪裁与纯羊毛针织手法表现的富有针对性为特色，注重市场元素，整体概念性突出完整，具有个性化明确的风格优势。

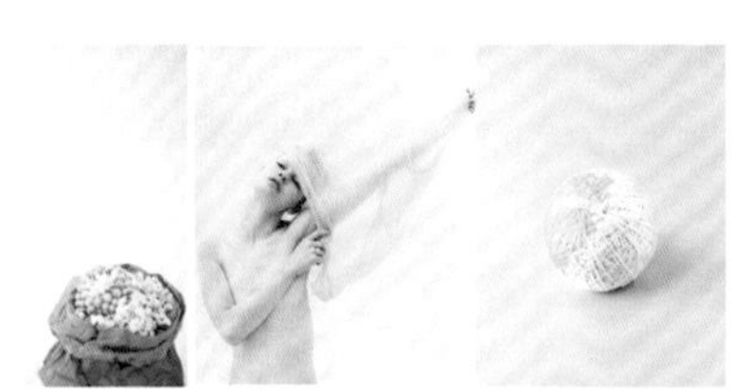

作者关注平面剪贴简约形态的图像语言，表达对设计细节的传递，并以居住建筑的门和窗的现代感的线条形式来触发自己的创意构思，展开设计联想，用印象化的线条在衣与人体结构中寻找新的平衡点，用单纯、朴实的形式与色彩来体验设计与生活的关系。灵感来源中采用楼梯曲折有方向性的递增线性以及找寻光影中的投射线性为主要设计创作拓展手段，在实验中理解服装廓形与内在结构的关系，用大量的线性手稿来确定设计风格的表现，在加深设计印象的基础上，再从设计要素各个方面进行完善，在设计方向上，选择针织工艺，选择各种材质的纱线，通过不同的编织工艺实现具有特殊肌理效果的组织纹理，以达到设计表达的目的。

设计师苏美纯 2015 年作品 *BEHIND THE SCENES*，设计灵感来源的分析与解读。

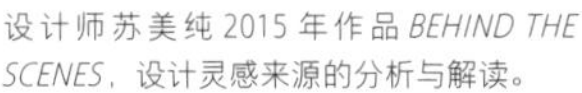

（对页图）

该作品初期设计草图，通过对设计风格语言的整理与把握，大胆展开设计想象，用延续与连续不断的手稿绘制，整体廓形思绪的连贯性，使服装整体设计线形上保持基本一致的感受，在设计上展开足够的发散性思维训练。

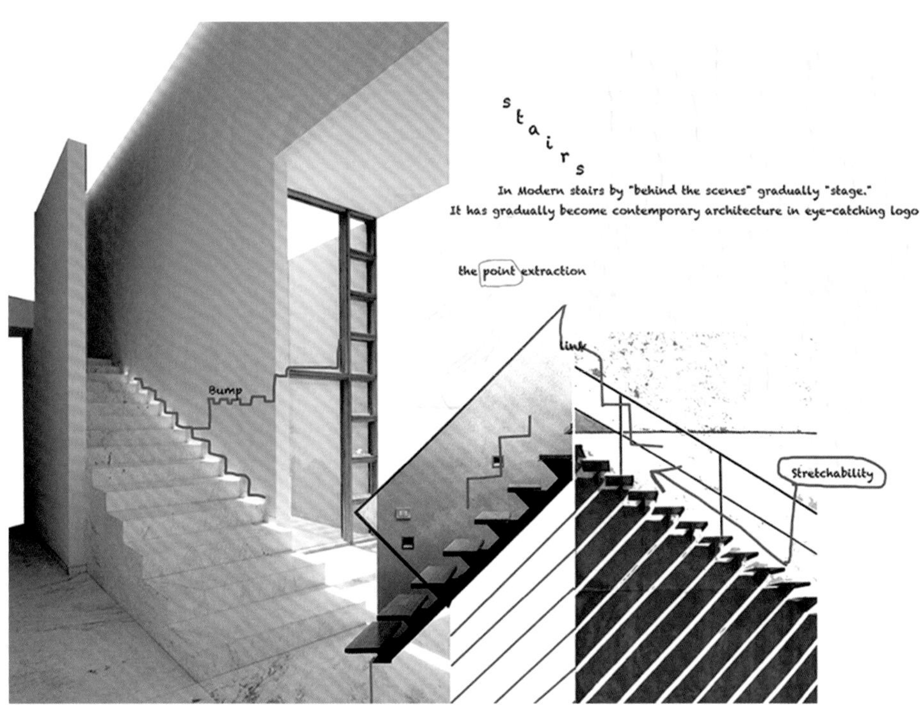

设计手稿的绘制

在设计构思的总体印象的驱动下，运用简约长直线来构思款式变化的基础，线性轻松而不刻意，思绪连贯地成批绘制，一方面把控风格的整体性；一方面在变化中追求统一。人物的比例进行缩小，在绘制中不易因绘制的时间差而打断设计构思的连续性。这样的构思方法也较好地训练了设计创作思维的活跃性。

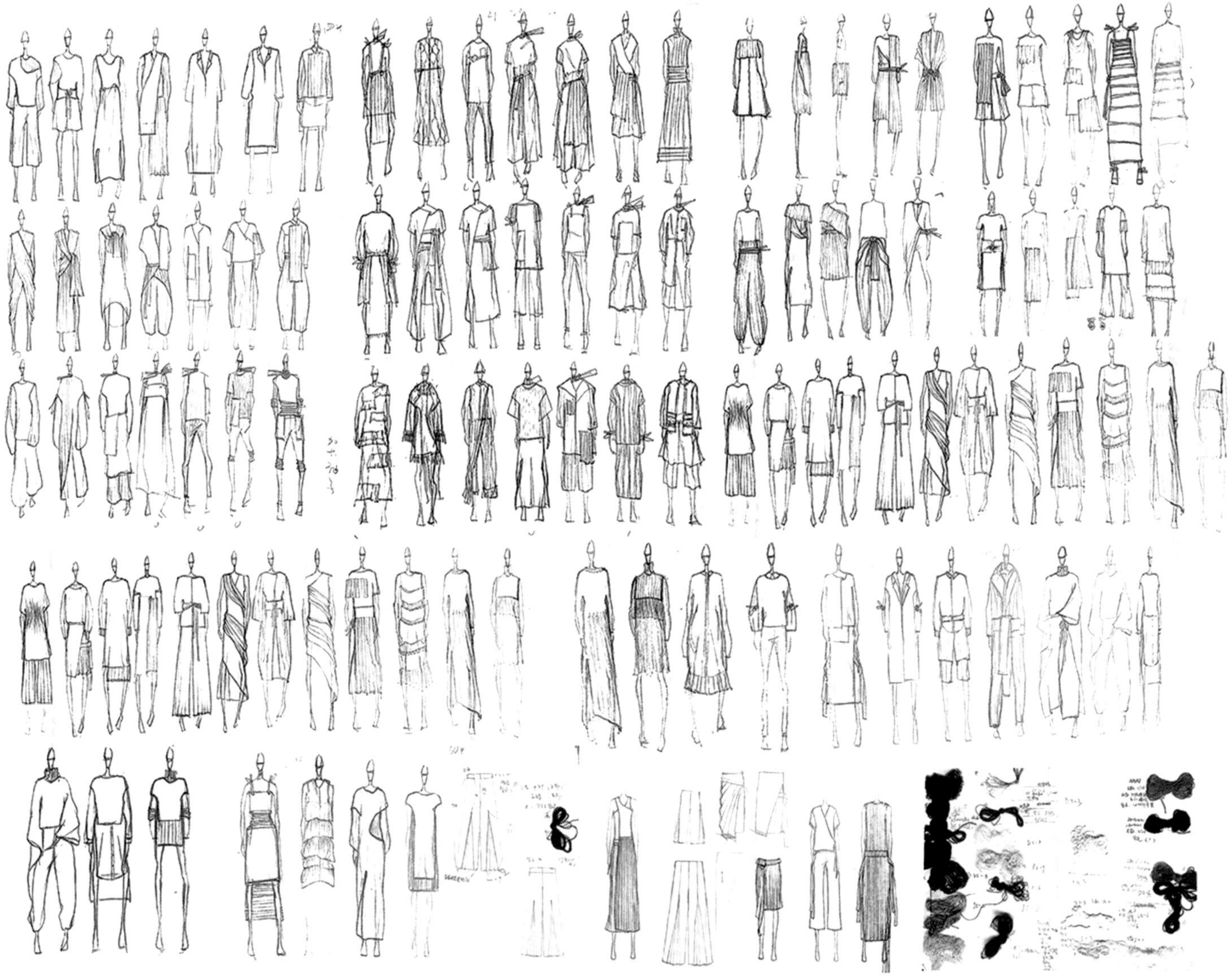

实践与实验

设计稿的整理与完善的过程，也是设计师在尝试实践与实验的过程中逐步完成创作的过程，特别是针织的设计方法有一定的专业特性，在对款型的设计与把控中需要不断地实验与调整，对作品坯布样衣的初步形态，需要数据化才能得出服装穿着后的松紧与尺度，因为针织的特点是具有弹性，不同纱线与不同的组织结构伸缩弹性也会不同，但优点是依附于人体的贴合度会比较自然。在实验的过程中同样可以改进和完善原先的设计构思，我们从图例中能搜索到实验变化的信息。

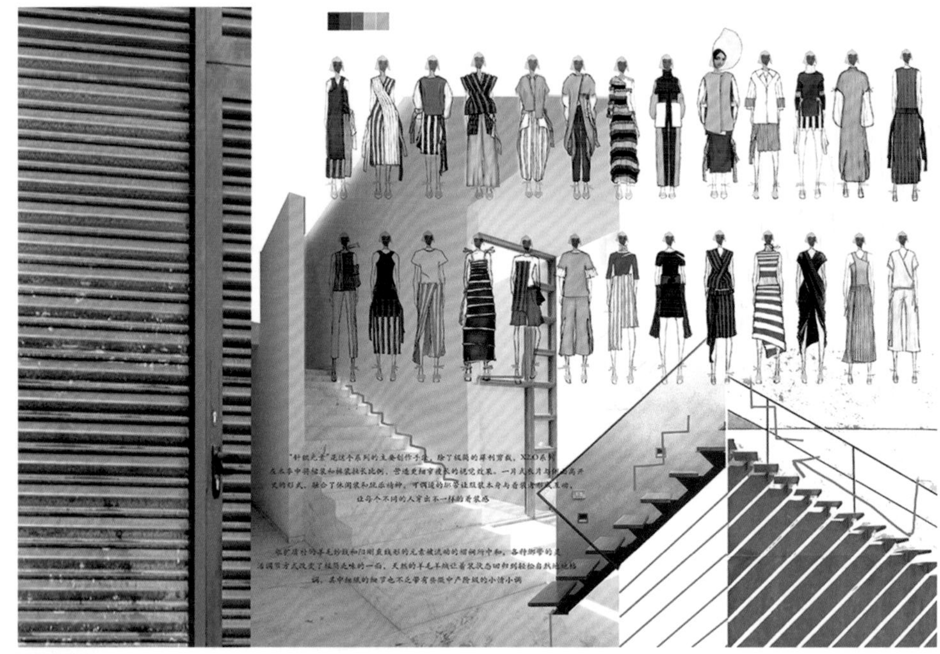

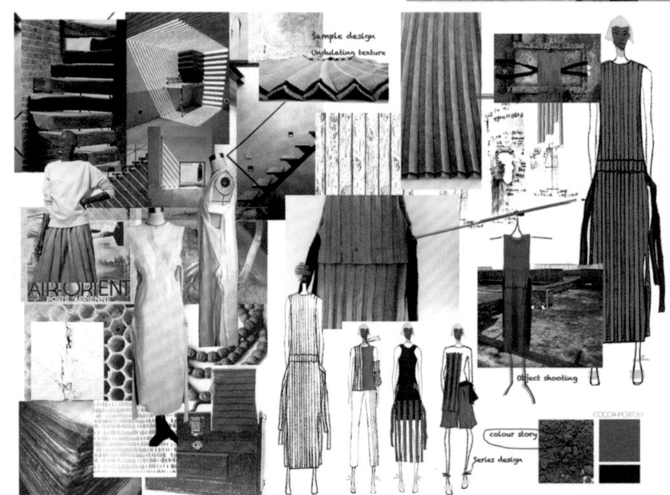

这个系列中作者在针织衣片的结构的处理上形成了设计的特色，仔细分析，细节上的处理非常到位。首先，对折痕的起伏处理非常有针对性，有的需要一定的硬度才能达到理想的效果，在针法和紧密度上加强处理，其次，对针织款式结构的交叉穿插与重叠设计，也表现得别有用心。再次，针织款式的留孔穿带的细节处理，也是设计的一大亮点。整体设计巧妙地打破了条纹规律呆板的误区，使条纹呈现自然、有序、生动，被赋予一定的韵律美的感受，在简约的设计风格中，让着装者体味设计的温度。

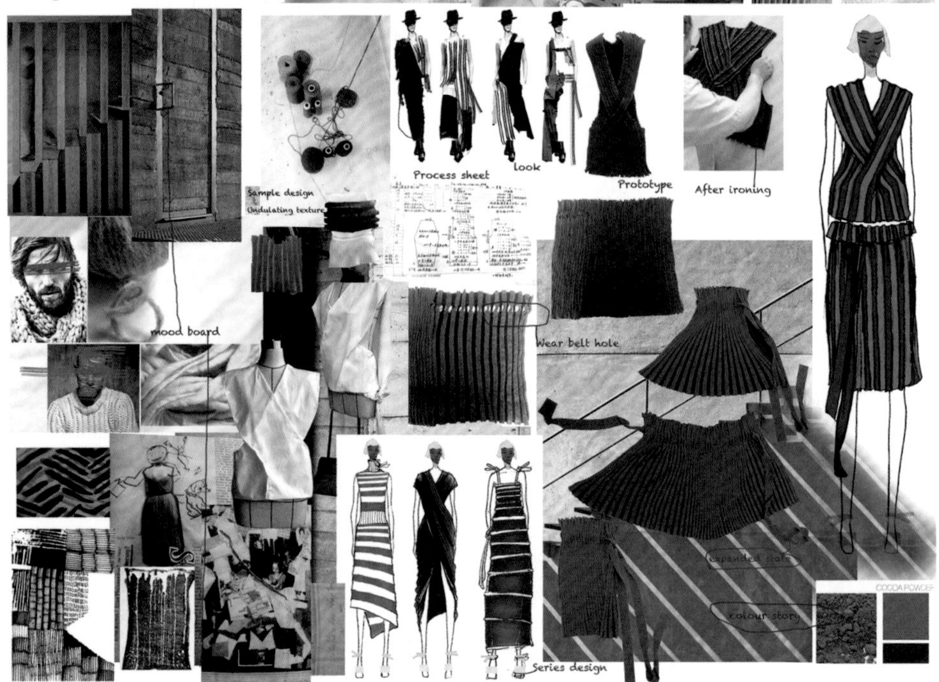

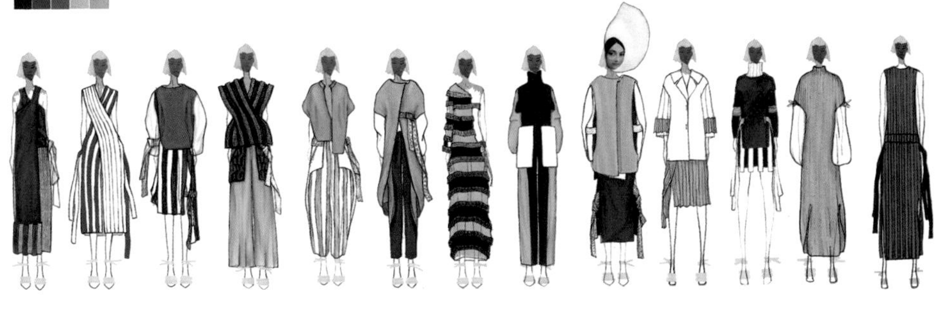

色彩搭配

整个系列采用灵感源中提取的自然通透柔和的大地色系，色彩搭配的节奏感上安静而轻松，在天然羊毛线的柔性质地中，营造舒适自然、宁静浪漫的设计格调。

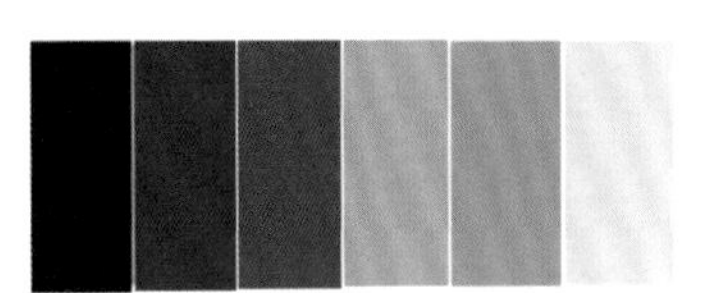

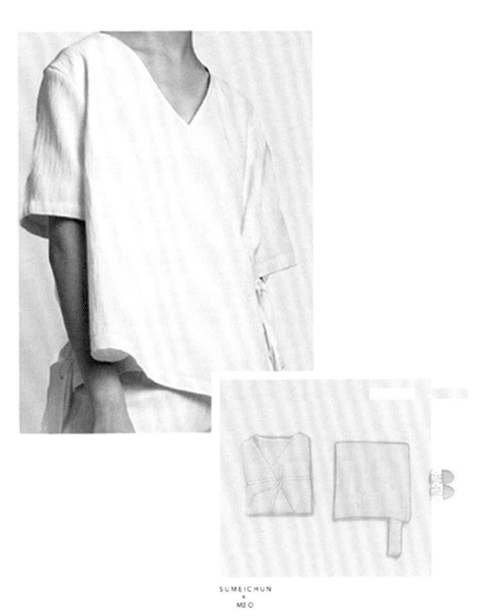

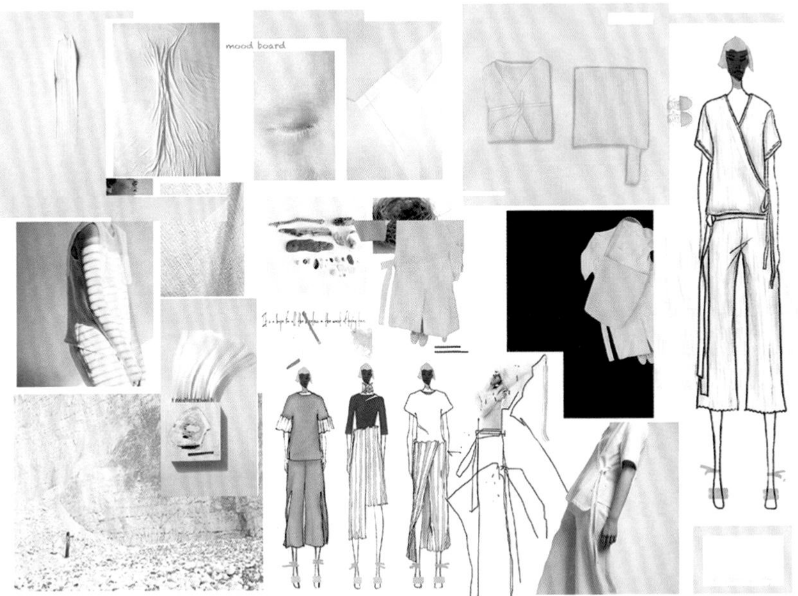

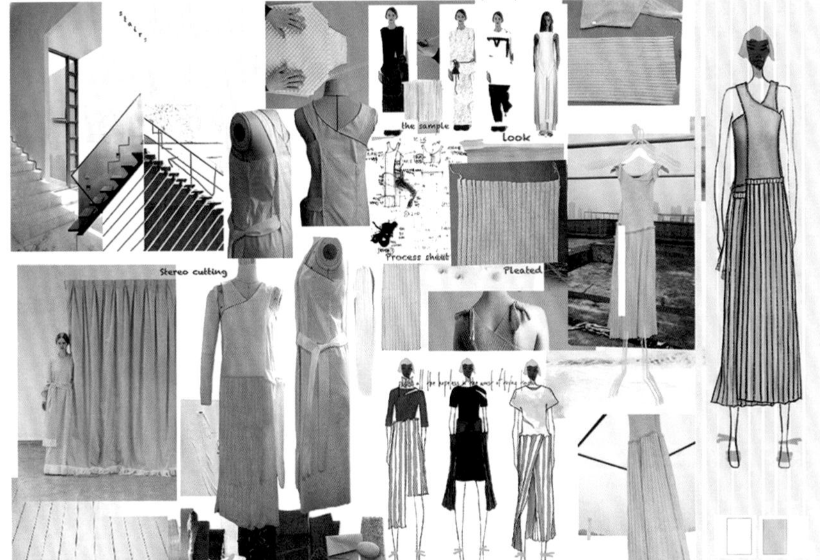

设计师苏美纯通过对设计草图进行重新审视，进行筛选后整理成较理想的风格款式组合，再进入具体的设计效果图绘制，具体到设计上的色彩搭配，纱线的运用以及组织结构与款式结构的合理性，进行较具体化的表现；作品中的四套款式的详细的设计制作实验的过程图例，详细展示了设计师的设计创作的全过程；作品的一款款式细节展示图与服装折叠简约包装展示图例。

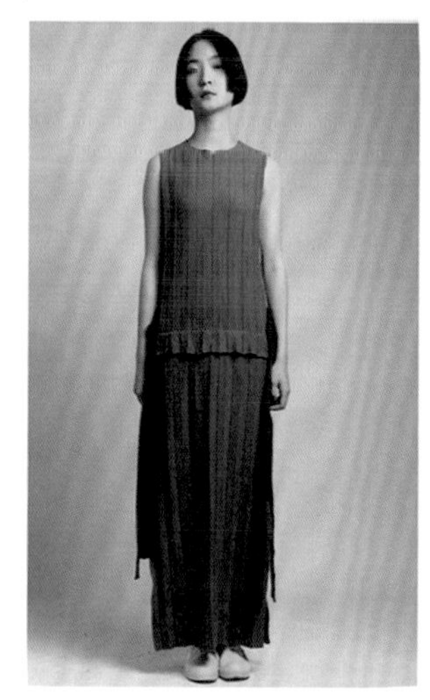

SUMEICHUN
x
M2.O

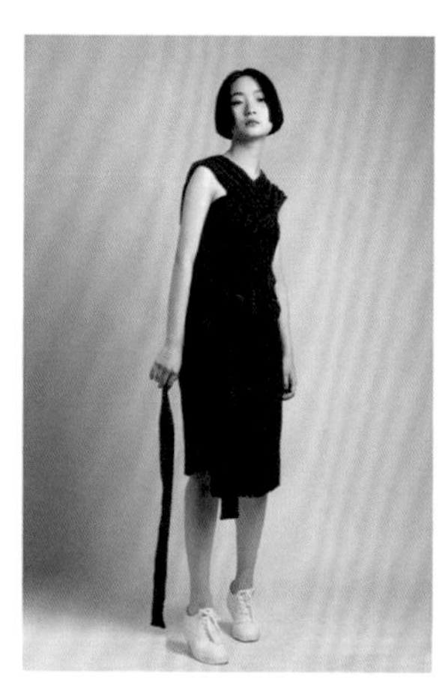

SUMEICHUN
x
M2.O

SUMEICHUN
x
M2.O

该作品款式的不同方式的展示效果。

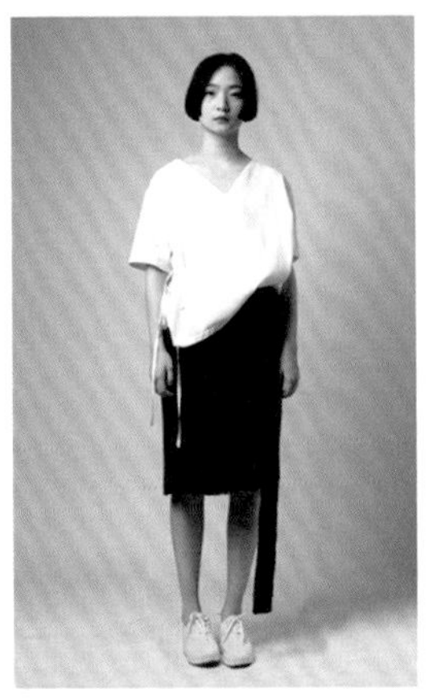

SUMEICHUN
x
O.ZM

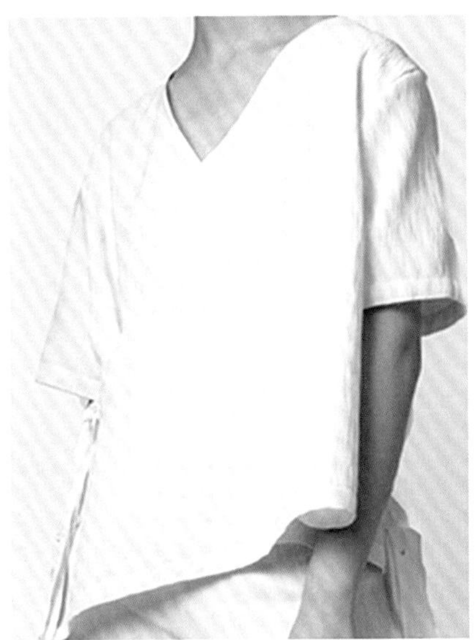

SUMEICHUN
x
O.ZM

作品拍摄

时装设计的呈现也是非常关键的学问。设计最终是依附人的着装而展现出来，模特的选择，摄影师与模特的对话，是否能准确地表现设计师创作之初的设计风格与定位，决定了设计师必须融入到自己设计中去，这样的设计才能打动消费者与客户，在市场的推广上加强效应。

舒适、安静、轻松、随意的姿态，柔和、通透、平和的光影，模特的选择也比较接地气，突出生活化的方式来表现时装的个性，在图片的组合处理上加入了设计的背景元素，与服装的设计纹理相呼应，较好地衬托了整体的视觉和谐与表现。

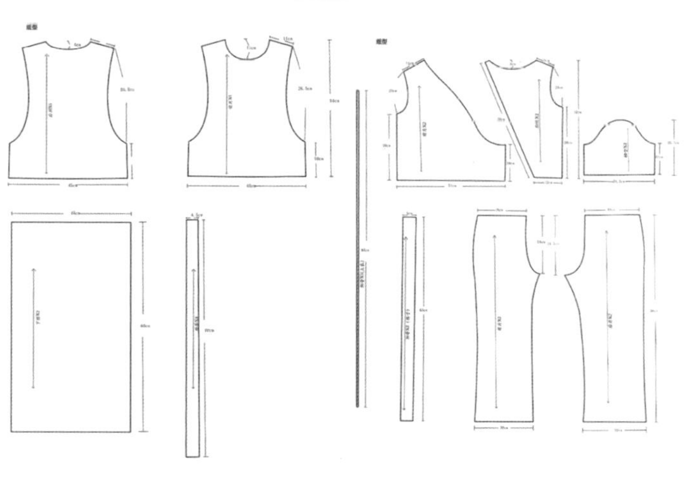

SUMEICHUN
x
M2.O

SUMEICHUN
x
M2.O

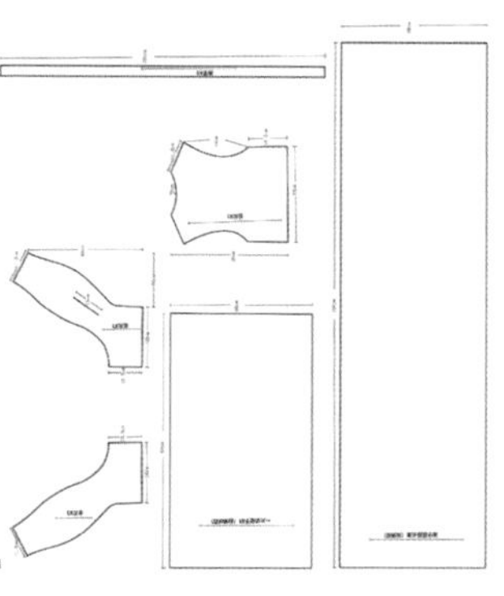

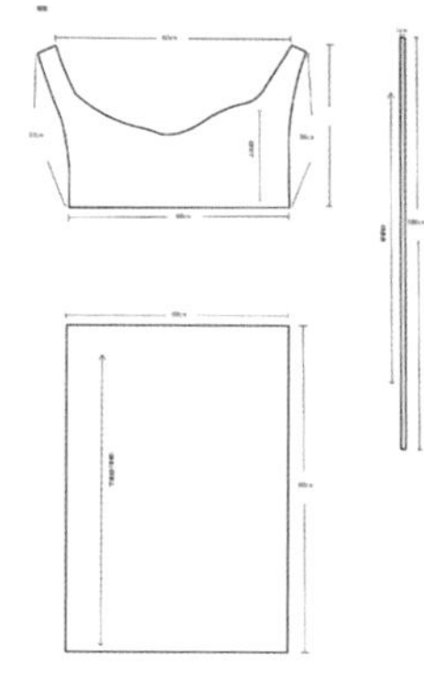

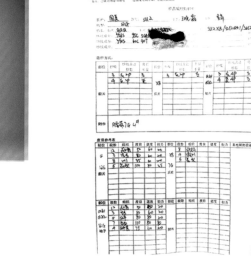

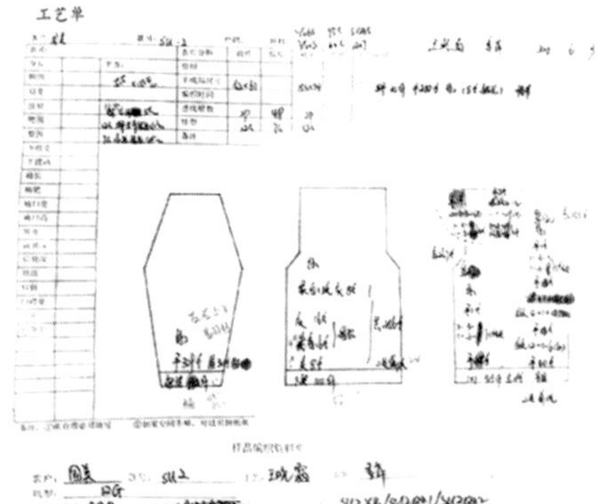

SUMEICHUN
x
M2.O

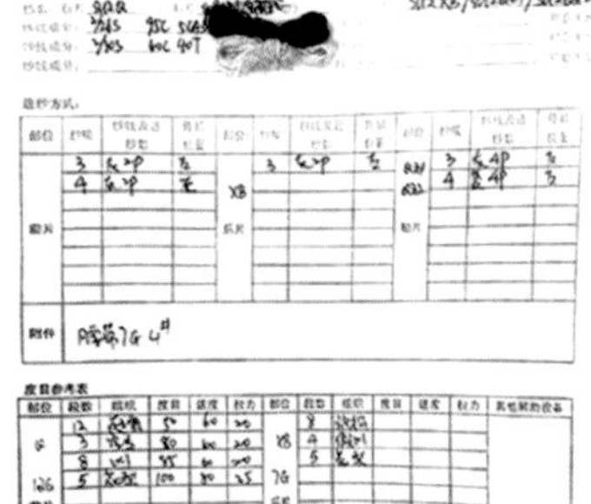

工艺单

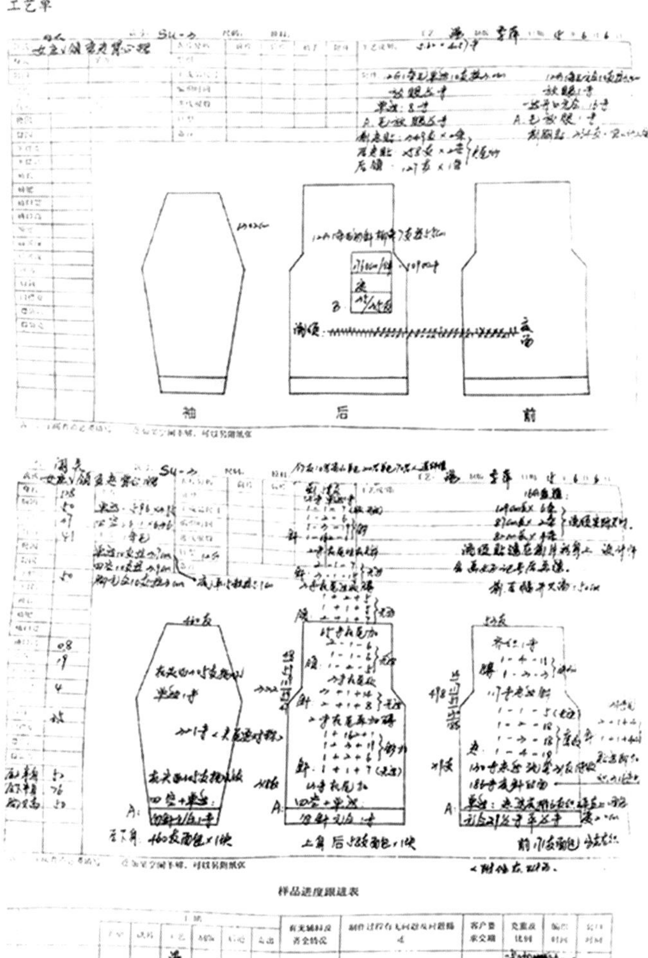

袖　后　前

样品进度跟进表

SU-3

版型与工艺

针织服装的版型与工艺有自己的独特性。由于针织织物的成型结构区别于梭织织物，设计图的出样过程会非常的专业，在实现基本版型的过程中，结构与线型不断地概括与简化，一则适应制造设备的需要，二则使拼合工艺合理化。我们从以上的图表中可以看到精算的版型图，就是针织服装生产流程的重要环节：设计制作之前的加工工艺单。

详细的款式版型平面展开制图；作品款式的模特展示与场景呼应的表现效果展示；详细的制作工艺单包括版型的详细算针数据等；作品款式的模特不同姿态的展示效果；详细的制作工艺单包括版型的详细算针数据等。

创新与文化

在文化中提取创新主题的设计启发也是在设计创作中经常运用的方法。我们知道，文化影响着每个人的思想、审美以及生活情趣，所以不仅仅在时装设计领域会涉及这样一个大的话题，在各个领域中同样存在。时装作为一种时尚，时尚作为前沿的文化，引导着文化的走向，影响着人们的喜好、文化内涵和追求。设计师在自身成长的经历中，也会寻找一些具有体验感的生活文化的记忆与重温感，这种非常贴近生活的文化语言，在设计中找到与之共鸣性，涉及的展开更多是用书写的方式去表达时装内涵语言的设计传递性。当一种印象被一件物化的服装所表达的时候，需求者可以在此类服装语言中，重温文化心理的暗示。当时装设计品中渗透某类文化迹象的时候，这种文化迹象会被不断地放大，不断地延伸，不断地被消费者瞩目，所以，运用文化作为设计的创新也是非常可取的方法。文化是被历史沉积下来的智慧的结晶，文化反映着过去与现在的碰撞，在时装设计中，设计师可以提取历史元素作为创作的启发，但是，一定要知道当代设计的趋向，这种趋向是设计产品的最终对消费者的承诺。在此节的案例中，通过两个方面的不同文化题材的选取，设计作品风格定位的方向来叙述设计的过程与方法。设计构思与思考方式，在实践中大量的结合了对材料的开发与认识，在相关的文化性题材中找到具有触摸感受的材质体验感，在设计之初的实验中不断地去接近和实现所需的与肌肤亲密感受的材质语言。设计师的这种设计方式值得我们去学习，只有将自身对设计目标的体验感融入到时装设计中，设计才能打动真实的使用者。

“市井”与“废墟”

“市井”

主题《市井》这个项目来自市井生活，选择杭州市馒头山社区进行调研，因为保存如此本土化生活状态的社区已经很少了，但却和谐交融地存在于周围的现代化下，而我的项目所表达的就是这种可爱的矛盾和市井中的生活烟火气，重点在设计款式上。我从衣食住行四方面所得到的构成一个整体的设计思路，展开说：来自“衣”的晾衣悬垂状，晾晒在外的衣物因为夹子而改变形态，颠倒、怪异、有趣。来自“食”的实用性穿搭，工作中的人们穿着的套袖围裙等，这些功能性的服饰改变了它们原本衣物的造型。来自“住”的面线节奏，纵横交错的水管电线排列在房屋表面，暴露在外，丝毫不掩饰。来自“行”的面料选择，大街小巷的自行车，座椅上堆积了各式各样的卡车篷布和编织布。作者能够通过对生活体验的深入调研，在对市井生活态的感悟中激发自己的创作灵感，设计来源于生活，归因于生活，在时装的创作上能够探索自己对服装语言的解读，设计构思形成独特的视角，创作的作品既具有文化性，又具有纪实性，能唤醒穿着者的生活情趣。该作品创作思路清晰，对设计元素的提取具有代表性，选择的面料材质朴实而新颖，能够通过不断的实验与实践，将服装造型、色彩、材质与结构完美地呈现。

设计师张晓雪（Zhang Xiaoxue）2018 年作品《市井》服装系列作品秀场展示，色调明快富有极强的视觉冲击力；服装设计灵感来源对市井生活方式的怀念和生活场景特征的情景文化分析。

（对页图）

该服装设计灵感来源资料分析解读，提取设计元素，进入设计试验与实践阶段；服装设计的设计实践，运用白坯布在立体人台上研究与主题创意相关的立体廓形的设计创新，将生活中的设计需求信息通过着装方式表达出来；服装系列效果图及草稿修改方案。

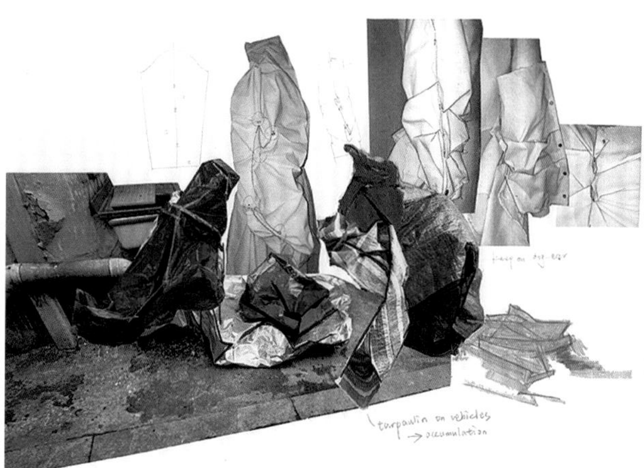

CLOTHES DRYING

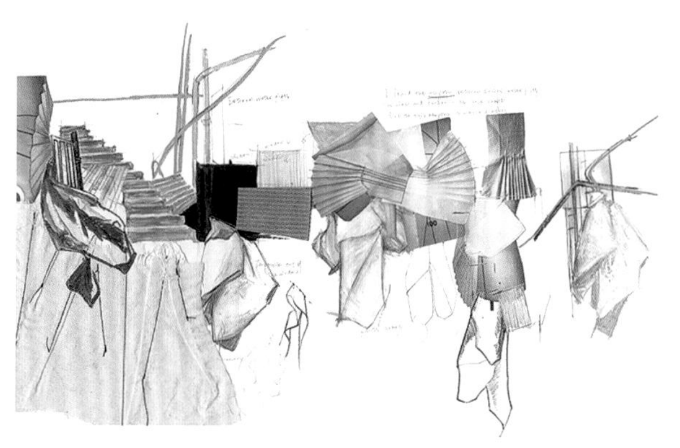

“废墟”

《废墟》主题：余秋雨的《废墟》一文曾写道：“废墟是过程，人生就是从旧的废墟出发，走向新的废墟。废墟是古代派往现代的使节，经过历史君王的挑剔和筛选。废墟是祖辈曾发动过的壮举，汇聚着当时当地的力量和精粹。碎成粉的遗址也不是废墟，废墟中应有历史最强劲的韧带。”文化中也有废墟，敦煌是遗迹，它也是一座庞大的文化废墟。当现代废墟与古代废墟相撞时，新的变成旧的所有的终点必经废墟。锈迹斑驳的铁门，泥石风化的塑像，既是鲜明的对比也是发展的规律。元素提取：锈迹与敦煌石像壁画的衣物线条。

设计师池薇薇（Chi Weiwei）2015年作品《废墟》服装系列设计创作与成衣展示的过程图例：以敦煌遗迹展开的设计畅想；以阻染手法创作锈迹斑驳的废旧意境；提取敦煌石雕塑像人物的衣褶线型提取设计重点元素；把控意韵性设计语言展开设计初稿的绘制；同时运用立体裁剪的实践手法，寻找合理的设计结构与服装造型；绘制详细的设计系列效果图并附上合理的面辅料材质表现及色彩提案的整合；最后制作成衣，进行拍摄与展示。

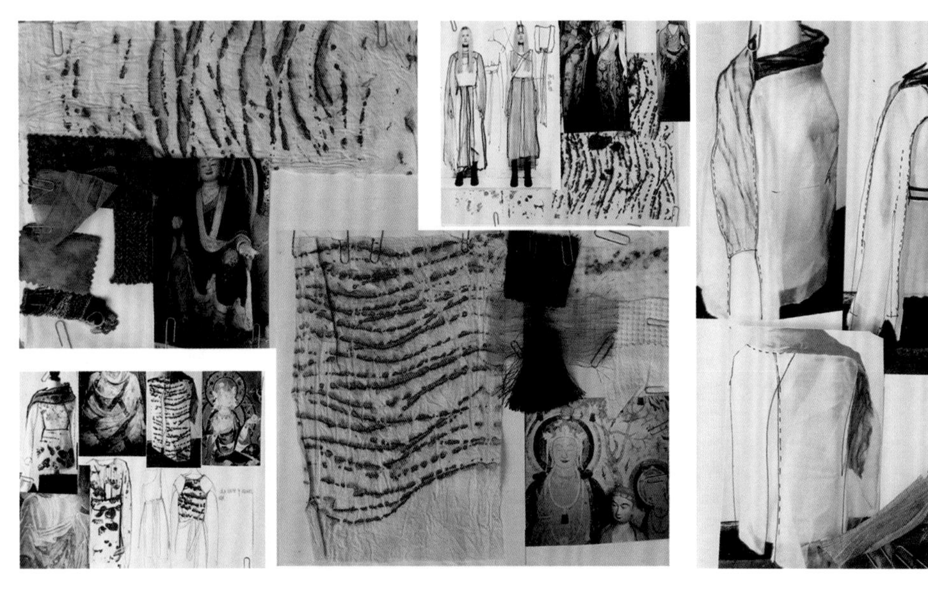

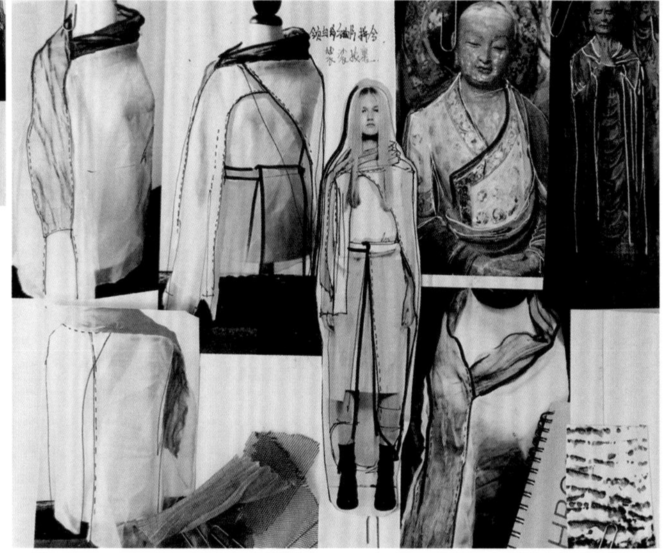

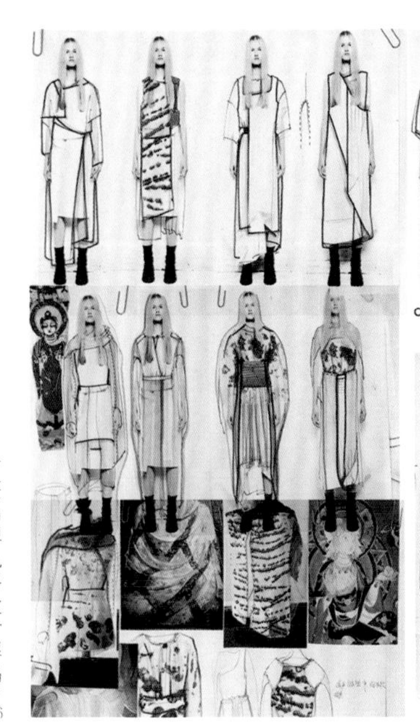

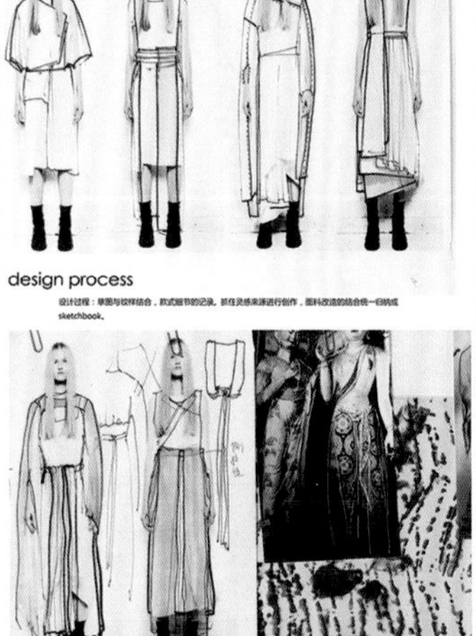

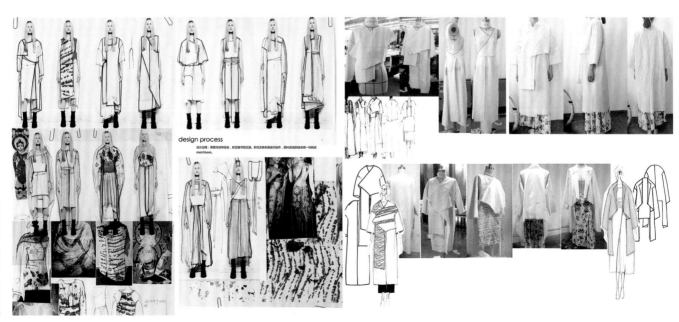

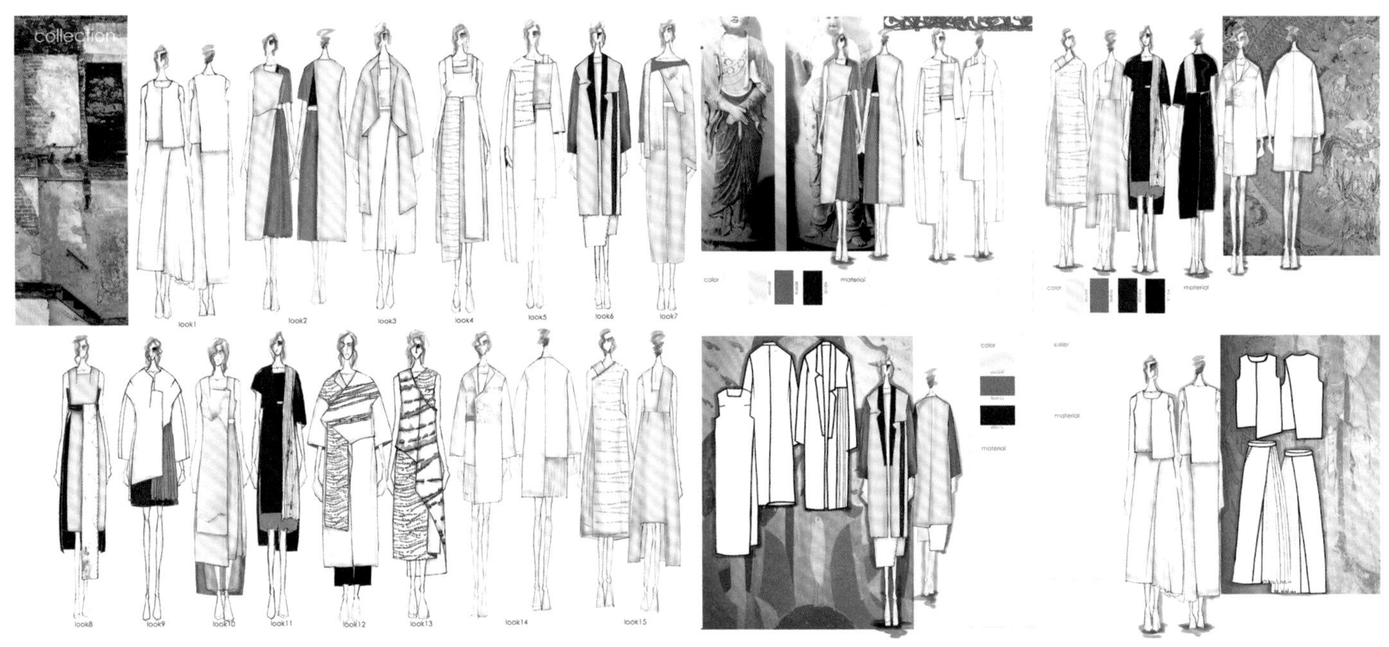
collection
look1
look2
look3
look4
look5
look6
look7
color
material
look8
look9
look10
look11
look12
look13
look14
look15
color
material

创意与表达

在时装设计创作中，光有灵感的启发是不够的，如果在设计中不懂得取舍，不懂得坚持，在设计的过程中会显得非常混乱而没有条理和足够的说服力，这里就需要设计师在设计的过程中学习如何去表达。设计师的思想、概念不断的延伸给予另一种表达方式，以及表达这种欲望的方式。设计师在设计表达的过程当中需要去发现新的可能性，而且能将这些新的可能性组合成具体的设计作品，也就是需要有将“构想”面向转向“执行”面向的能力。创意的目的要学会不断地突破自己，打破思维的界限和局限性，许多优秀的设计师已经有很多好的思想和案例的引领，有时候反而会使你思维受限，那么在分析案例的时候，如何保持自己创意表达的新鲜感是设计师要提醒自己的地方，既不能被牵着走，又不能被干扰，在这种情况下，一定要时刻保持自己的主见，坚持最初的创意亮点。记录创作过程能够看清自己需要的设计表达方式是什么，因为在设计之初，设计创意有一定的模糊期，在模糊中，设计师往往会寻找更多的信息资源来服务于自己，这个资源库一定是围绕自己的创意构想生成的，在记录的过程中依然会被不断地调整，这种方式的运用使你不会遗漏重要的方向，使你变得更加自信和确定。在实现构思稿的过程中也会相应的保留自己满意的部分，使表达更加准确和符合创意的概念和构想。随着计算机运用的日常化，设计师在结合数字化表达方面更加的方便和快捷，设计创意的灵动性表达也更加的直观，我们在结合技术的进步方面，设计师也要不断地适应和很好地掌握运用。

设计师夏天洁(Xia Tianjie)2018 年作品《互动》服装系列效果图，展示每一套服装的静动态变化过程的演示图例；服装系列作品秀场展示，演示作品互动性服装设计语言的双重变化的着装理念，用明快的视觉格调传递。

INTER ACTION

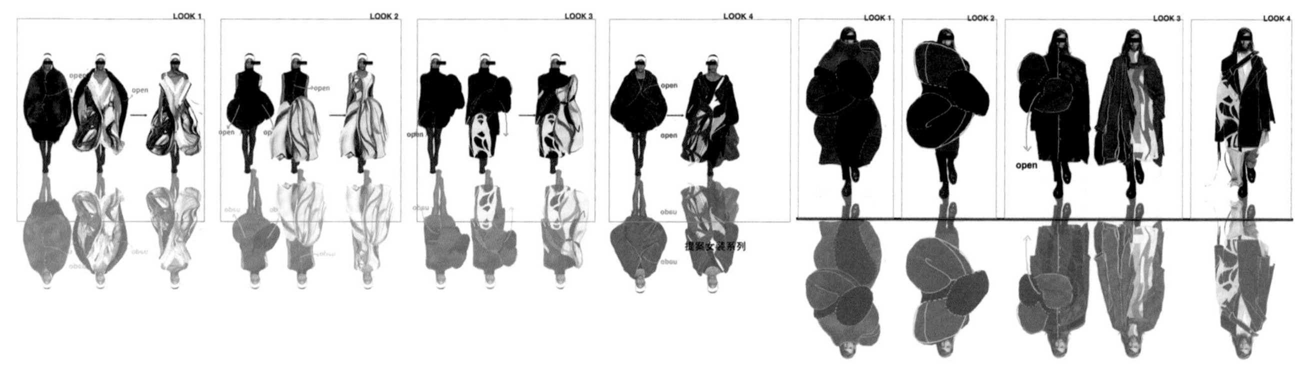

“互动”

设计说明：主题《互动》灵感来源。本次设计的灵感来源于“互动”这一概念，“互动”的范围很广，它可以是人与人之间的互动，例如拥抱、握手，也可以是人与物之间甚至是物与物之间等等；可以是肢体上的互动，也可以是眼神或者语言的交流等等。在本系列中，我从“互动”这个大概念中提取了我想要的设计元素，例如在造型上，灵感取自人与人拥抱握手时，肢体交错和缠绕的形态，并且在廓形上呈现了人体的曲线感；在纹样上，我通过对一系列互动状态的搜集，提取出我想要的“互动”曲线，最终以纹样的形式呈现在本系列的服装中。

设计思维：对于移动状态中服装立体“线”的关注，是《互动》设计的创意表现点之一。相互穿插、扭曲的“线”性结构，灵感来源于肢体缠绕所形成的曲线。因为“线”的表现并不是缝合固定的，所以其结构会随着移动的动作而开合、起伏。这一动态的形象，就是“互动”主题的具象诠释。此外，“线”性图案装饰，在立体的结构之上也会随着移动产生起伏的节奏变化。这一效果基于视觉原理，使平面的图案借由人体的支撑和动态表现，展现出立体而变化的形象。动态过程中“线”的立体表现，主要由服装的不同穿着状态强调创意。现代设计中，对作品的多元运用形式愈发关注。《互动》系列设计，“互动”的“线”元素体现出丰富的“内涵”。其“内涵”又具象表现为“包裹”在服装轮廓内的多样、变化的结构。这一构想，使服装拥有了“包裹”状态与“展开”状态两个外貌形象。其穿着时的状态可在两个形象之间任意切换，甚至以“半展开”的形式演变出多种多样的穿着姿态。例如：在 LOOK1 的设计中，服装的固有状态可从两个“open”开合点依次展开，从而使原来的“茧”型轮廓转变为 A 字形造型；LOOK2 中自“open”处脱卸、打开，可以把上衣的“线”性堆积结构释放成为裙装，马甲款式也可通过开合，实现二次转化；LOOK3 与前两款设计的思路相似，衣摆处的立体堆积其实是对裙装的“包裹”，拆开后使原本的上衣外套转变为类“长裙”款式。此外，针对“包裹”的方式，设计也通过灵活的形式呈现，并不是一成不变的：基于面料的延展性和弹性，服装内结构可采用不同方式的折叠被“收纳”于变化的外轮廓“线”之下。其折叠的手法自由而多样，可以理解为一种带有“随机”意味的填充。

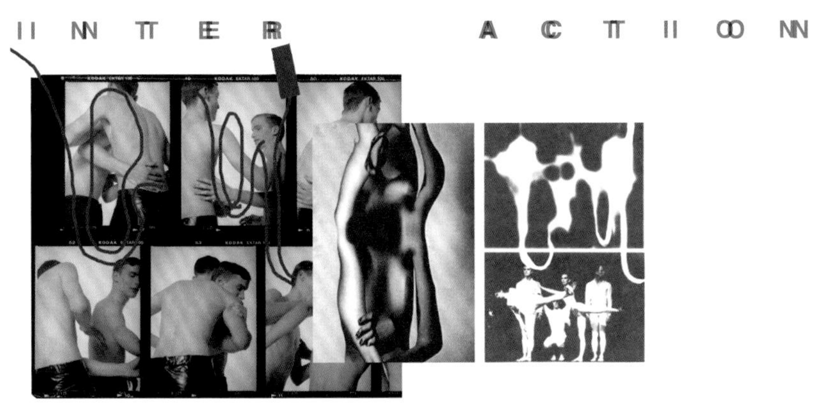

该服装设计灵感来源对设计主题的启发与设计创作的推动性；服装设计灵感来源资料分析解读，提取设计元素，进入设计主导思想。

该服装设计前期对个性化流行趋势的资料收集，整理作品设计趋势的色彩提案和服装成衣配饰的方案。

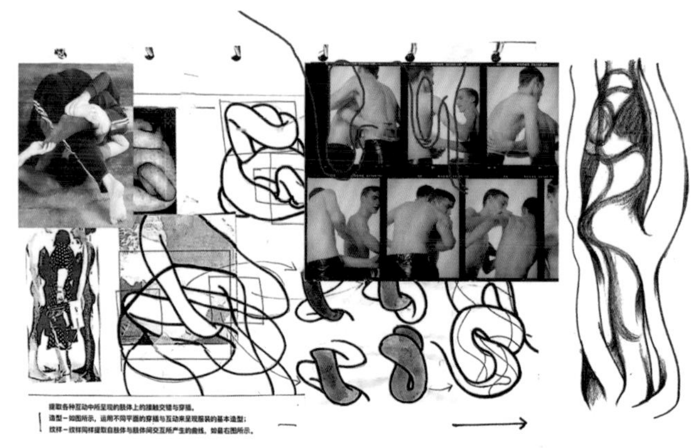

Inspiration from the varied types interaction,such as the cross of limbs.

Shape/Patten,I illustrated the first drawing that I choose from the bodies of cross, which I want to express "interaction" on me collection.

提取各种互动中所呈现的肢体上的接触交错与穿插。
造型－如图所示，运用不同平面的穿插与互动来呈现服装的基本造型；

纹样－纹样同样提取自肢体与肢体间交互所产生的曲线，如最右图所示。

提案灵感来源分析 / inspiration

提案灵感来源分析 / inspiration

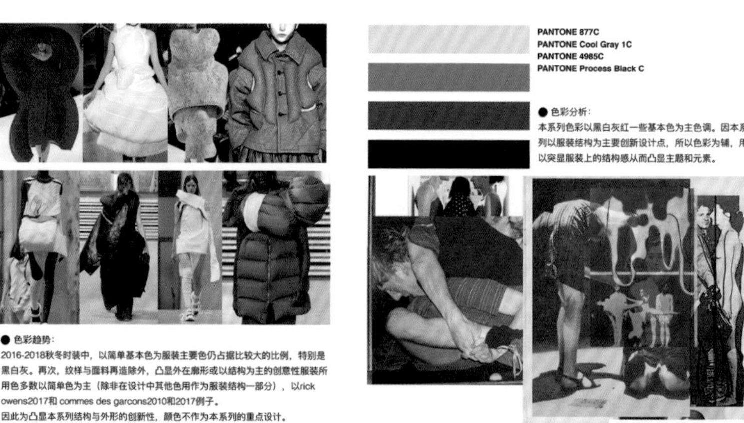

PANTONE 877C
PANTONE Cool Gray 1C
PANTONE 4985C
PANTONE Process Black C
● 色彩分析：
本系列色彩以黑白灰红一些基本色为主色调。因本系列以服装结构为主要创新设计点，所以色彩为辅，用以突显服装上的结构感从而凸显主题和元素。
● 色彩趋势：
2016-2018秋冬时装中，以简单基本色为服装主要色仍占据比较大的比例，特别是黑白灰。再次，纹样与面料再造除外，凸显外在廓形或以结构为主的创意性服装所用色多数以简单色为主（除非在设计中其他色用作为服装结构一部分），以rick owens2017和 commes des garcons2010和2017例子。
因此为凸显本系列结构与外形的创新性，颜色不作为本系列的重点设计。

2017/2018流行趋势主题预测色彩提案——《互动》

● 流行趋势：
通观2017/2018时装发布其中大廓形羽绒外套的厚重感与立体感为今年秋冬为主要流行趋势之一，例如mm6的枕头包，acne的超大廓形羽绒衣，balenciaga等大牌再时装发布会中都使用大量的羽绒或棉质材料，总体来说，羽绒及棉再2017/2018秋冬时装中的运用量呈较大比例。
● 款式分析：
本系列的灵感来源于"互动"这一概念，旨在服装中体现人体之间的互动交织感，款式结合2017秋冬流行的大廓形羽绒外套，从而体现服装的厚重感与立体感，并结合从灵感来源中提取的人体互动曲线元素，运用羽绒等立体感的材料来表现互动所特有的曲线感。
本系列6套服装会从第一套的概念形态进行推进，渐进式地将元素融入到成衣当中。
Détroit is the New...
Dét. Loves Street St...
：配饰组合 ●
本系列配饰参考于2018mm6的枕头包和圆形手提包，以及羽绒质感的双肩包，从2017/2018秋冬时装周可以看出，立体厚重感的配饰比例也在增加，例如acne的棉质坎肩。
YOHJI YAMAMOTO - BACK OPEN GLOVE COAT WITH PIPING...

2017/2018流行趋势主题预测成衣及配饰分析——《互动》

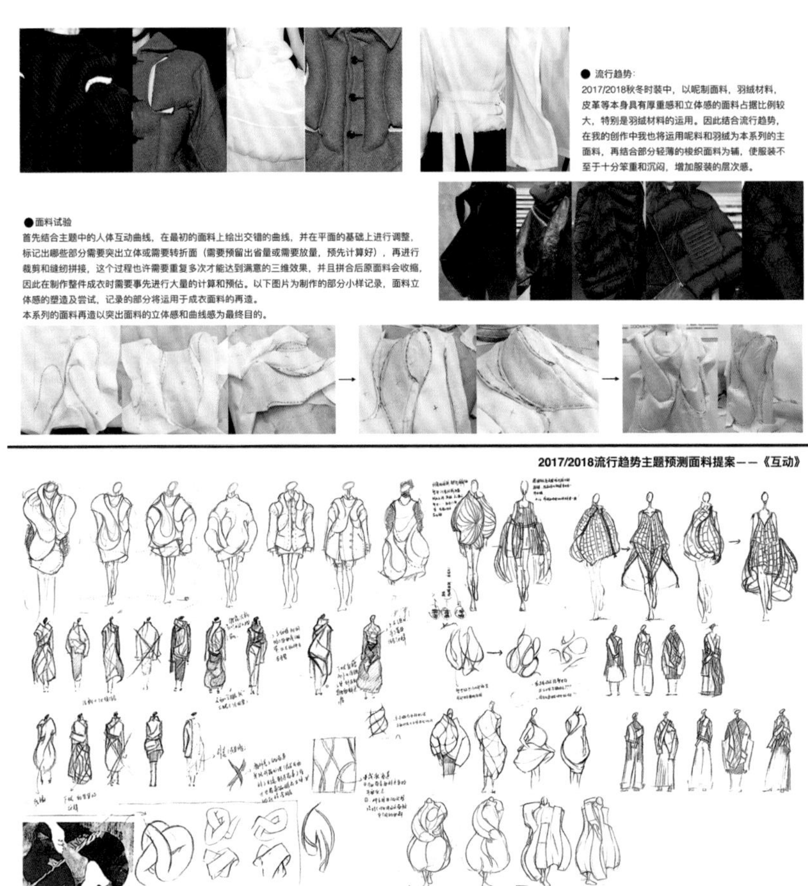

● 流行趋势:
2017/2018秋冬时装中，以呢制面料，羽绒材料，皮革等本身具有厚重感和立体感的面料占据比例较大，特别是羽绒材料的运用。因此结合流行趋势，在我的创作中我也将运用呢料和羽绒为本系列的主面料，再结合部分轻薄的梭织面料为辅，使服装不至于十分笨重和沉闷，增加服装的层次感。
●面料试验
首先结合主题中的人体互动曲线，在最初的面料上绘出交错的曲线，并在平面的基础上进行调整，标记出哪些部分需要突出立体或需要转折面（需要预留出省量或需要放量，预先计算好），再进行裁剪和缝纫拼接，这个过程也许需要重复多次才能达到满意的三维效果，并且拼合后原面料会收缩，因此在制作整件成衣时需要事先进行大量的计算和预估。以下图片为制作的部分小样记录，面料立体感的塑造及尝试，记录的部分将运用于成衣面料的再造。
本系列的面料再造以突出面料的立体感和曲线感为最终目的。
2017/2018流行趋势主题预测面料提案——《互动》

2017/2018流行趋势主题预测成衣及配饰分析——《互动》

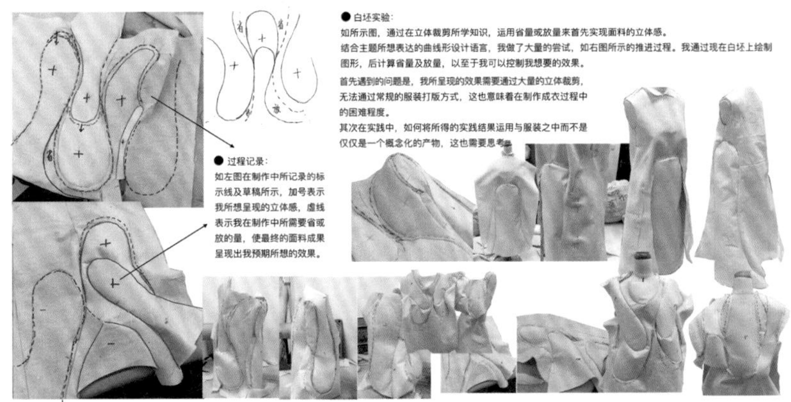

● 白坯实验:
如所示图，通过在立体裁剪所学知识，运用省量或放量来首先实现面料的立体感。
结合主题所想表达的曲线形设计语言，我做了大量的尝试，如右图所示的推进过程。我通过现在白坯上绘制图形，后计算省量及放量，以至于我可以控制我想要的效果。
首先遇到的问题是，我所呈现的效果需要通过大量的立体裁剪，无法通过常规的服装打版方式，这也意味着在制作成衣过程中的困难程度。
其次在实践中，如何将所得的实践结果运用与服装之中而不是仅仅是一个概念化的产物，这也需要思考。
● 过程记录:
如左图在制作中所记录的标示线及草稿所示，加号表示我所想呈现的立体感，虚线表示我在制作中所需要省或放的量，使最终的面料成果呈现出我预期所想的效果。

2017/2018流行趋势主题面料及白坯实验分析——《互动》

该服装设计的设计实践，对服装造型语言、结构解读，运用白坯布在立体人台上研究与主题创意相关的立体线型实践试验，以加强对设计创新的理解与确立设计方向；服装设计构思草图的研究性实践分析。

作品评价：该作品创作构思新颖，在信息化沟通的当代，人与人之间的沟通方式在起着无形的变化，人与人之间的一种亲密接触的方式也在改变，很多当代艺术家也在审视当下，警示人的自然生存状态，作者能从人与人之间的互动性体验入手，细心观察互动中存在特有的信息传递现象，通过提炼这种现象的“线性”变化，来基于服装语言形态变化所传递的时尚语言，提取重要的元素进行实验与重构，能够从造型上，运用不同形态的体积进行互换交错，形成服装廓形上的曲线型，特别有趣的是，从中设计了表达“互动”性的双重变化结构，完全的造型语言通过互动打开的方式变化服装的穿着形态，表达人与人之间互动性概念的延伸性，创建自我独特的设计手法，突破常规的着装方式，是一组突破时装视觉型态的新型作品。

巴黎老佛爷 2009 年秋冬巴伦夏加橱窗展示。

时装造型语言与风格特质

Fashion Modeling Language and Style Characteristics

2010 年设计师李艾虹考察 Dior 高级工坊设计制作工艺流程与 Dior 的新风貌（New Look）服装制作工艺师的交流合影，见证 Dior 的精湛工艺与卓越品质的精髓所在。

时装造型语言与风格特质

· 形体语言与服装造型语言的关系
· 设计语言与服装内、外空间的变化
· 设计思维与服装形态的转换

时装造型研究方法

随着时代的发展，在时装品牌行业中出现了一批新兴的设计师——时装造型设计师。此类型的设计师的工作性质区别于我们通常说的时装设计师，他有可能并不是时装的直接设计者，另外一种解读可以说是时装搭配师。这个职业的出现催生无数的专业人才为时尚产业的推进作出新的贡献。在当代的时装品牌风格日趋丰富和消费自由选择的趋势推动下，时装造型师对时装搭配领域专业的研究，对时装品牌的视觉销售展示及销售建议提供了最权威的市场化技术支持。时装造型语言的时尚系统，对于当代的时装消费和时装销售，以及时装设计师来讲是非常重要的，在这里专门来解读时装造型语言与风格特质的研究方法，具有重要的意义。

在研究时装造型的学习阶段，一般会理解成对时装造型技术层面的技能掌握，但是在这里主要侧重于造型语言对时装风格创意的重要影响，以及贯通审美语言来理解和进行有效的训练，在掌握技能的同时，将造型语言更好的融入到时装设计创新与品牌风格特质明确的把控能力。当一种类型的时装风格推动的时候，往往会将时装的造型语言加以重点的强调，容易使消费者记住有选择性的认同并发表自己的见解，在消费阶段进行有效的选择穿着。从某种方面来说，时装造型语言与人穿着的体验有着直接的关系，会影响到人的穿着方式与活动范围等。在分析设计师品牌的作品中，那些我们日常生活中已经被稳定造型的服装是经过很多年人们生活的体验积累下来的经典造型。比如：我们在欣赏设计师品牌的时候，肯定有一些品牌会有强力的吸引力，引起你对设计师的崇拜，那么，在时装秀场上的哪些时装，是哪些因素导致你喜欢设计师的作品，除了设计师的创意理念和表演形式之外，从服装的本质上看，留在你脑海中的时装的造型印象是最深刻的，而且会重复地浮现在你的脑海中，而这些服装的造型是真切地与穿着的人体本身发生最直接的关系，好、喜欢与穿着体验之间的关系。在本书中也遴选了不少优秀的案例，为大家细细解读如何创造性的发展，在这些内容的学习中，设计师可以整理出自己感兴趣的方式方法进行自我品牌时装造型风格的发展。

在服装设计的设计出发点上，设计师理应知道对服装造型语言的把控与导向，这种导向会明显地区分设计的风格特质，所以此章节主要探讨差异性造型特征来分析时装设计中的重要性。这里选取了几个方向：适体塑身、空间造型、技艺构造、适度姿态、维度转换五大部分来解读设计中的盲点。这五个方面归纳了具有本质区别的造型技术手段，这些造型的内在服装成型方法是不同的，在设计的出发点上也是各有特点，能够清晰地区分开来。对于女性特征的美化与夸张，有以服装用雕塑般的形态来塑造女性形体为依据的造型，即是“适体塑身”。这种造型在服装设计制作的时候，技术要求非常高，工艺手法也非常精细，但是是以遵循人体基本特征上为出发点的造型语言。对于以服装空间结构语言为出发点的设计，其服装的造型就会以一种用面料去塑造人体内部空间量的多少来思考的方法，其影响服装造型的形成需求。当然一种特殊的技术，或改变面料的某种特性，也可以发现服装设计造型上的突破技巧，也可能影响到设计发展的思维方式。对于人体运动姿态的观察可能有些设计师会在这方面做深入的研究，服装的成型的思考方式会与人体动态的运动方式相对应，去尝试发现设计方式。当平面与立体建立起某种联系，在维度的概念下，我们或许有更多的设计方式可以去发现。

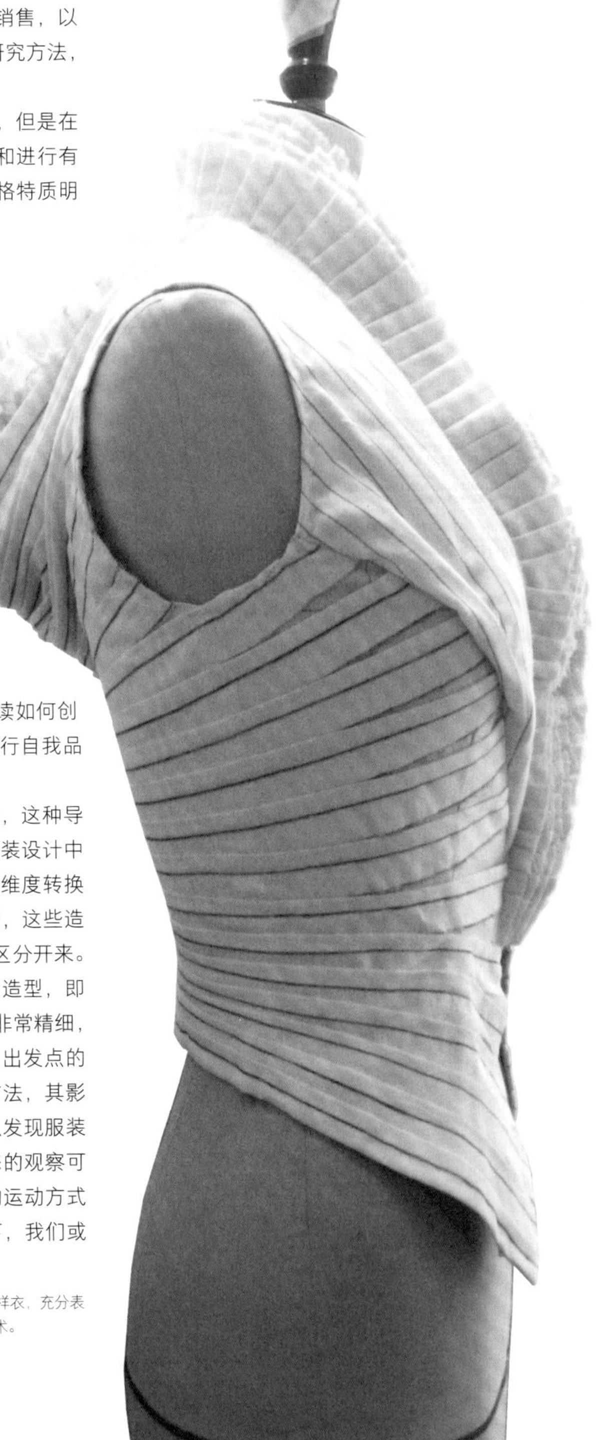

一款具有高级手工制作的坯布样衣，充分表现形体塑造的手工造型表现技术。

适身塑体

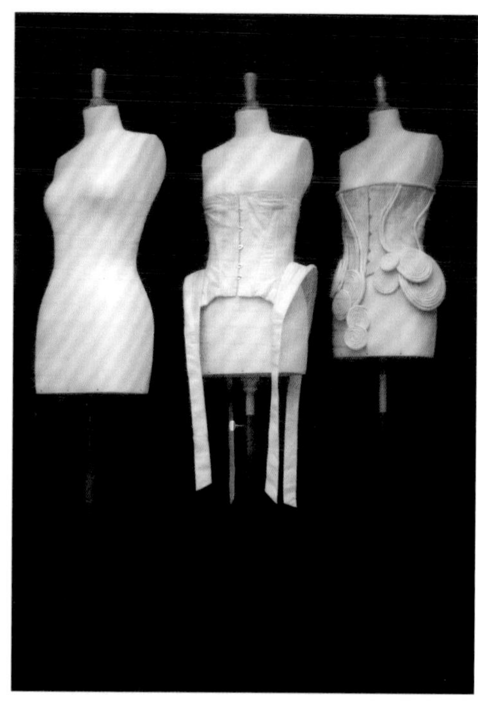

时尚是随着时代的变迁而发展的，对于服饰的审美也会顺应时代生活方式的变化而变化，但是对于穿着者而言也有较为宽松的选择权，所以某些经典的造型语言会被不断地演绎与应用，这也是时装在设计变化的同时，又具有相对的稳定性的原因。适体塑身是衣服相对于人的形体的需求提出来的，在时装发展的历史当中有对人体形态美极端需求的方式——紧身胸衣，把女性的形体通过服装塑造出理想化的审美需求，在这种思潮的演绎下，延续着对女性胸、腰、臀的性感特征的关注。在设计中，设计师对服装造型的塑造特点是有侧重点的，比如对形体的修饰与美化，在比例与尺度上会加以修正，以表达设计语言的个性化，当然这种修正的同时会结合相应的工艺技术来完善，直到修饰美感的准确传递。

适身塑体的设计造型在时尚的历史长河中依然会被众多的人们所喜爱，在设计研究中，设计师如何掌握与把控是需要不断地体验和感悟的，特别是学习时装设计的专业人士，应对其引起重视。精彩的曲线造型，正如莱辛说的那样："凡是为造型艺术所能追求的其他东西如果和美不相容就须让路给美，如果和美相容也至少必须服从美"。像建筑设计家般地研究曲线的力度、结构的变化，这使他的设计具有雕塑一样的立体效果。适身塑体正好是设计师创造理想化曲线形态的一种不可或缺的技艺语言。

设计师的前身实际上就是裁缝，从长期的经验中裁缝师们不断的观察和分析人体体表那起伏不平的曲面，研究体表曲率与服装的关系，终于摸索出人体体表原本并不存在的"人体转折构造线"。这种构造线系统，科学地归纳与简化了人体表面凹凸不平的复杂状况，找到了使服装走向立体造型的关键部位。这是具有划时代意义的重要发现。在找到了人体体表转折结构线之后，欧洲人设计的女装上衣，进一步向体表贴近。在平面展开的裁片上，可以清楚地看到衣片分割后的结构线。竖向和横向分割线、环绕于身体的圆形分割线、斜向和曲线分割线、挖剪式分割线、折叠式分割线、波浪式分割线等的出现和形成都反映了服装在适身塑体中所呈现出丰富的结构造型。

经典结构线："腰节缝"（Waist Seam）裁剪技术——1820 年传遍整个欧洲，同时在裁缝的技术和理论上激起了活跃的探讨。裁剪师不得不"知道怎么使面料顺应人体的曲线，怎么适合后背，描绘臀部的轮廓，以及怎么收捻腰部"。同时与当时的审美思潮对胸、腰、体态和轮廓线的吹捧对裁剪技术的，影响是分不开的。

法国巴黎橱窗展示古典塑身衣的不同创新造型。

（下图）

以塑身衣为灵感的带有欧洲古典服装影响的外套设计造型正、背、侧的整体效果展示。

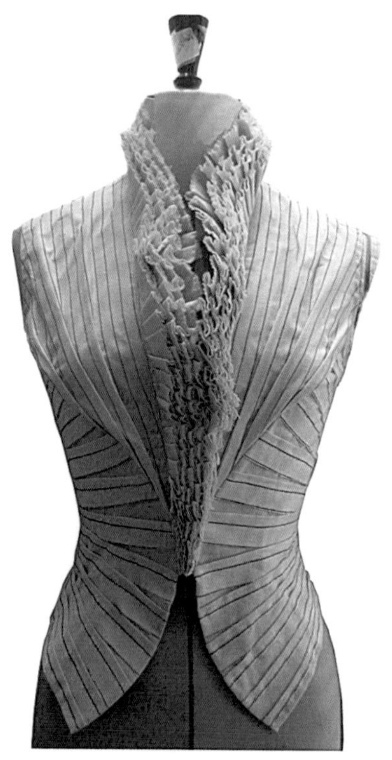

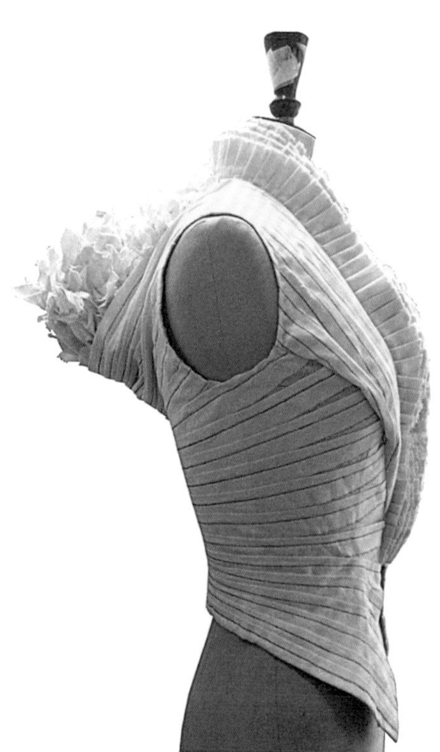

“公主线”的创始人——查尔斯·沃斯（Charles Worth），19世纪70年代，沃斯推出利用省道分割的紧身女装，这就是以后被称之为“公主线”的服装，腰节线降到了臀部。强调塑造丰满胸部到纤细腰部的公主线款式（princess style）。沃斯是公主线时装的发明者，也是西式套装的创始人。由于公主线的使用，运用各种面料进行合体造型的裁剪方法变得简洁而富有美感。此结构线以其经典的形式一直沿用至今，就像他的时装样阿佐蒂内的故事充满了浪漫和反传统。

新女性的“阿莱腰线”——阿佐蒂内·阿莱（Azzedine Alaia），阿佐蒂内具有个性化的设计概念，在造型上表现流动曲线结构的功能和凝聚。运用面料的特性，与人体及动态结合，在裁剪技术上以极尽完美的程度来塑造女人，他把重塑人体作为女装设计的理想和追求。这件上衣腰臀的拱形结构，极富精练的雕刻语言烘托腰臀部的曲线，后被时装界誉为“阿莱腰线”。与此相对照将腰线以上结构放松，通过功能性的背部活褶、肩部圆弧线的设计与插肩袖相映成趣。这种融合体与宽松的设计是阿佐蒂内作品中常用的手法，并以一种非常考究的缝制技术表现它们。领子的分体结构、领底分裁、领面连裁的斜裁技术足以证明这一点。

在服装设计中，设计师的思维方式和对服装的塑造形式的不断创新，将迫使结构线的改变，结构线与造型之间的关系是相辅相成的，如何处理好合理的结构线能对造型的成型状况起决定性的作用。对于内造型的形态无外乎扩张型、隆起型、收缩型三种方式。而其中结构线的处理，根据设计师的造型观，形成有一定规律的分割。

一般来说，我们碰到适身塑体的服装造型的时候，最先思考的是如何去符合人体体态的需要，运用造型分割线的常规手段来实现理想的造型，典型的例子就是欧洲的紧身胸衣，由于高度的塑造形体，创造出许多不同的竖向分割的结构线，堪称完美。但是，在这里需要说明的是在设计的原创突破性上也可运用结构设计来呈现造型的合体性，以下图示中的泳衣款式我们可以看到其结构在设计上装饰与结构完美合一的一种设计突破。此款贴身合体的服装结构线简化成美丽的一个图形裁片，像这种设计结构，设计师一定是非常了解形体结构中的空间线形与平面的关系，在寻找人体结构线形时把人体看成一个完整的整体，运用面料在人体上的空间绕转，逐渐发现这种分割线的合理存在。可见，这种设计非常考验设计师的空间构想能力，没有长期的实践经验的积累是无法企及的。像这种剪裁方式看上去比较复杂，结构线在人体表面流畅地游动，线型与服装装饰完美结合，可见研究服装造型的深度可见一斑。

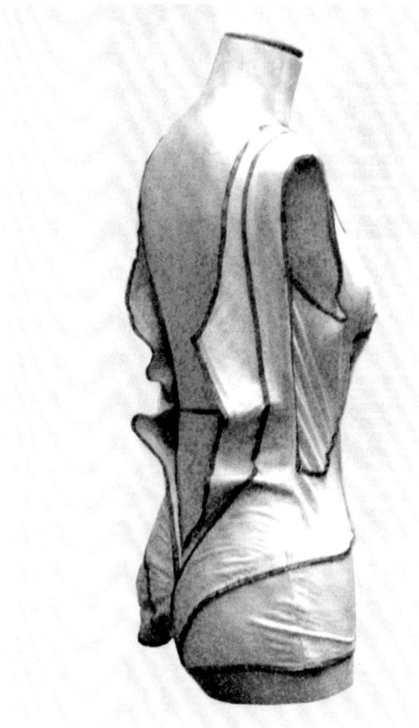

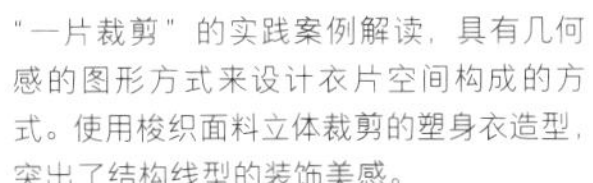

“一片裁剪”的实践案例解读，具有几何感的图形方式来设计衣片空间构成的方式。使用梭织面料立体裁剪的塑身衣造型，突出了结构线型的装饰美感。

裁片的平面展开图，形成极具抽象的流线几何图形的美感体现。

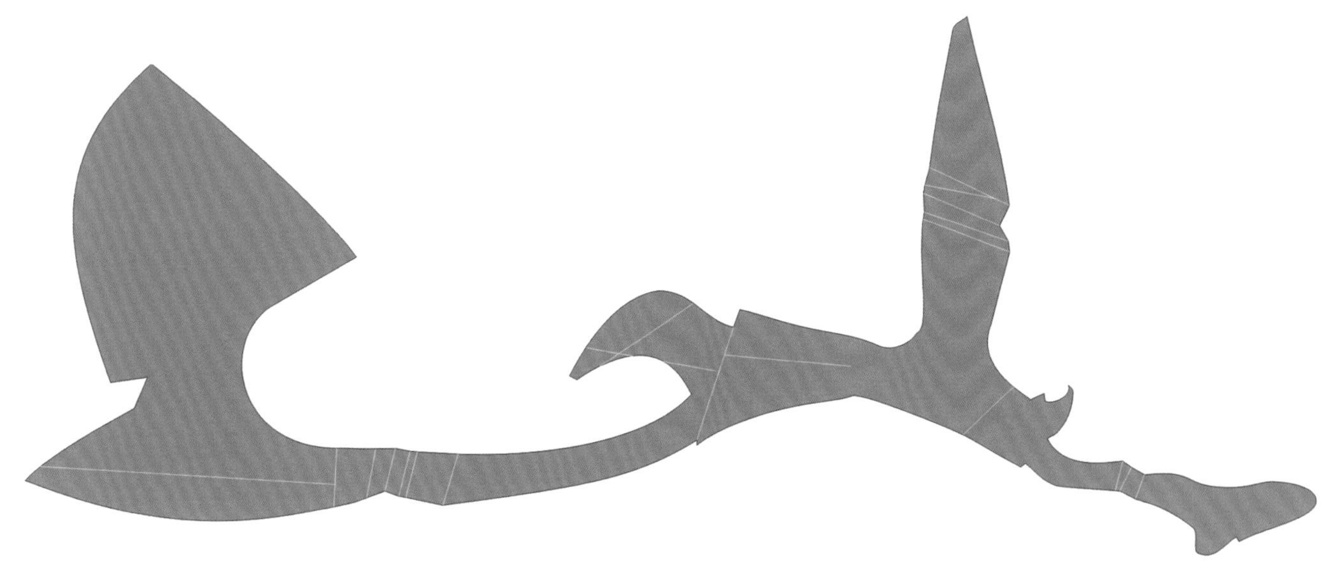

人台

在服装设计造型的研究中，人们很好地使用人台作为人体的代用品，以便于灵活直观地进行设计创作构思，在人台的选择上依据需要而定，因人体在各个年龄段、种族等有较大的差异，所以选用人台也不是一成不变的。

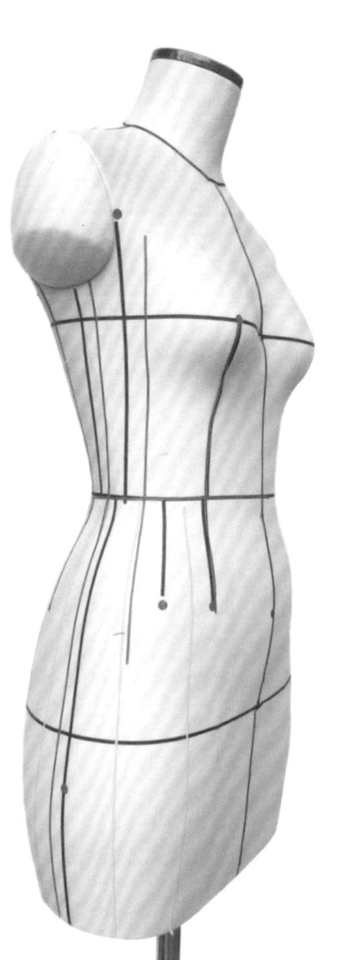

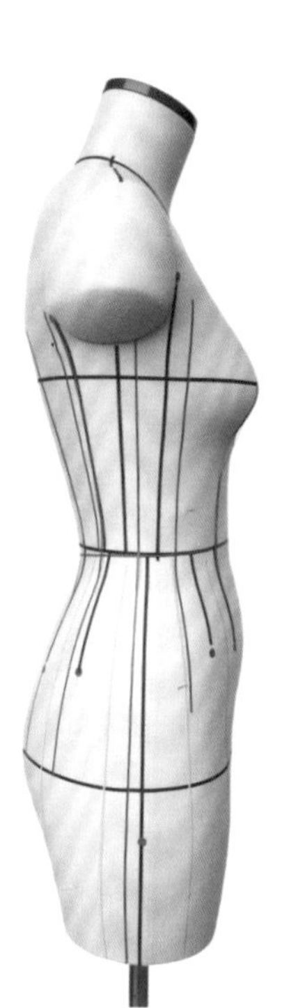

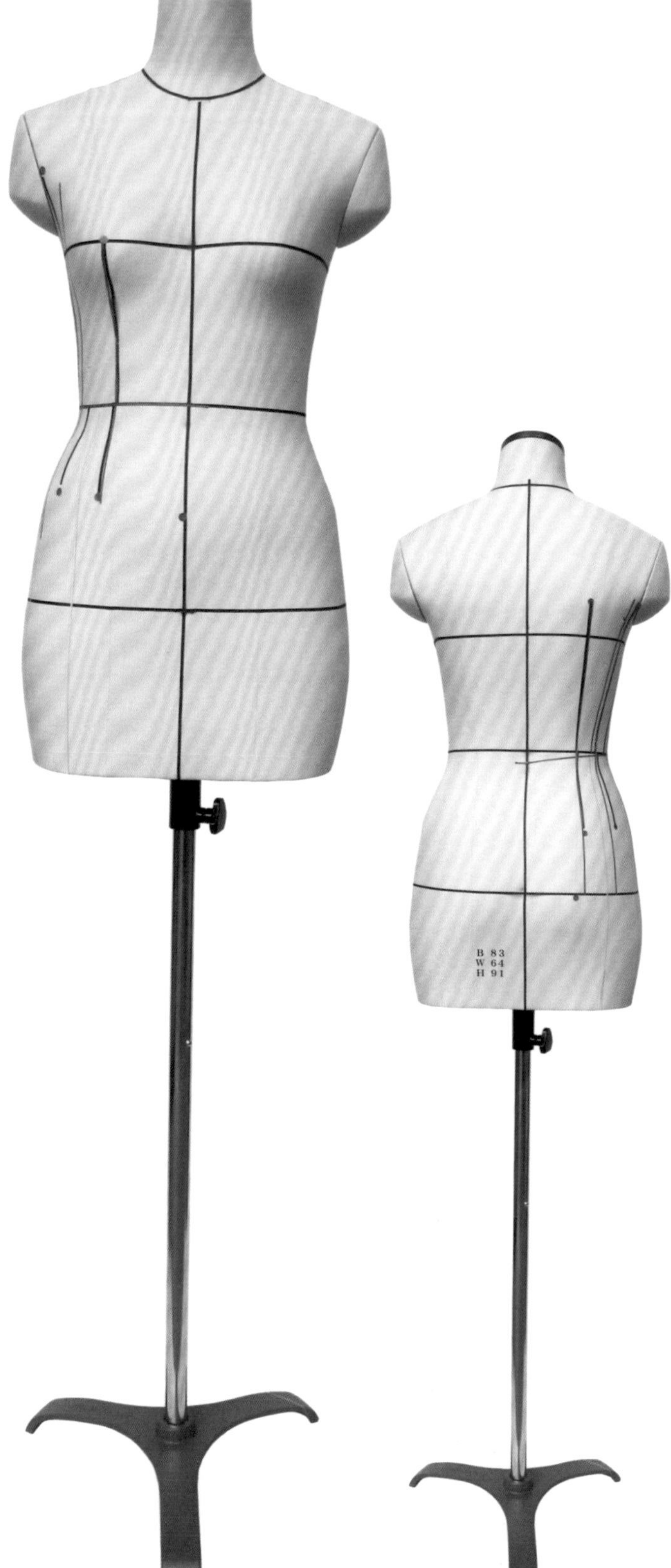

首先，我们来探讨一下关于“合体”这个被经常使用的词汇，在实际的应用当中其含义比较模糊，尤其是经过人台调整后的模型是否也可以是“合体”的服装造型，也就是说对合体的描述应该更清楚，合体的程度是允许有服装内空间适度的活动量。在此基础上来使用调整的“合体”模型就更为贴切。其次，塑造出合体的形态必须对身体结构的弧度变化有充分的了解，一条好的结构分割线能成为支撑造型的力度线。再次，社会观念和技术审美的变化也会影响服装内造型的变化，在制作和使用模型之前应该进入思考状态。

在原型的人台上，除了基本的线型分割标示之外，设计师可以突破原有的标示自由发挥，在此由原型引伸的多种线型可以变换无穷，设计师可以有充分的自由度来实现自己的线型结构，一般的结构造型按正常的片型分割及在此基础上的多重分割来获得理想的造型，在这里探讨以原有的裁剪分片为基础，以线型的不同比例、部位在垂直方向上分割的不同线型相比较，进行可行的结构线来实现人体具有适合度的服装造型。

日本对成人女性的人体体型研究，规范标准的女性人台，并在形体上研究结构线型设计的合理性与美感性的精确表现。

完美的曲线

对服装造型而言，设计师仅仅依赖统一而无变化的标准人台是不全面的，在服装造型设计中，首先我们需要探讨的是服装成型后的着装的状态。在服装制作过程中利用试衣模特试穿样衣，来调整服装造型要求和观察美感是设计师把关的重要环节，在经典的服装中大部分表现为成熟女性的曲线美，其中对胸、腰、臀、肩、腿等的曲线要求更为明显。其次，会运用一些经典的结构线去处理这些曲线造型，处理中用不同的手法将其与设计的理念融合。最后把握服装的裁片构建起理想的服装成型效果。这些完美的线型往往被后人所模仿和作为经典的范例保留下来。

完美曲线的实现：这是依据实验中所得到的经验来谈谈实现的技术问题，从图例中我们看到了各个方位的具有放松量和造型要求的曲线痕迹图示，这些线条既反映了服装的外轮廓的曲线美感，同时也反映了曲线所形成的空间厚度感。这些在各个方位所塑造形成的不同空间分量的效果是曲率形成的关键点，正因为我们可以在标准的人台上以为可以有足够的空间来处理服装的造型要求，服装的成型美才被赋予新的含义。对于服装成型效果的来源并不是出自技术的娴熟程度，而是源于对服装本质的理解，如何将成型的手段和设计相结合，则要与一系列的造型技术相配合。

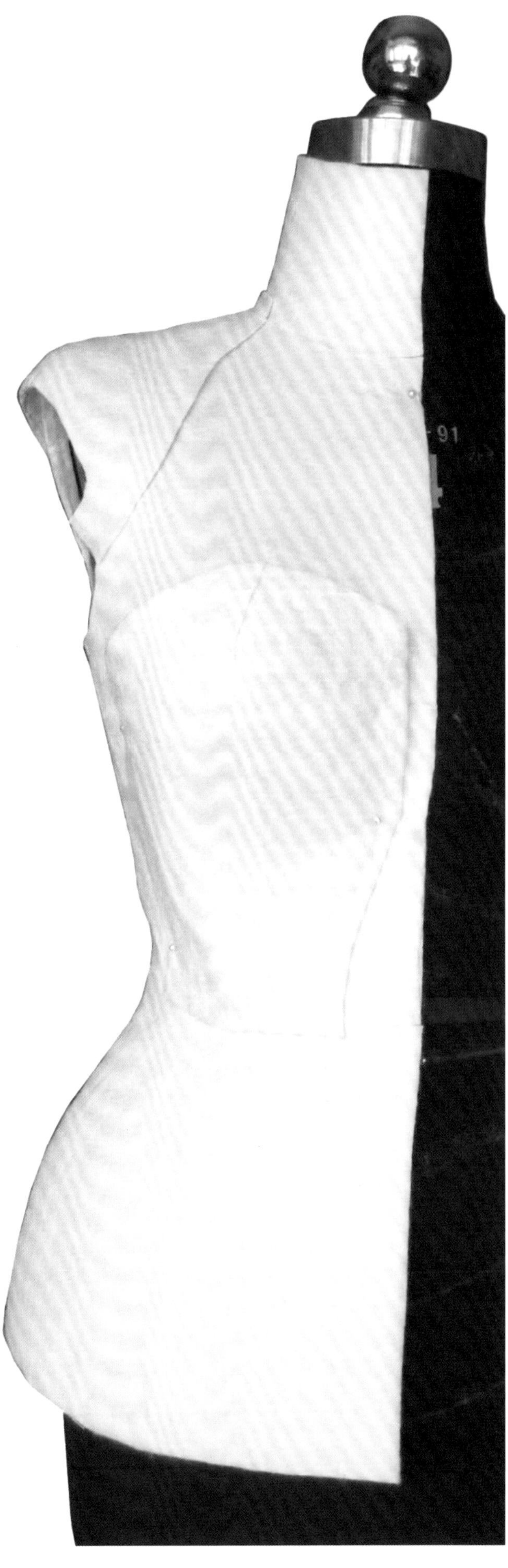

服装造型的内在形体的研究，运用基础人台进行各部位的造型弥补的方法与技术图例。

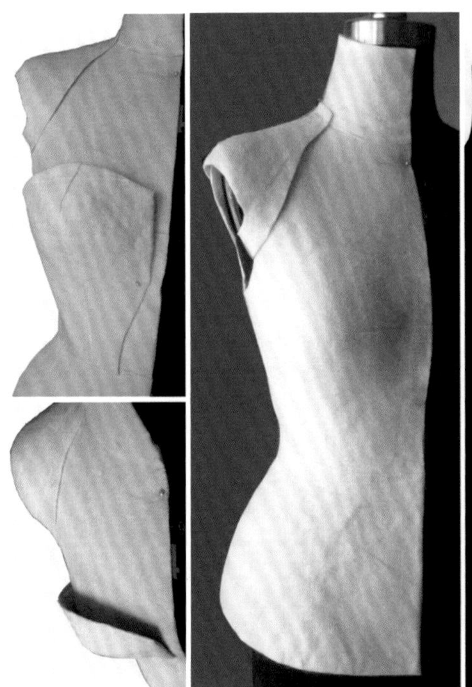

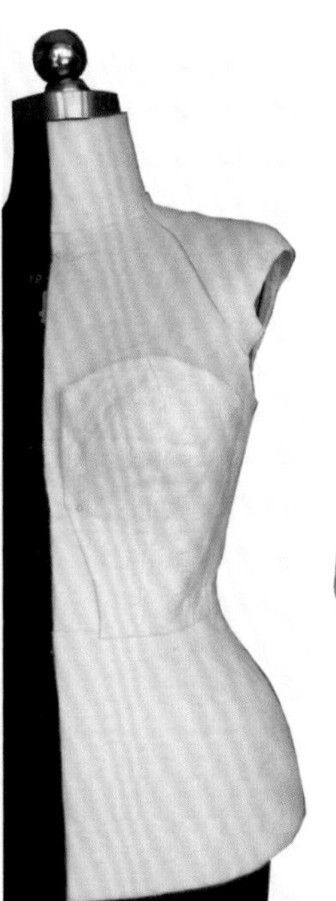

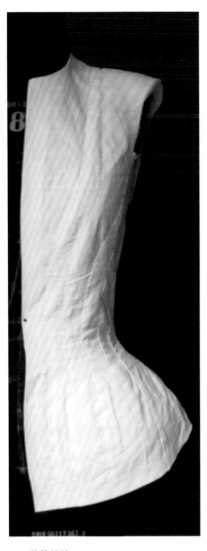

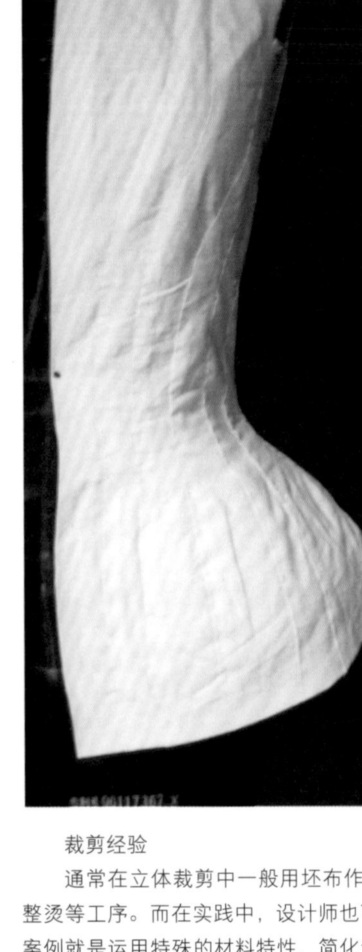

裁剪经验

通常在立体裁剪中一般用坯布作为裁剪的材料，必须分析繁复的布纹、丝缕、伸缩、整烫等工序。而在实践中，设计师也可以运用自身的认识与经验来创造裁剪方法，这里的案例就是运用特殊的材料特性，简化运用坯布的工序，直接在调整模型上取得同样效果的衣片造型，并且可以更方便与衣片分割线相对合，去除坯布的放缝，可以清楚地看到裁剪的结构线。同时去除了记号笔的点画线。即直接采用薄棉来进行立体裁剪，它的特点是：有很好的黏附作用，具有微微的弹性，非常容易切割，剪下的衣片不宜变型，分割线容易对合，获取纸样变得更轻而易举。

运用坯布制作流线分割夸张臀部造型的设计方法；运用薄棉材料进行服装立裁的造型效果，与坯布造型方法相比有一定的差异和优势，是简化工序获取平面版型的一种新方法。

（下图）

服装不同分割线的设计与服装造型的精细变化的案例操作步骤演示。

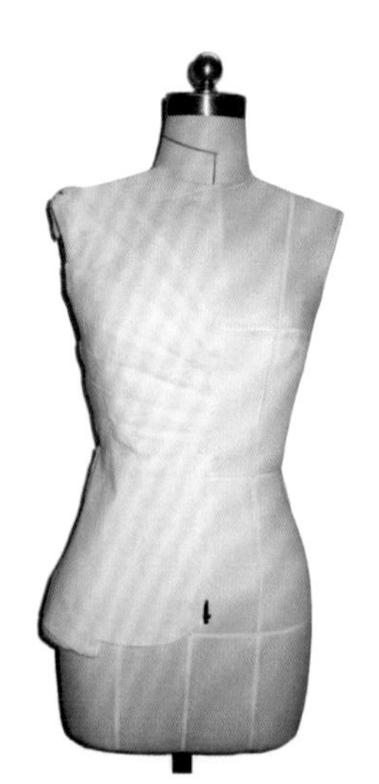

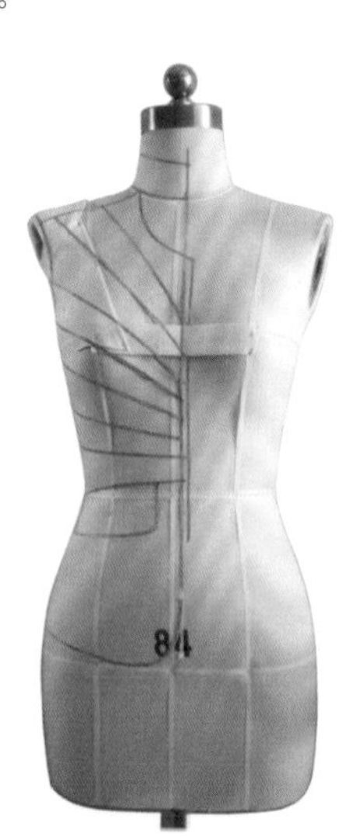

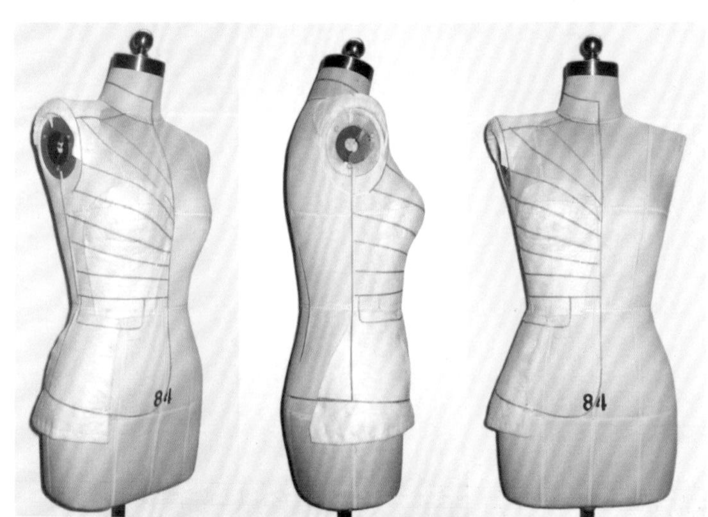

调整人台的制作方法:

准备材料：薄棉、双面胶黏合衬

准备工具：剪刀、电熨斗、标准人台

制作方法：

- 在人台上找到前、后中心线，取人台对称的一半，做好标记。
- 前片所需的长宽放出 5-6 厘米的修剪量包裹前片，后片包裹的方法与前片相同，最后在侧缝的交界处给以 2.5 厘米左右重合的量。这一层是作为新模型的最里层。
- 剪相应的双面胶黏合衬黏附于薄棉的外面，如以上步骤那样附上一层薄棉，将电熨斗加热调至薄棉适宜的温度，直接在人台上熨烫，直到黏合完成。
- 选定所要重塑体型的区域，如：胸部、臀部、腰部、肩部等，并设定需要填补的区域，设想所要达到的理想造型，再在塑造区域按各自的要求进行层叠黏合。
- 当所有的塑造区域都完成后，观察一下是否理想，如觉得已经满意了，最后在其外面附上双面胶黏合衬，在其上面用整棉进行覆盖性粘合，这样调整模型就做好了。
- 同样，一些零部件补正模具也可用此方法。

服装立裁补正方法与成衣制作成品的对比效果图例。

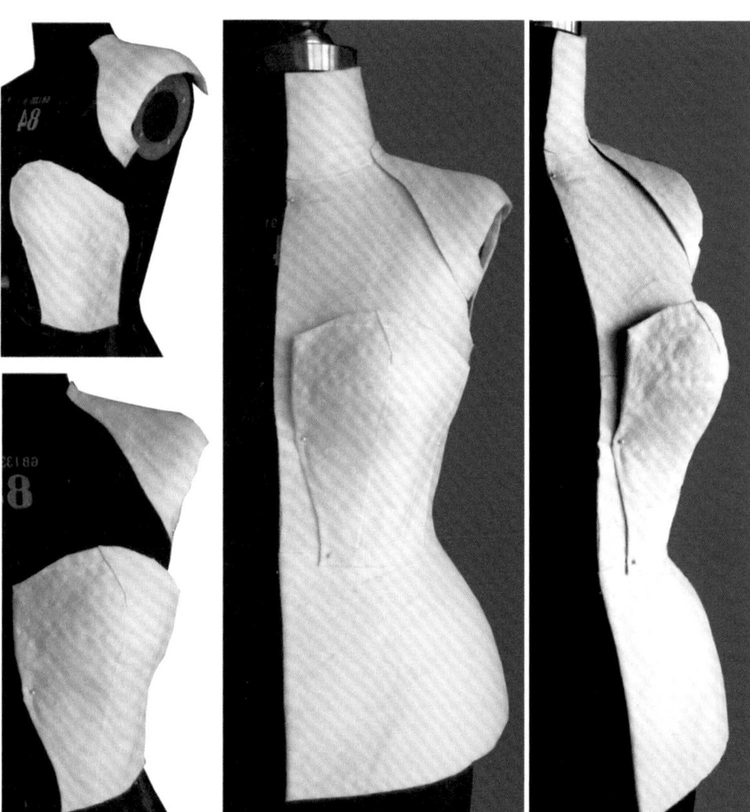

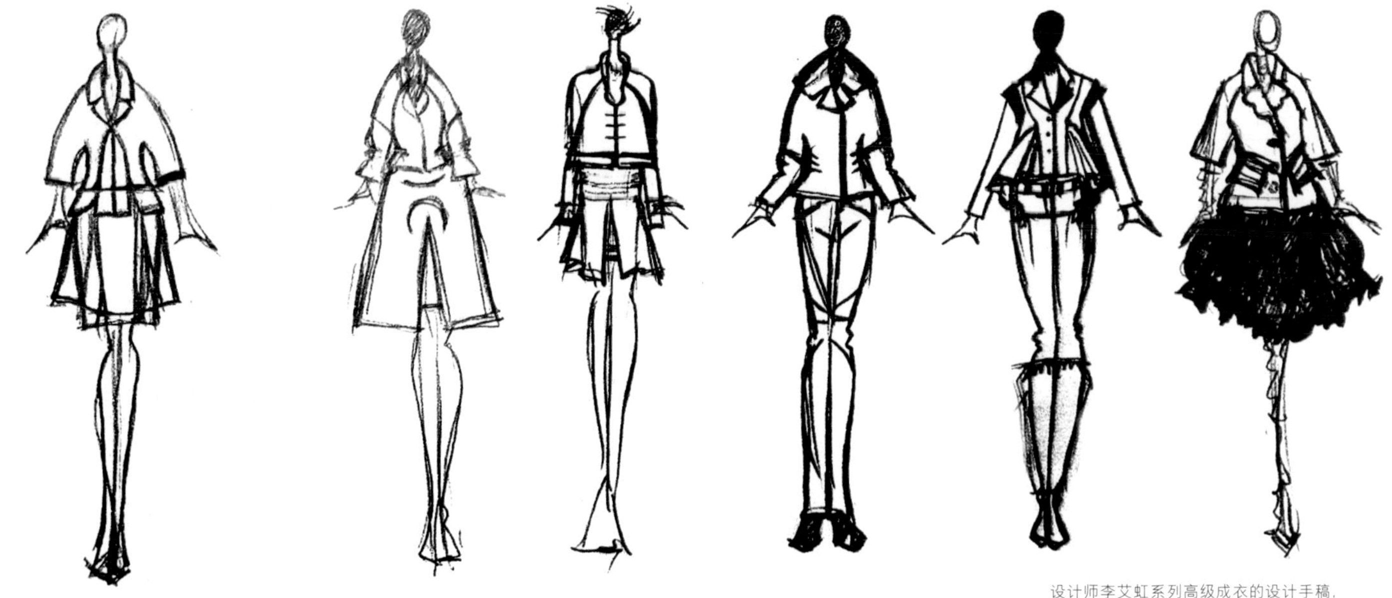

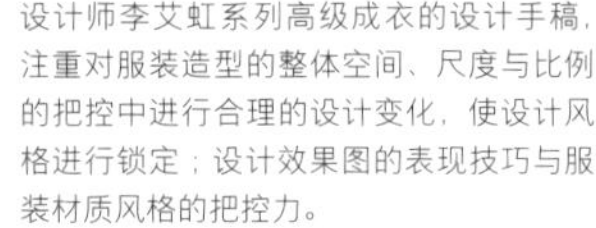
设计师李艾虹系列高级成衣的设计手稿，注重对服装造型的整体空间、尺度与比例的把控中进行合理的设计变化，使设计风格进行锁定；设计效果图的表现技巧与服装材质风格的把控力。

设计师金一柯（Jin Yike）通过面料的特殊抽缩工艺，使面料成为具有极强的可夸张的造型设计点，此款是对巴伦夏加品牌服装的研究制作实践案例。

设计表达与造型

运用廓形特征来表达时装设计的风格语言较为讨巧，在学习与研究中也比较具有针对性，同时会发现很多技术因素相关联的设计表达，在此案例中，我们可以来分析源自设计构思中的实践经验的渗透，在实践中，我们可以运用小人台对服装造型结构做试验性的实践，通过立体与平面展开的版型特点，来理解与消化在设计创作过程中衍生的创意过程，在创作过程的变化推进过程中，既要保持廓形语言与结构变化的丰富性，也要相应的突破穿着搭配的现代时尚感，逐渐创建自己较为成熟的设计风格，把控好服装内在的设计精华，同时也要展现自己设计个性语言的表达。在设计中要体现职业化设计师的素质，理解设计语言的准确定位，运用服装内在空间构造来锁定品牌风格，从设计构思草图阶段起，就融入廓形与结构的表现。

空间造型

对于服装中的空间造型的设计变化，也是非常具有挑战性的一个基础点，在这方面的认识与学习中，我们更多的是要考虑力学中的原理与影响，在“引力”与“平衡”中去体验与实践。当然，我们的先辈设计师在这条路上已经给出我们很好的空间造型案例，我们在将其解剖和认识在其设计原理的基础上可以拓展自己的设计语言，在剖析中积累优秀设计师长期的经验，转化成自己的设计理念，在此基础上融汇自己的创意构思与当代的设计思潮，适应现代的生活方式的变化。对于服装的空间造型，在时装创意发展中也是非常重要的一个设计重点，特别是随着科技的发展，对服装的形态处理可以衍生到传统的面料制衣之外的设计模式，如 3D 打印技术、生物细胞、纳米技术等随着科技的发展，突破传统制造的方法，设计师的想象空间也会随之放大，在多种可能性存在的形式下，对于服装造型空间的突破也是非常自然的现象，所以服装空间造型在经典的案例中寻找设计师所产生共鸣现象，在研究学习的同时拓展自我的设计理念。

服装空间造型与设计的关系：立体裁剪中的空间构想的思维方式比较直观，实现的方法也比较准确。而且设计师可以直接地调整和修改造型的要求，对于创作有相当的自由度。而对于服装造型空间度的把握是具有一定难度的技术，构造的空间度越大，需要解决的技术要求越高，不仅仅是造型的问题，还要涉及材料的运用和材料之间构架的力度的关系。

此系列效果图的服装空间造型语言，注重面料运用的特性在特殊工艺制作手段的作用下，使成为塑造服装造型和拓展服装廓形的功能性语言。在实践感受的基础上，不仅能够掌握制作方法，也需要在设计训练上注入设计拓展风格语言的转化能力。此组设计效果图，在学习抽缩叠合工艺的技巧，使面料形成集中线型拼合后的挤压形成的张力，使之形成具有立体视觉感受的造型凸显。这种设计技巧促动设计思维的活跃性，形成贯通性的联想审美形式，使之设计出具有强烈视觉风格的系列作品。

设计师江世谦（Jiang Shiqian）设计手稿，运用实践研究品牌设计中的技术方法，手工技艺抽褶定型塑造造型工艺展开的服装系列造型设计，对褶皱进行位置与体量的设计，以提高对设计与成品的之间设计表现的准确度和设计造型风格美感的统一整体性。

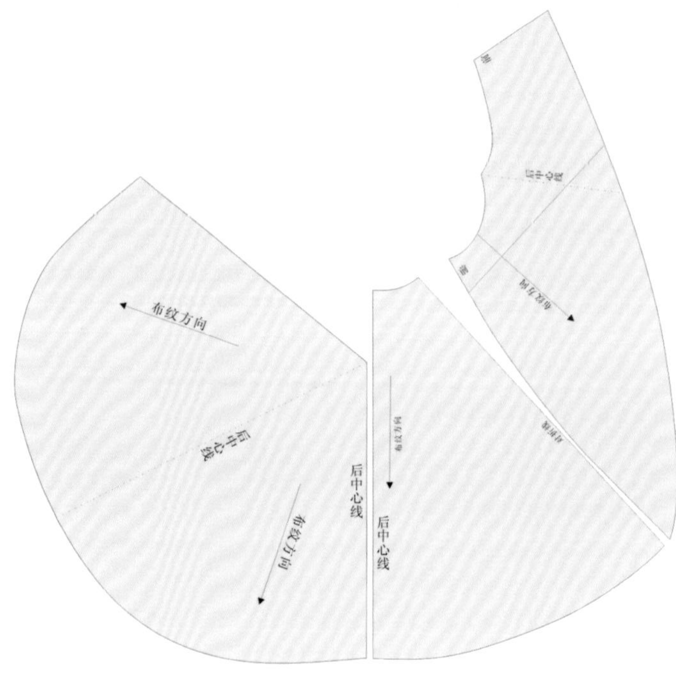

设计师杨陈希（Yang Chenxi）对 Dior 作品的解剖性研究，所得到的展开平面版型的变化特点，在尺度、比例及放量的变化中体会服装造型设计特点的重心倾向性，充分理解品牌设计风格语言在每件服装内在传递的方法。此款服装的裁剪解剖图，依据衣片的构成，可以看到一些特别的结构处理方法。肩型——圆润合体，运用连身插肩袖的方式处理。腰线——腰部处理前身与后背有明显的差异，前身腰部前中门襟部分一直延长至衣摆，呈 A 字形逐渐放大。靠侧缝部分腰线分割而有微微上提，直至侧缝分开。后背腰线由侧缝微微下落直至后中心线。整件衣服造型，由女装外套与裙装的融合设计，主要特点可以从衣服后下摆的设计表现出来，后摆的旋转层叠裙摆样式，为夸张下摆在后中处加入了插片，可以从上面的衣摆裁片图中看到。

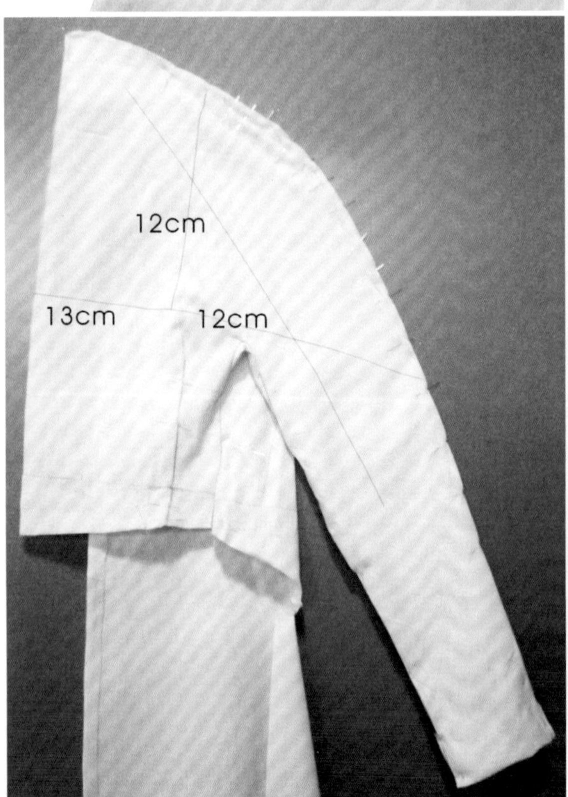

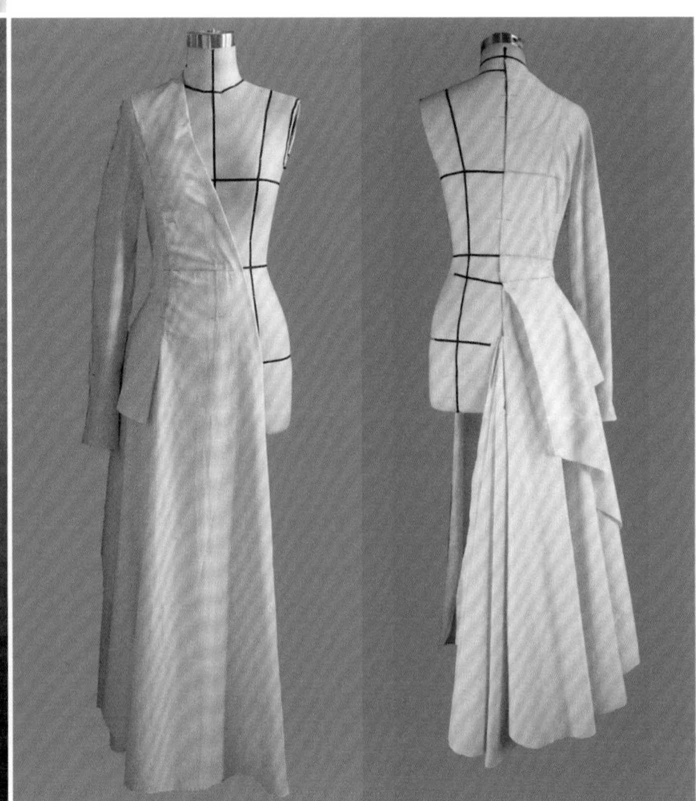

适度姿态

一切关于服装设计的构想，是每个人在其对事物具有独特的理解的基础上，而创造出令人惊叹的艺术作品，有其存在的合理性和说服力，在功能性和艺术性上不亚于其他的设计创作。由此，构思与思维方式的发掘在设计中有着不可替代性。在此观察人体的运动状态与规律显现出一种特别的印象，透过肢体自然弯曲的运动的视觉的停留迹象的锁定，理解将软性的服用材料与人体的行为方向构成一种互通的形式，设计师将有可能有多种方式的设计冲动，通过一种剪影的形式不断地将其保留下来，并对服装设计构造中的合理形式作进一步的发掘与创新。有趣的几何型，看似简单但却能演示出惊奇。这是人体通过手臂关节弯曲形成弧线形设计的袖型的巧妙，让你不自觉的迷恋于这种空间的转换与组合。由此展开对人体姿态弯曲细节的曲度理解，设计出别有风格语言的附有跨曲度造型的时装样式，带来与人体互动的穿着方式的体验。

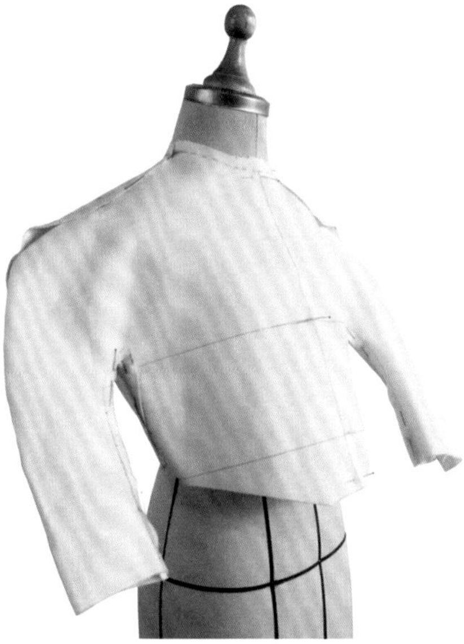

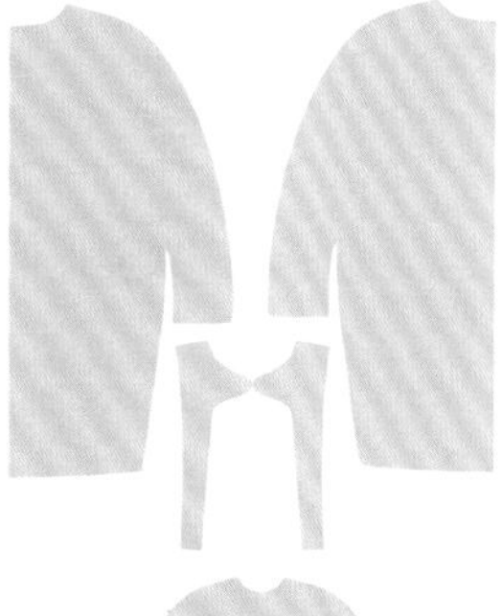

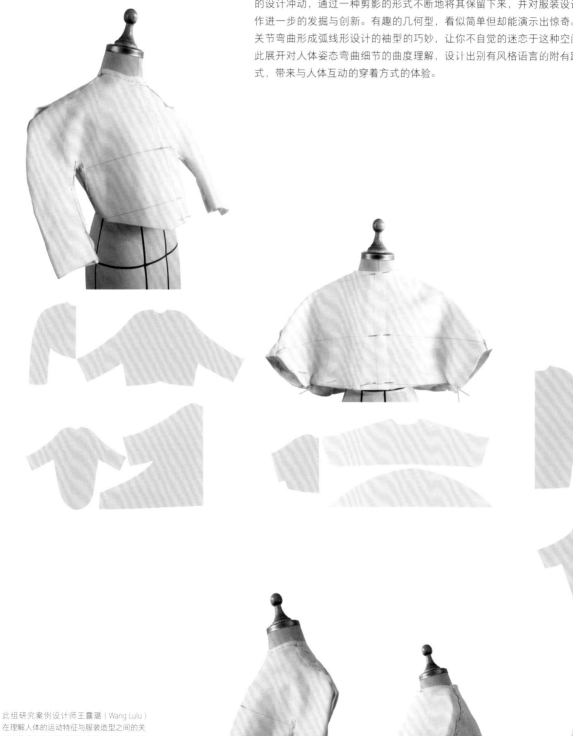

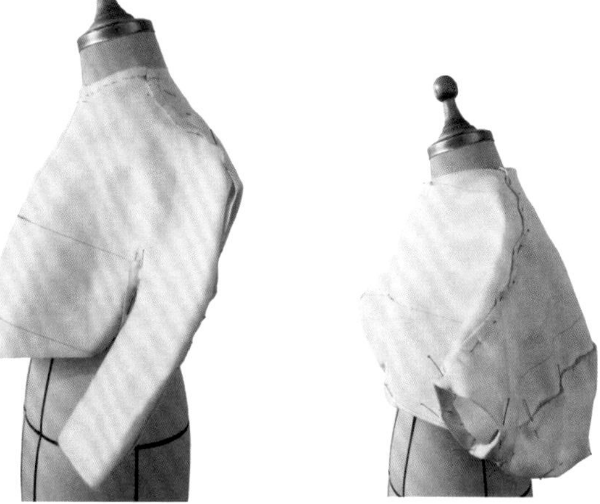

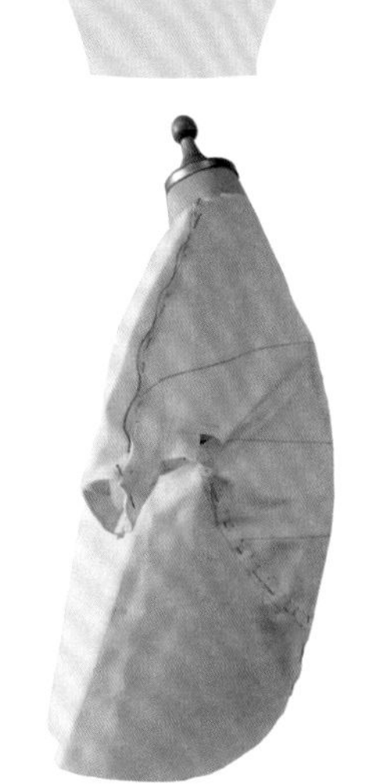

此组研究案例设计师王露璐（Wang Lulu）在理解人体的运动特征与服装造型之间的关系也是设计中非常重要的方面，在以上四款小人台的实验中，让我们逐渐理解肩部与手臂运动关系所联想的衣袖造型的变化关系，在平面展开的裁片图中发现，前衣片与后衣片的袖片部分裁片的方向是不一致的，与我们通常理解的袖片组合有较大的差异。服装在具备相应的内在空间的情况下，设计的表达也可以有创造性的衍生。

技艺构造

我们知道在时装设计中，绝大部分采用的是纺织品面料，也就是材料具有一定的柔软性，一方面是保护身体的需要，另一方面是与皮肤接触的舒适性。对材料的认识也是不同的设计师，有不同的设计运用方法，在长期的设计实践中自然会发现一些特殊的技艺手段来增加设计的亮点与款式造型的丰富性。在设计品牌中，设计师对设计创作技艺的传承也是非常重要的一个方面，品牌之间的风格差异有很大一部分也同样受到独特技艺运用的影响，在对品牌的学习研究中，这也不能忽略。在技艺构造中，在充满创意的时装设计中，被时装评论家誉为高级技艺手段的细致的英式定制剪裁、精湛的法国高级时装工艺和完美的意大利手工制作等在时装作品中得以体现。

在此案例中，作者从认识研究的态度入手，观察实践操作中的细心与体会，在看似简单的廓形和几个步骤就能示意完成的步骤，其实并没有想象中的简单，当入手去操作这项技术的时候，这种连续性褶皱的工艺才显示出他的设计精髓，一系列的细节问题都会显露无遗。如何折？如何控制？如何成型？如何拼接等问题自然地有待解决。在实践的过程中会积累关于此类设计的深刻体会，在实现服装造型的过程中积累经验，这些技艺构造的巧妙方法会被吸收与消化，从而转换到自己的设计创意的作品中。

在设计的过程图例中，我们可以看出设计师在研究了这种服装成型方法之后，打开了对服装成型的思维想象，并且能够比较有把握的实现服装造型的能力和预见性，并且是帮助提高设计能力的一个好的实践性研究方法，设计师在选取手稿制作成样衣的过程中，对服装造型的掌控力也相当到位。

设计师唐伟（Tang Wei）研究面料叠合工艺与服装设计款型变化的关系，从中启发设计语言的开拓性案例，其另一种叠合设计实验的案例。

此组图例是设计师唐伟在实践研究基础上的设计启发研究步骤：分别从思维设计手稿的发散性设计草图的设计造型手稿；服装造型运用的构思创意；确立设计关键词——神秘、力量、放射、束缚；到工艺细节的运用，制作步骤手稿图；连续性褶皱实践方法；实践草图的确定与选择；最后用代用面料立裁制作出实物的过程，在实践中发现与体会面料工艺技术的衬托与服装造型语言的贯通性。

制作过程：

1 缝合袖了

2 前后片缝合

抽褶

抽褶

3 领子和侧缝从内部抽褶

4 前中线抽褶

在折线处抽褶

5 将裙摆往里折再抽褶

效果图

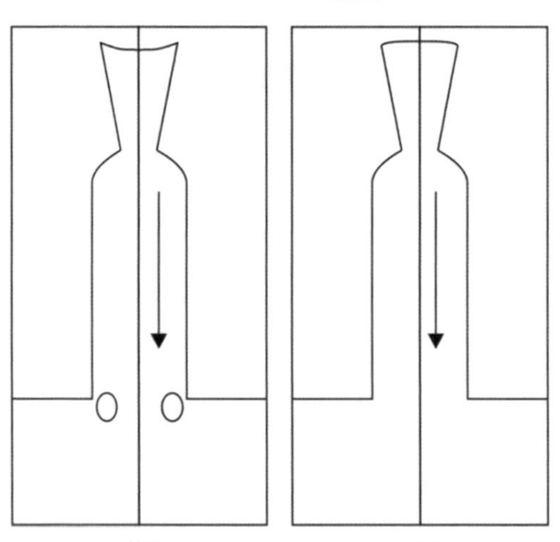

前片　　后片

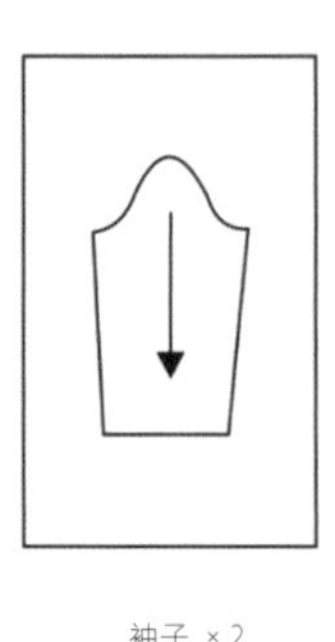

袖子 ×2

裁片

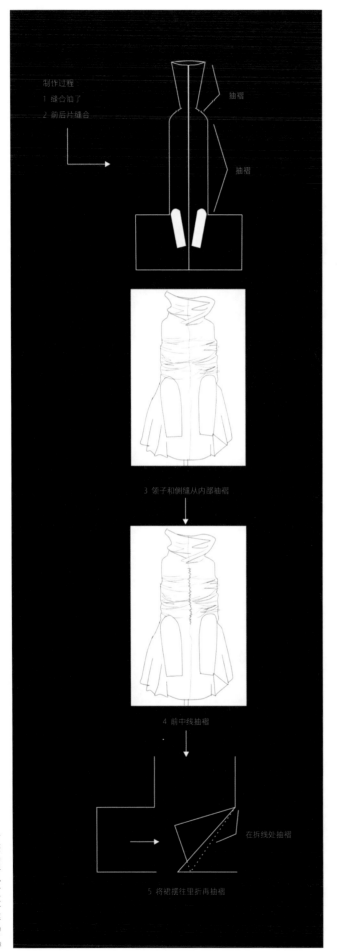

维度转换

用此概念提出思维的空间转换的能力，这也是当代设计思维的一种现象。在科技数据化设计的介入，对于这种非常理性的逻辑思维方式，在设计中的应用与实现设计成物的可能性越来越便捷，许多新锐的设计师开始运用与科学现代技术的融合推动新型时装设计品牌的向前发展，这种思维系统慢慢地开启创新的规律体系，在此设计师在注形态的空间转换方式的基础上提出“维度转换”的概念，说明这样的思维方式在设计中的可行性运用。从某种角度讲“极简设计”是服装设计当中的一种方法，但是有人也会说，虽然提倡极简，但是又要看到不简单的一面，基于这种要求，设计师就会深入到更高层面的思考方式，如一种魔法附体般的出神入化。在时装设计的角度，关于维度转换的设计思维，要从动态人体的外空间的构想出发，服装与动态人体外空间的互动关系，可以在视觉维度的转换中找到新的设计构想，在这里我们运用圆筒设计造型的突破点来开启这种设计思维的实现。案例中的服装形态并没有从二维的服装面料开始，而是直接从三维的立体筒状开始进行设计思维，从维度转换的角度上去思维服装与动态人体之间关联的合理性以及表现风格的独特性，这两者之间的默契有偶然性的一面也有必然性的因素，只要设计师在实践的过程中很好的把控。当然这只是设计案例中的一种现象，由思维关于维度转换的设计手法可以引伸到时装设计的方方面面。在此案例中，大家比较熟知抽褶的应用，在时装设计的过程中，展开想象也需要有实践尝试的体会才能更准确地实现自己的设计构思。服装三维结构的空间关系与抽褶工艺之间是否存在着某些关联，由此界定二维材料与服装造型之间在设计上的合理性，作者从空间思维出发，通过对抽褶应用的思考，在人体动态变化中找到合理的结构线型，使之形成特有的设计风格语言。

设计师严楚楚（Yan Chuchu）此组设计有三套系列服装，主要研究抽褶与平面面料之间的服装成型构造设计之间的学问，由设计师的操作步骤图例中我们能清楚的看到立体服装效果图之间的维度转换关系，使设计特点明确，服装的整体性强，有设计个性化语言的突出效应。

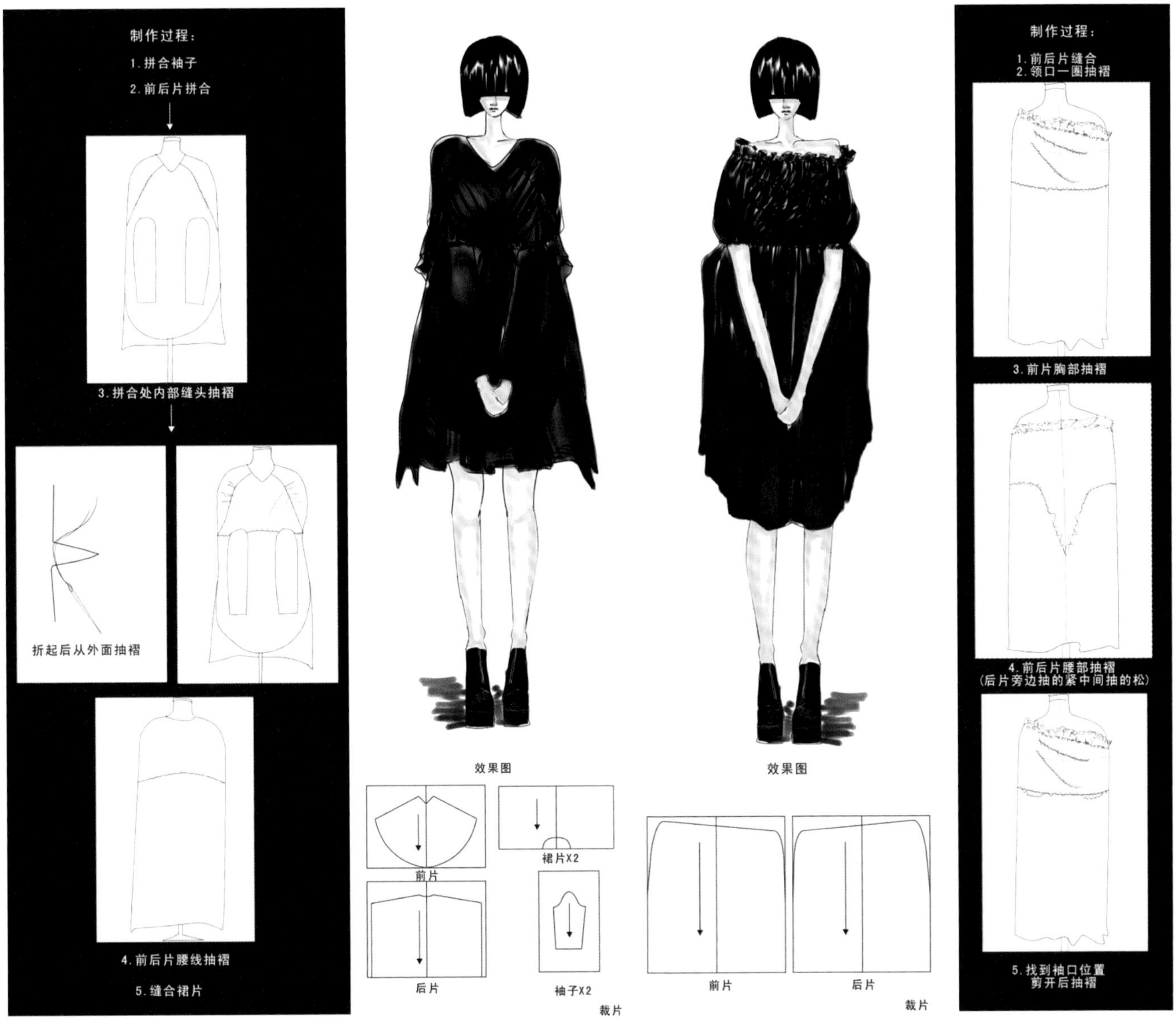

制作过程：
1. 拼合袖子
2. 前后片拼合
3. 拼合处内部缝头抽褶
折起后从外面抽褶
4. 前后片腰线抽褶
5. 缝合裙片
效果图
效果图
前片
裙片X2
后片
袖子X2
裁片
前片
后片
裁片
制作过程：
1. 前后片缝合
2. 领口一圈抽褶
3. 前片胸部抽褶
4. 前后片腰部抽褶
(后片旁边抽的紧中间抽的松)
5. 找到袖口位置
剪开后抽褶

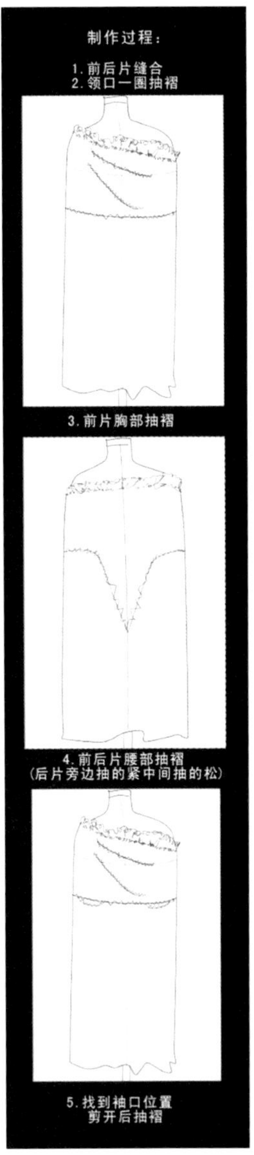

设计师李艾虹在巴黎卢浮宫玻璃金字塔前留影

时装创意设计作品欣赏

Appreciation of Creative Fashion Design Works

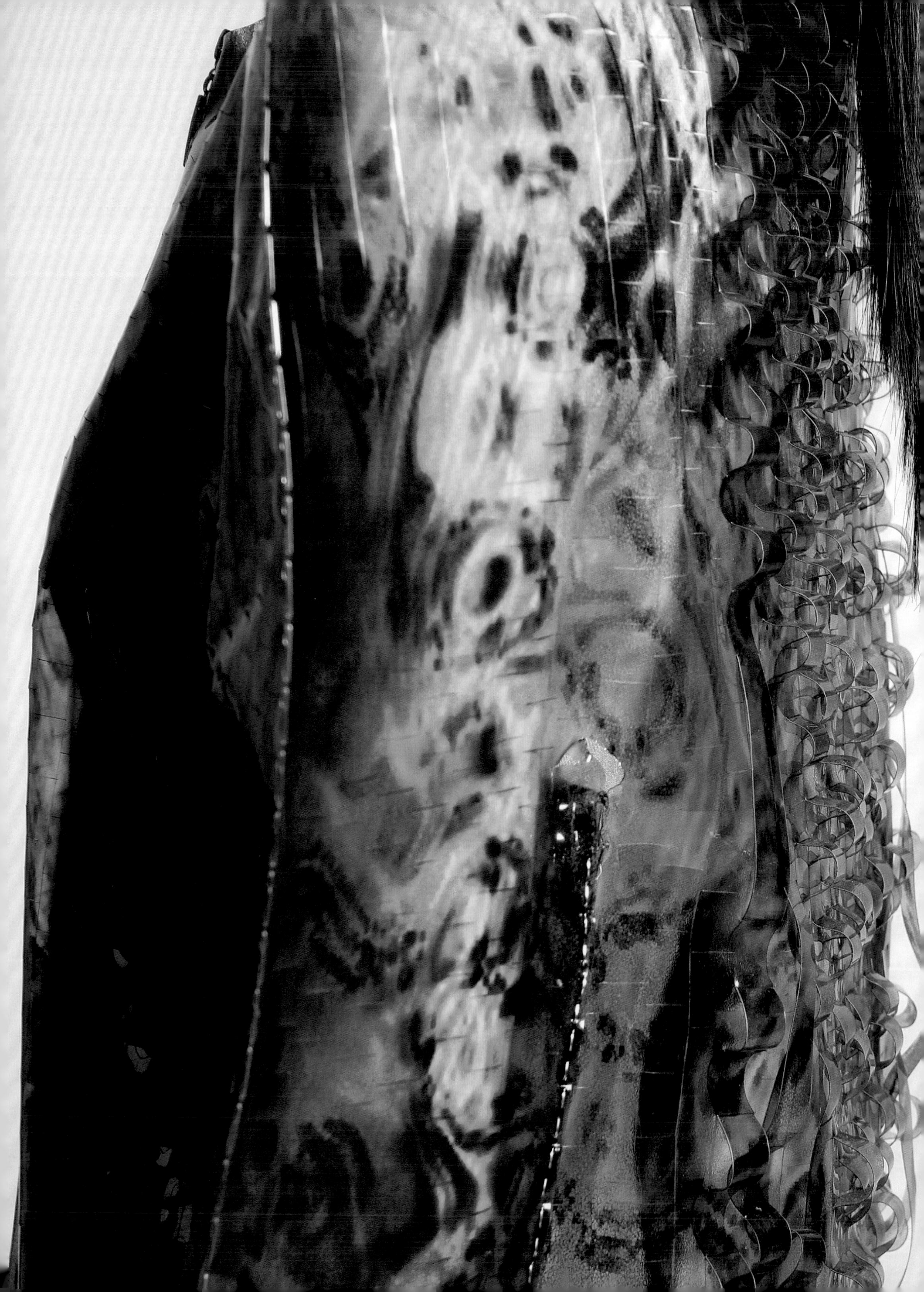

时装创意设计作品欣赏

- 民族文化的时尚发展与推动
- 艺术与现代时尚的碰撞
- 设计个性化思维的时尚融合

时装风格化设计趋势

时装风格化设计趋势是设计师良好培养的目标，在国际时装业的竞争中，时装风格化的影响力会被无限放大和重新认识，致使时装设计趋势形成上扬的态势。在时尚教育领域，对于设计风格化定位的方向性研究也是时尚国力竞争的一个窗口，从国际时尚教育来说，以法国巴黎为核心的时尚教育局面已经在某些领域不断地被突破，比如：法国以巴黎高级定制和时尚联合会（Fédération de la Haute Couture et de la Mode，简称FHCM）力求法国的时尚教育保持世界领先地位，经历筹谋了将近五年的两校合并计划于2019年1月正式实施，法国时装学院（Institut Franais de la Mode，简称IFM）与巴黎服装工会学院（Ecole de la Chambre Syndicale de la Couture Parisienne，简称ECSCP）正式宣布合并成立全新的时装院校。这种局面的产生，是由于国际名校教学上的突破性竞争所带来的危机的转型。我们分析种种态势的发展，首先具有强风格时尚教育的颠覆性人才培育的著名院校比利时安特卫普皇家艺术学院（Royal Academy of Fine Arts），在20世纪80年代，因“安特卫普六君子（The Ant werp Six）”的走红，安特卫普皇家艺术学院（Royal Academy of FineArts）逐渐在时装设计专业方面成为国际最重要的高等学府。正因如此，解构主义风格盛行时尚界将近四十年。另外，中央圣马丁艺术与设计学院（Central Saint Martins College of Art and Design）从艺术和设计的实践及艺术和设计教育方面继续拓展，不断拓展艺术与设计的实践和艺术与设计的教育之间的界限，在推动全球时尚的新风格发展方面作出了贡献。

随着国际竞争的加强，世界各国时装艺术院校为提升培养具备国际化、高学历的高端时尚研究型人才，不断在研究与创新教育的导向，符合快速发展的综合型高端时尚风格的创意型人才的培育方向。在这里我们探讨从设计作品的创意趋势中探求设计风格语言的另一面。在时尚设计教学中，普遍的意识导向随着时代与社会经济的发展对于设计创新的视角，各大院校已经开始树立有世界影响力的文化理论为积淀的趋势导向，时装设计教学也开始回归自我本源的发展，而不再是迎合与追随着以往经验。在此，通过作品案例的解读，使设计者更注重时装创意的过程的同时品位风格语言的独特因素。

以时装风格化设计为引导方向，在设计实践中反映出时代性与时装设计教育的创造性问题，对于设计多角度的艺术形式的现象分析，在围绕人、衣与文化的契合点上进行思考的方式的调整，影响着设计形式语言的变化，但是其中蕴含的设计意味能够触摸到时代文化带来的精神认同感，围绕着创造性实践的设计拓展与进步，在社会需求变化的引导性上以高度集中方式进行预示。设计师对于风格的锁定往往游离于感性与理性之间的博弈，这是设计师工作的别有趣味，越深入越迷人，有时觉得自己像充满激情的艺术家，有时又不得不成为商业意识的服从者。双重属性的格局使设计飘荡着两种声音：服装是在人体外的艺术性产物，可以具有生命张力的艺术表达；服装是包裹于人体的商业化产品，并不艺术但一定是消费的需求品。具有艺术家气质的时尚设计师的角色，在艺术与商业之间需要拿捏好分寸与尺度，在设计风格语言的表现上，往往会进行适度的夸张和选择让消费具有强力吸引力的艺术化组合方式，换一种方式展现给消费者，以达到脑洞大开的惊艳之举。在此章节中，我们选择了不同的创作方式的服装设计作品，首先创作的手法，选取的灵感题材和设计的目标上有一定的代表性，从纯艺术的时装设计表达，到商业品牌化的建构设计语言的风格化导向上有了很好的展示。时尚带给人们的美好生活，关乎人的修养，对精神的需求与渴望，而时尚设计师所要奉献的是不断地提高自身的设计修养，拓宽物质之上的维度，具备对更高阶价值的认知与信心，不断体验对现代生活经验的判断与选择，维护人本质的身心与精神的审美愉悦，在深厚的文化传承与创新发展中带来更有设计价值的时尚修养。

（对页图）
设计师周洋（Zhou Yang）运用PVC材料彩色纹样喷绘效果的创意服装设计作品。

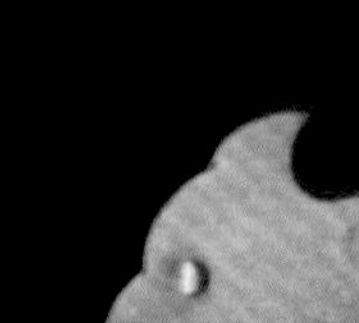

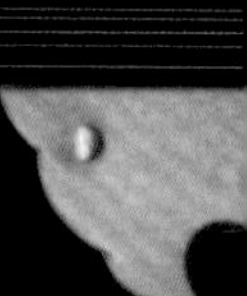

灵感源素材:

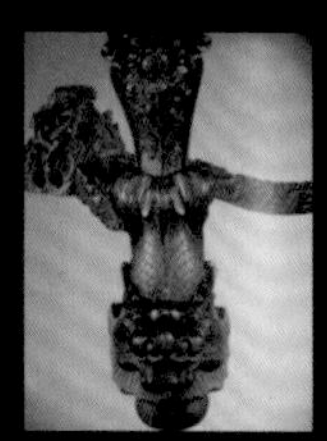

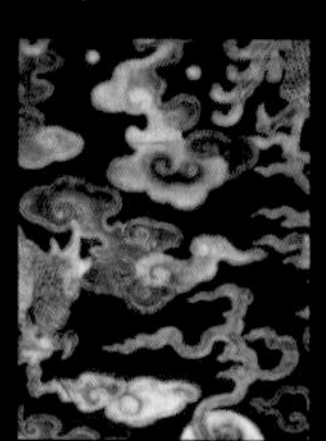

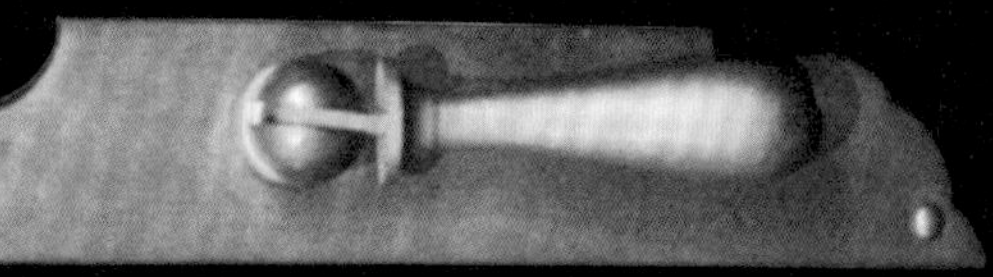

昔日的软化

设计构思：

此系列作品灵感来源于中国的丝绸与雕刻艺术的精美特点，作者将传统艺术中力感的视觉语言移用到时装设计中，通过对材质特性的软化作为创作理念的贯通要素，运用视觉转移的设计手法，将雕刻艺术用不同的材质，不同的工艺，融合形成一种独有的形式美感。同时运用对形与型的软化将两种艺术形态巧妙地结合在一起，为时装艺术的再度创造提供新的思维意识。本系列作品对材质的色彩与品质的精选，工艺手法的精细采用，还有对面料的创新运用，在时尚艺术中渗透出一种独特的文化景观。

灵感与素材

创作之初，对于设计题材的选择也是从时装设计创新驱动的缘由出发，作为“丝绸之府”，丝绸一直以太娇贵、易变形、变色的特点以及特有的天然光泽影响着设计风格的拓展，基于此，可以将两种共同具有皮肤质感的羊皮和丝绸作一个好的结合，进行一系列的研发设计，终于将两块不可能在同一个季节出现的材质，变成一年四季都可以运用于服装的兼具丝绸的全部优点和羊皮的优点，而且是面料的色彩变得雄厚而沉稳，材料对穿着的适用性大大增加，达到我理想要求的创新面料。在面料上的创新与突破是本系列的一大亮点。在色彩设计中，要寻找雄厚而沉稳的色系，在题材的确立与思考中，从古典的中式家具的雕刻木器中找到了与皮质般的光泽，在相互碰撞中激起我的设计创作。在进展过程中了解与学习了一些新的工艺与手工艺结合，才有此完美的表现。设计是一种创新，一种改变，一种期望的实现。

（166-182 页图）

设计师李艾虹《昔日的软化》设计作品的创作与设计制作过程记录图例。

材质与色彩

作品在设计之初就定位于对具有时间沉淀语言的美感感悟是设计的初衷，所以在材料和色泽的选择上特别地用心，以古物丝绸的沉稳色彩和木质雕刻的历久色泽，这种富有时间美感的语言，在选择材料与色彩时，对设计提出了很高的要求，所以当原材料达不到设计的要求时，需要研究创新面料来符合设计的需要。在此，选择多种材质的混合——丝绸、真皮、羽毛、毛皮、古铜及创新肌理面料来构成。特别是还原了旧物色彩的纹样新用的法则，使色调整体体现古朴中带有时尚的新语言。

小牛皮
素皱缎
乔其绒与毛线钩织布
色织电力纺
装饰条
羊油皮

羊皮切割
木雕图案喷绘加立体感
天鹅绒与绒皮结合自制面料

小牛皮雕刻图案
小山羊皮短裤
鸡毛花装饰

小牛皮镂空雕刻

制作与技术

在版型处理与制作技术的衔接点上，此系列作品有一些值得学习的优点：

- 浮雕式珠片绣
- 激光浮雕式毛皮装饰图形
- 符合衣服版型构造的一体式皮条切割
- 雕刻腰带分散部件与组装
- 激光镂空雕版图形的组装式胸衣
- 件料彩喷式装饰纹样

装饰与表现

系列效果图的表现轻盈飘逸又兼具服装线型力量感，运用独特的装饰手法，体现设计的精美感，装饰细腻且色泽搭配浑厚，在服装的装饰局部运用了半立体浮雕状的装饰手法，使整体着装富有韵律感。材质上用牛皮与丝绸对比，又体现了皮质柔性与丝绸柔性的对话，让着装者有了别样的体验效果。

天蚕丝面料

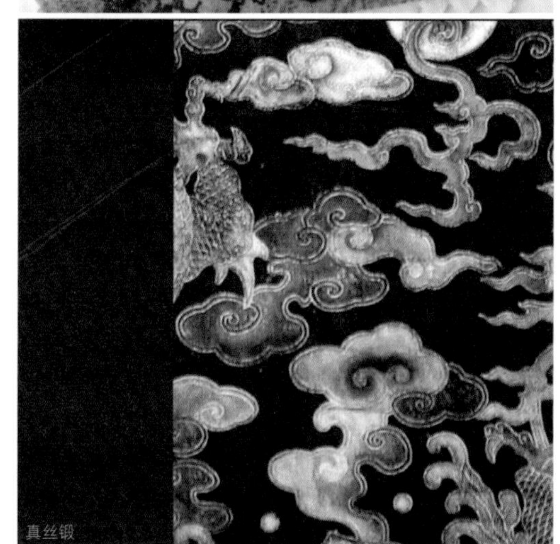
真丝锻

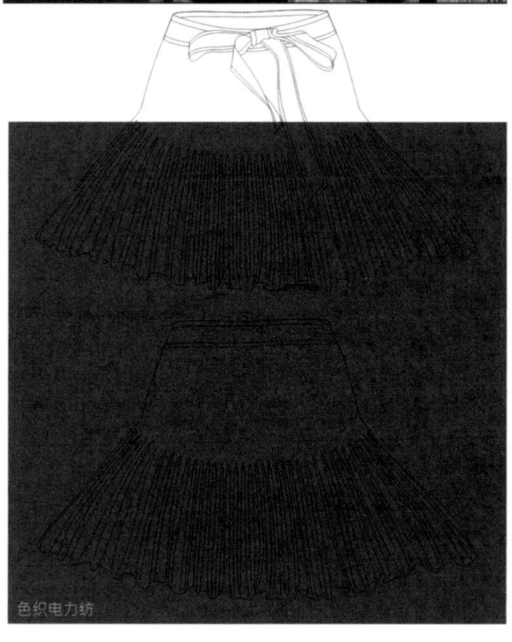
色织电力纺

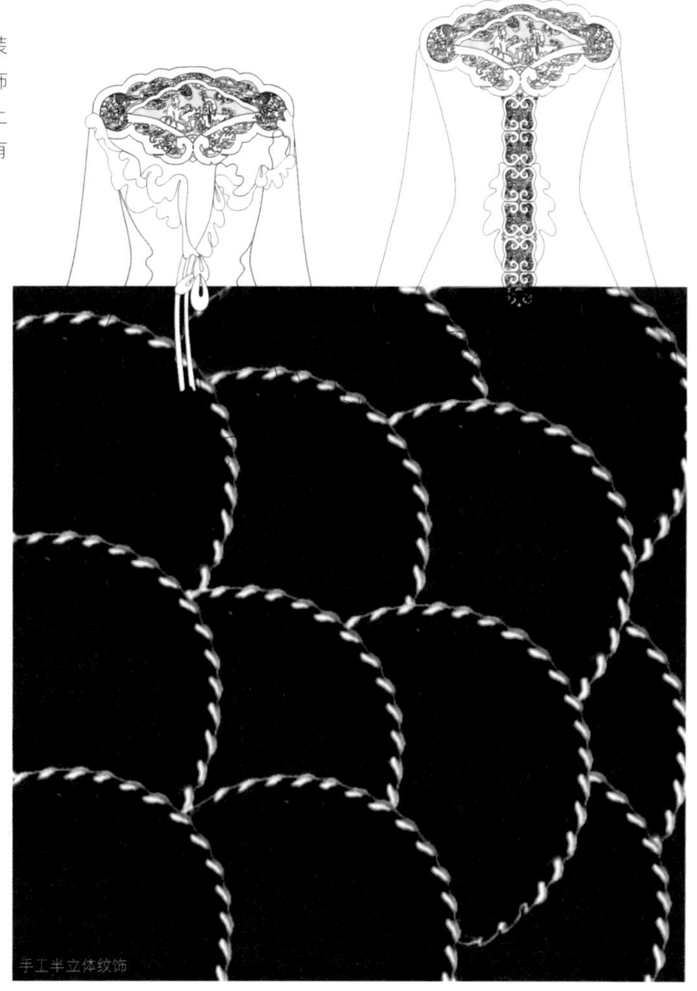
手工半立体纹饰

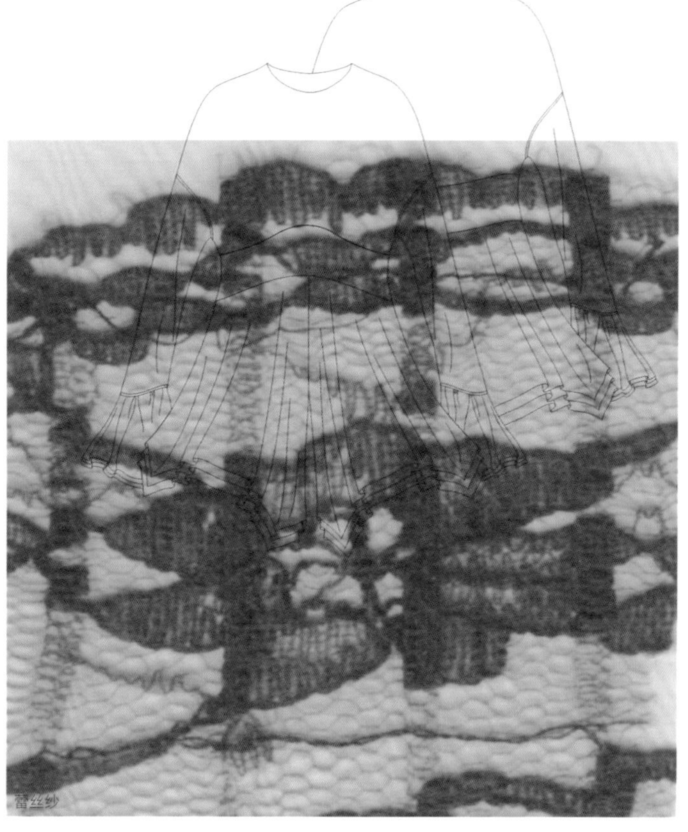
蕾丝纱

天蚕缎面料

乔其纱

作品与展示

时装摄影是利用技术手段表达设计师的思想和对创作的感悟，目的是让作品对观众说出自己的语言。作品在拍摄的时候选择静态的拍摄方式，运用暗淡的深底的背景，突出服装的凝重的视觉感受，避免丝绸材质的同质化，更能够表达设计师所要传递对丝绸材质的创造性认识，并将皮革与丝绸的光泽都表现到位，在欣赏作品中，能使观看者集中注意到创意面料的文化元素融合的细腻的手工艺的精细质地的表达上，光影凝重具有未来空间的深远感知，色调上达到了整体作品的表现基调。

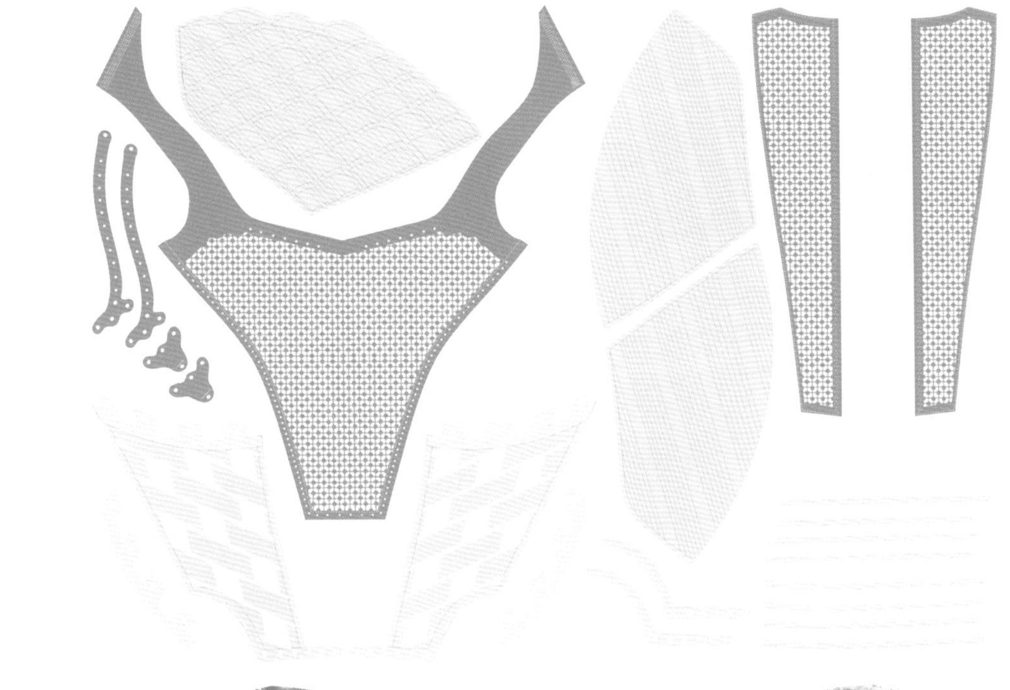

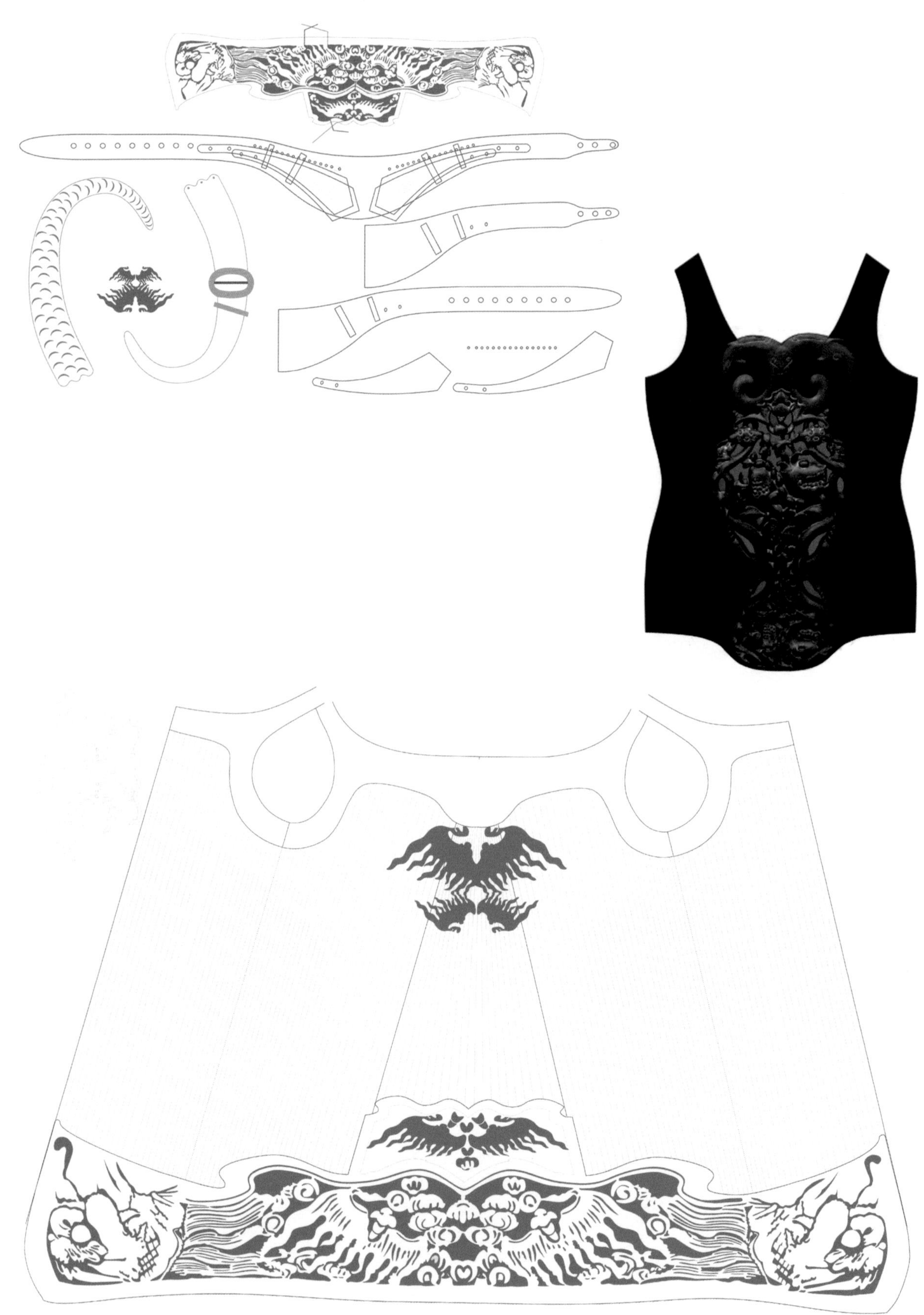

东方家园（*Oriental Home*）

主题《东方家园》作品设计理念是设计师捕捉设计语言、设计思想、设计文化、设计观念的外化体现。在时装设计中，设计不仅仅指服装本身，往往还需要将思维、认知与体现自我风格的心理，在纯粹自我的空间内变换角度，以获得别样的感觉。打破墨守成规的形式语言，转化成时尚概念很强的作品。对于时尚业而言，充满幻想、不拘创意、设计自由、打破规则已成为时尚追逐的目标。时装从每一处细微的变化中捕捉时尚风向标的最新指向，激发设计师所有的激情、幻想与无尽的创造力。

随着时装生存周期的缩短，更新速度的加快，加上时装包容性和宽泛性的扩大，原创的设计理念在时装设计领域显得越来越重要。“原创”的时尚观在这里不仅仅针对现有的时尚概念而言，还应该带有一定的创造色彩。因为衣着不是一种简单的存在形式，想要以个性化的设计风格占领市场，必需具备前瞻性的眼光和创造，才能达到设计品位的时尚传达。时装是一种工艺，一种技术秘诀，并不是纯艺术。设计的原创还应建立在扎实的技艺基础之上，如在结构创意中，要在充分熟悉和掌握服装结构原理的基础上，才能去“玩”结构之解构创意，在透析时装内在结构的基础上，在设计师的构想中萌生新的创意。怎样用新的结构形式把服装的某种风格，通过艺术性的形式语言将其演化出来，成为一种新的时尚指向。因此在时装教育中，对设计师的时尚审美修养的培育，更能体现其内在实力的技术的训练。设计理念与时装中时尚的审美修养的展现必需依赖时装技术、技巧与技艺的传承和创造性的应用，此三者是不可分离。换言之，时装创意的艺术性不是凭空而来的，时尚也不是空洞的东西，它们来自技术与工艺的含量。技艺蕴含着丰厚的人文精神，是人的智慧的直接展现，并通过人的视觉感受传递出来，让人真切地感受服装的精神所在。

在时装工业技术的踊跃开发和现代高科技资源的迅速发展下，艺术性创意的时尚语言，如果脱离人文精神的概念会使时装变得贫乏无味。往往在技术发展越快的时期，人的渴求会越丰富。其需求的转换会越突变，当一种技术成熟，同时也是这种技术运用的衰退期，

（183-192 页图）
设计师李艾虹《东方家园》设计作品的创作与设计制作过程记录图例。

另一种创新技术的开发期。可见，技术应用于时装业态的发展是一个迂回的过程，技术应用于时装设计，对于产品的推广将面临更为复杂的消费者。也就是说，在多种思潮同时并存的今天，技术将重新构造我们的整个世界。每一个时装大师都有其成熟的技艺语言，这种成熟的技艺语言，在每季的时装发布中永远传递着一种变与不变的矛盾体，这种艺术性的时尚蕴含着设计师主观性技艺创作手法的外露。个性化越强的设计师，所展现的主观因素就越具有震撼力，对时尚的剖析就越明确，追随的人群越会持续发展，可见，一个品牌的生存力并不是光靠设计师一时的灵感突发一蹴而就的，而是必须具备多年积累的技术支持，包括雇员的技艺支持，才能使设计品牌持久不衰。也就是说，设计师运用自己成熟的技艺语言在善变的时尚中掌控自己的时尚命脉。

时装设计的创造过程贯穿了设计师营造风格体系的整个过程，设计师的审美观和设计的技艺要求决定了时装所带来的时尚诠释。时装时尚语言的形成与技艺的提升和融合是不可分离的。“东方家园”系列服装所关注的正是时装造型中的技艺语言所表现出的艺术构思的内在魅力。

自由线型的裁剪方法

It's Me

作品*It's Me*设计理念：每个人的内心都有一个最真实最可爱的地方，我们称它为“本我”。那里是暖暖的，没有冷漠，没有虚伪；那里是纯纯的，没有杂质，没有欺骗；那里是柔柔的，没有烦恼，没有结怨；那里总是晴天……渐渐地，我们发现在这个社会中，真心往往敌不过虚伪，微笑总是被冷脸取代。于是人们为了不受伤不得不让自己多一分冷漠，多一分压力，多一分忧虑。人是多面的，我们的设计就是从“多面的人”出发，以单一冷酷的驼色及其廓形来表现现实中人的样子。粉橙和亮丽的蓝的多种拼接放置方式则代表单纯爽朗的内心世界。将这两者不同块面比例的组合来表现不同的人不同的内心。寻找真实的自我，寻找心中的那一抹蓝。

此设计作品成衣感强，具有商业品牌设计的推广价值，运用艺术语言的设计表达手法，将时装的现代感很好的融会贯通，巧妙地运用时尚的色彩语言，在极简约的款型结构上进行抽象艺术的色块分割。通过衣服内在的结构线与衣服的边缘线，在色与面的空间关系中，简约而精准地把控了整个时装系列的时尚性与现代性的美感。

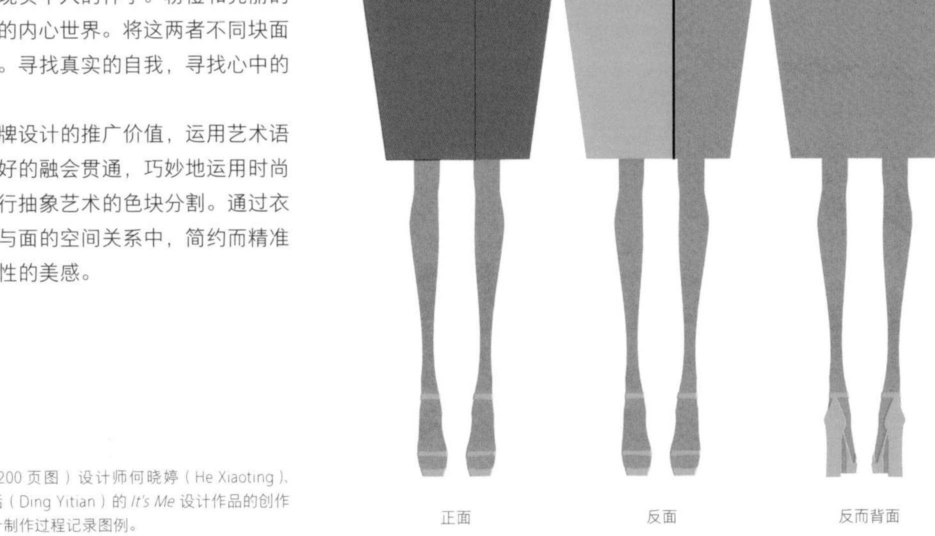

（193–200 页图）设计师何晓婷（He Xiaoting）、丁意恬（Ding Yitian）的 *It's Me* 设计作品的创作与设计制作过程记录图例。

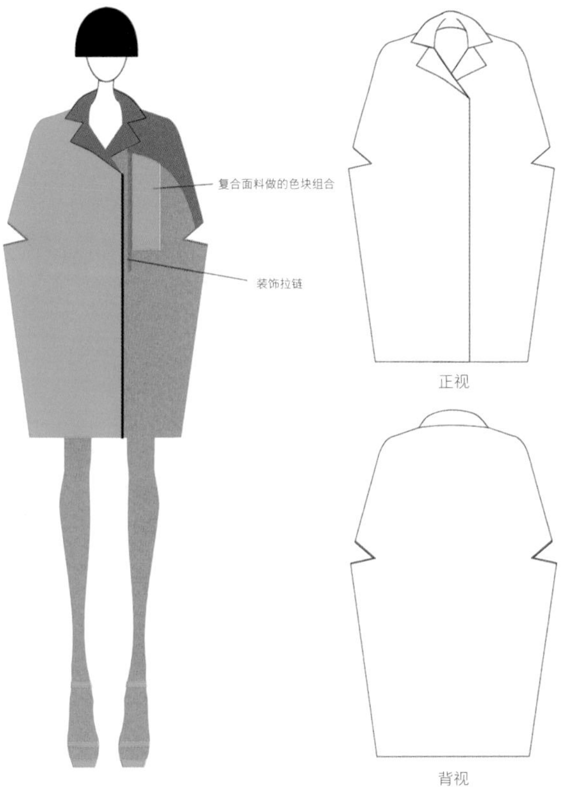

复合面料做的色块组合

装饰拉链

正视

背视

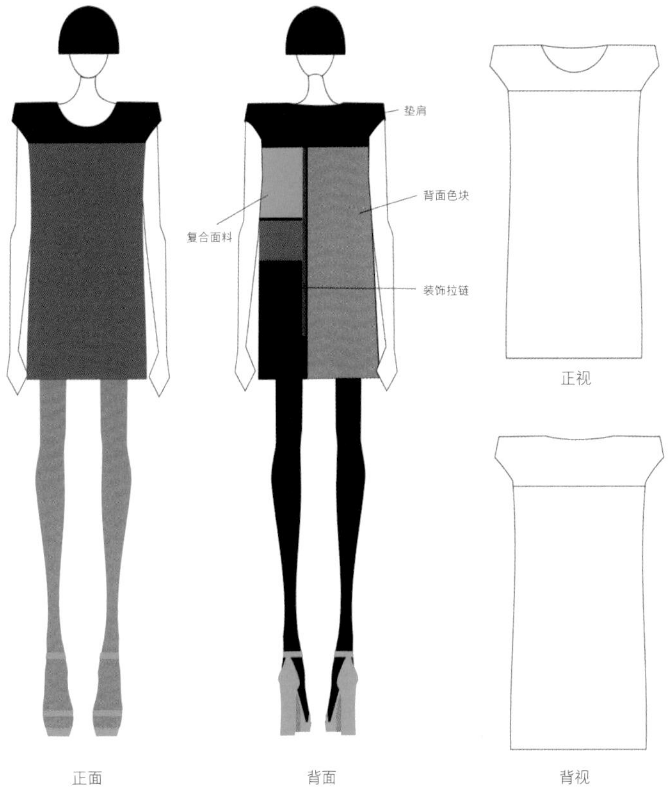

垫肩

复合面料

背面色块

装饰拉链

正面

背面

正视

背视

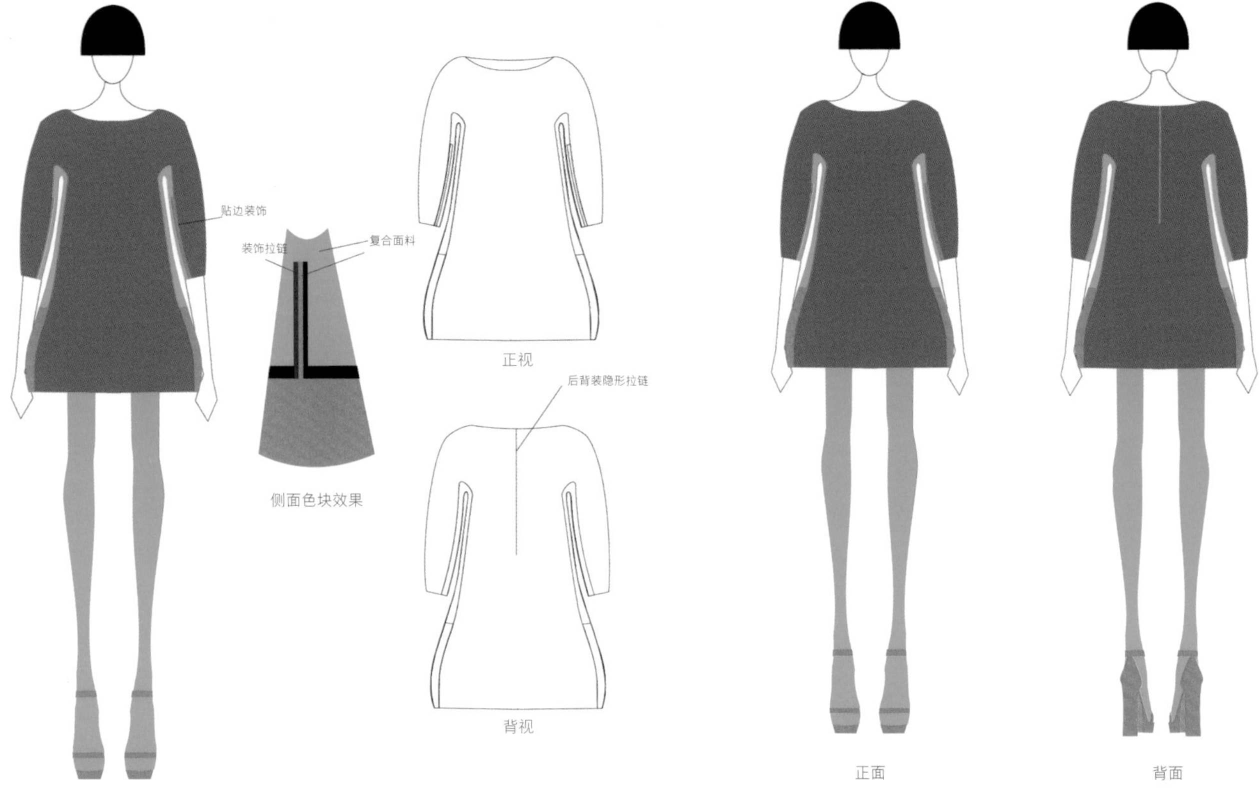
贴边装饰
装饰拉链
复合面料
侧面色块效果
正视
后背装隐形拉链
背视
正面
背面

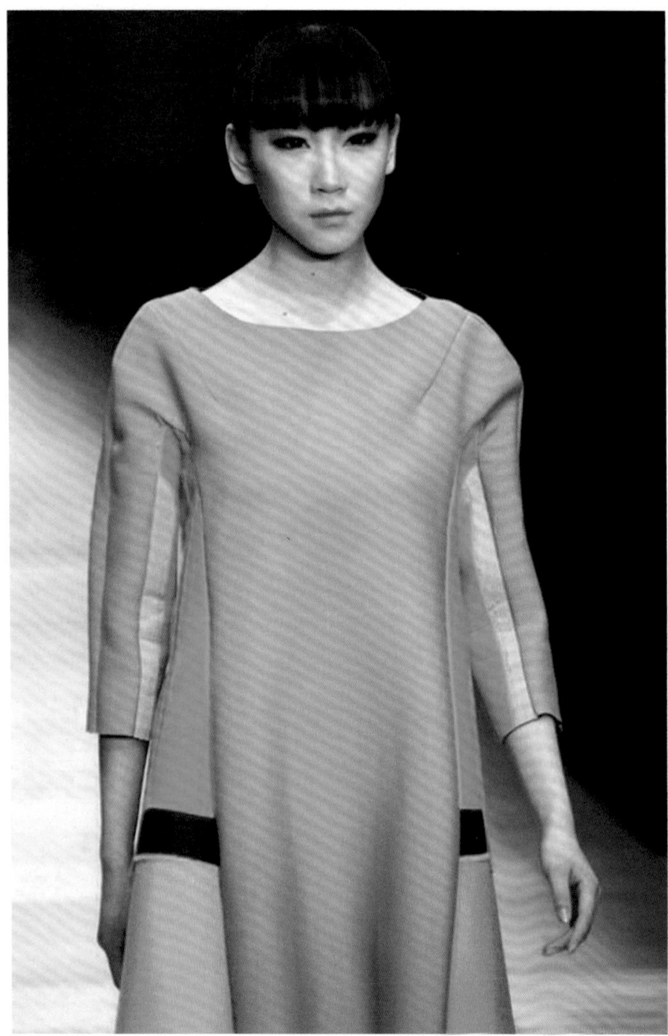

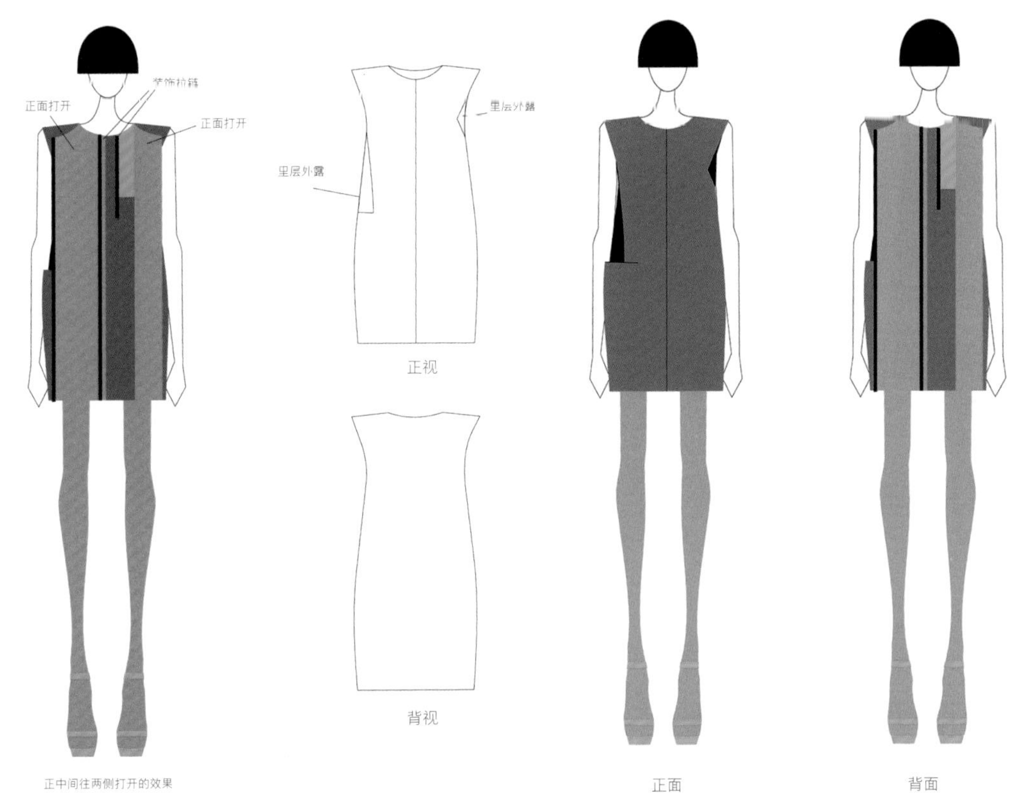

正中间往两侧打开的效果

正面

背面

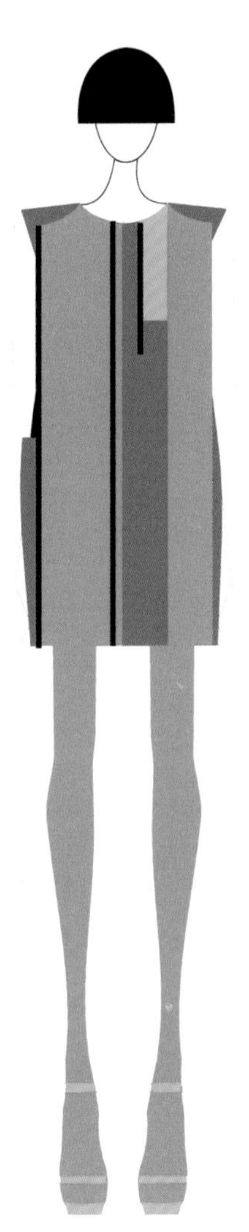

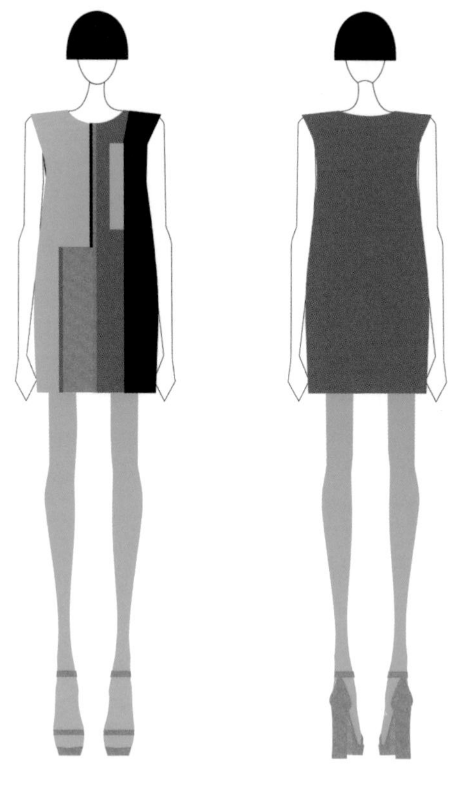

正面　　背面

正面　　反而

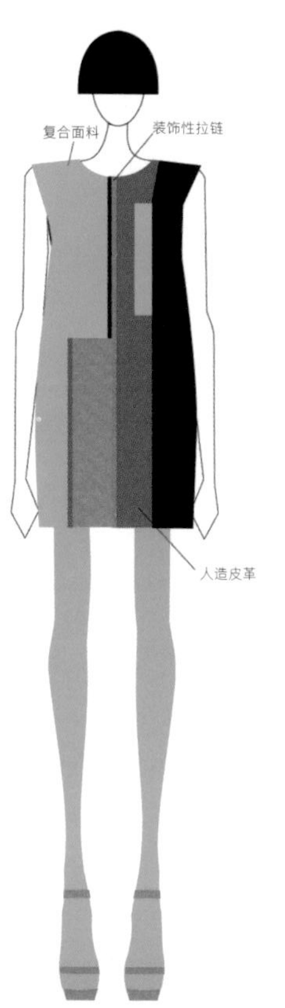

工艺说明：

采用皮革和其他材料复合的形式，用色块的形式来体现服装本身。

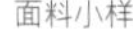

面料小样

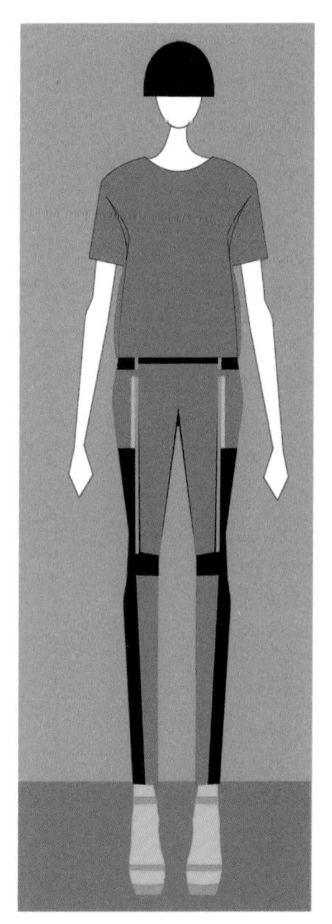

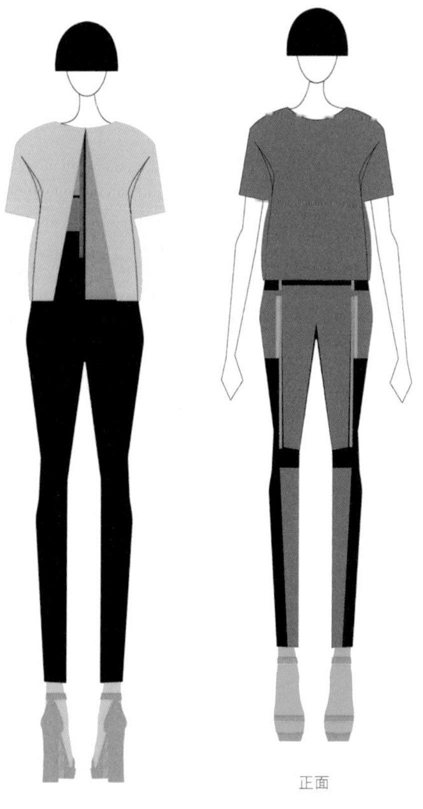
正面

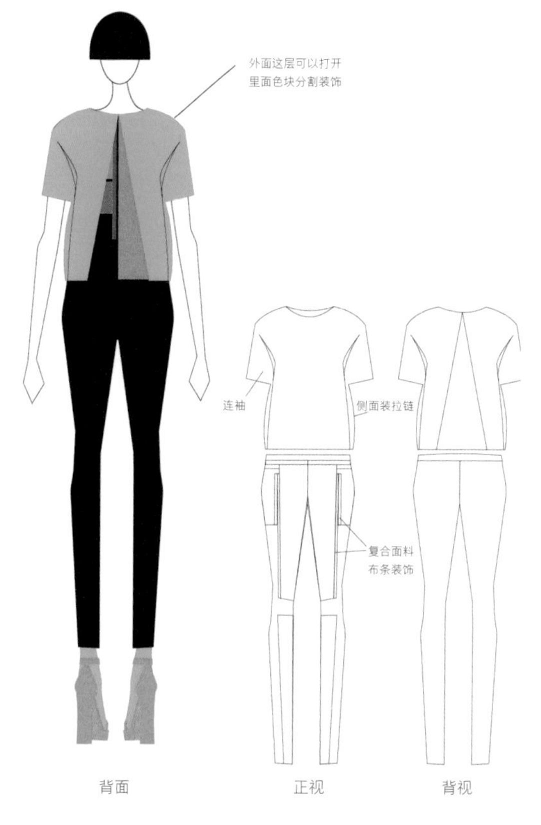

背面　正视　背视

COMPLEMENTAIR

COMPLEMENTAIR 源于法语词汇，释义：互补的。

COMPLEMENTAIR 是对于矛盾体间的对比与互补关系探索。

这是 个服装品牌的创建，其创始人正是接受巴黎高级时装学习品牌研究体系系统学习的设计师李海亮先生。2016 年，他回国创立高端时尚概念品牌 COMPLEMENTAIR，主张服装除去使用价值，服装更应该是一种兼有精神共鸣和身体延伸意义的整体系统，而一个设计师要做的就是寻找并判断出能够互补的元素，使这个系统达到功能最大化。不同于时尚圈的“混搭”风潮，不同风格和元素间的微妙关系，并不只是取决于天马行空的元素碰撞，而是构筑于对传统社会语境的重置和反思之上。设计师对现代化进程中女性着装心理需求展开，重新思考服装与人体、自由与束缚的矛盾互补关系，回归本真的原始状态，动物性的一面隐含在那颗躁动着的心中，将在裸露与饰隐、功能、结构中去寻找其间的平衡，也用一种严谨叛逆的思维方式永远地思考和探索，通过表情、肢体语言、时装语言来作为品牌整体风格形象的表达方式。品牌延续了享有盛誉的结构主义设计风格，融合极男性元素和极女性元素，并将服装回归到与人体本身的关系，模糊男女界线，把高级女装与街头时尚混合，将服装的功能性和装饰性结合，突破传统的服装语言，重塑了非黑即白的设计风格。设计师很清楚自己创建品牌的核心价值是什么，紧紧围绕着其核心价值展开设计思维，无论从概念上，还是从廓形语言上，精致细腻的裁剪美感无疑不透露出设计师的匠心所在。

COMPLEMENTAIR 是一个立足于人与人性与社会的高端多元化的时尚品牌，品牌所想要探索的内容是人与人、人性、社会三者之间的关系。品牌创始人认为，人的一生也不明白自己，不明白什么是人。“人是动物，我们有时很可怕，有时很伟大，但总是动物。”动物学家的开门见山之句，便是这当头的一盆冷水，可能会让心怀优越感的人类颇感不适。但是每个人的存在即有其意义及价值。让人回归原始状态物体，重新思考，人与社会，自然与束缚的矛盾辩证。一方面，他是原始状态的回归，一方面，他是束缚状态的思考，也是对矛盾体的再次探索。

OMPLEMENTAIR 是一个极其个性、性感、张扬，结合意识形态的视觉美感的多元化时尚概念品牌。COMPLEMENTAIR 被视为温柔式女权的品牌代表。现代时尚女性，拥有一份稳定而优越的工作。她们有着独立个性，国际化的生活姿态，冷静、乐观的处事态度，不盲从时尚、不屈从潮流的穿着风格，自信、成熟、个性是女性气质的完美体现。

干练雅致的中性风格日装款式，同时融合了简练前卫派色彩的形象．考究的细节和精致的手工制作工艺，完美地呈现了阳刚与女性魅力并存的双面伊人形象。通过多样化廓型为我们带来了全新的中性主义外观。套装成为其焦点，多种衣长和柔美身型的外套舒适干练。通过柔美身型和精湛的手工艺提升款式的价值感，随意的悬垂突显雅致，营造女性独立自信的一面。

该品牌由设计师李海亮留学巴黎，并在巴黎品牌设计实践后，获得创立自我个性化品牌的经验，在巴黎注册了自己的创新品牌。该品牌虽然是一个较年轻的由国内设计师原创的设计师品牌，但是其设计的成熟功力可见一斑。对服装设计的艺术表现力、时尚语言定位的把控度、色彩着力点的掌控，以及服装材质对比的分寸等一系列的设计精确性都展现了其内在的设计迸发力。

（201–205 页图）设计师李海亮“COMPLEMENTAIR”品牌发布作品展示图例。

参考文献

[1] 区青 . 英国时尚先锋 [M]. 北京：中国纺织出版社，2014.

[2] 洛帕 . 安特卫普时尚 [M]. 重庆：重庆大学出版社，2017.

[3] 法比安尼斯 . 优雅的时尚 [M]. 北京：中国摄影出版社，2016.

[4] 戈巴克 . 亲临时尚 [M]. 新时尚国际机构，译 . 长沙：湖南美术出版社，2007.

[5] 吕越 . 时装设计 · 品牌 [M]. 北京：中国纺织出版社，2018.

[6] 刘阅微 . 风格何以永存 [M]. 重庆：重庆大学出版社，2017.

[7] 东海晴美 . 葳欧蕾服装设计史 [M]. 台北：邯郸出版社，1993.

[8] 琼斯 . 时装设计 [M]. 张翎，译 . 北京：中国纺织出版社出版，2009

[9] 法兰克尔 . 秘密与谎言：直面时装设计大师 [M]. 钟和晏，译 . 长春：吉林美术出版社，2005.

[10] 罗建，李妍珠 . 设计趋势之上：培养与掌握设计的敏锐度 [M]. 北京：电子工业出版社，2011.

[11] *Balenciaga Paris*,Pamela Golbin Direction Fabien Baron Direction artistique ,Publie en France par les Editions Thames & Hudson SARL Paris,2006

[12] *Fashion design*,Sue Jenkyn Jones,Laurence King Publishing Ltd,2002

[13] *YVES SAINT LAURENT STYLE*,Magali Veillon,Harry n. abrams,inc,2008

[14] *MANUS**MACHINA FASHION IN AN AGE OF TECHNOLOGY*,Andrew Bolton,New Haven and London,2016

[15] *Shape Shifters*,Crystal Lee,Dami Editorial&Printing Services Co.Ltd,2010

[16] *YVES SAINT LAURENT*,Pierre Berge–Yves Saint Laurent,ABRAMSBOOKS,2010

[17] *THE HOUSE OF DIOR SEVENTY YEARS OF HAUTE COUTURE*,Katie Somerville,Australia ngv. melbourne,2017

[18] *ROXANNE LOWIT PHOTOGRAPHS YVES SAINT LAURENT*, Pierre Berge,Thames&Hudson Ltd,2014

[19] *YOHJI YAMAMOTO* ,Francois Baudot,Thames&Hudson Ltd,1997

[20] *Balenciaga*,Marie–Andree Jouve,Thames&Hudson Ltd,1997

[21] *YOHJI YAMAMOTO* ,IAN LUNA,RIZZOLI INTERNATIONAL PUBLICATIONS,INC,2018

[22] *Vionnet*, Lydia Kamitsis, Thames&Hudson Ltd,1996

[23] *YVES SAINT LAURENT*,Pierre Berge,EDITIONS ASSOULINE,1996

[24] *MADELEINE VIONNET*,BETTY KIRKE,Chronicle Books LLC ,1991

[25] *FASHION THE FUTURE*,Suzanne Lee,THAMES&HUDSON.Ltd,2005

[26] *Patterns in Design Art and Architecture*,Annette Tietenberg,BRIKHAUSER.CN,2007

[27] *Techno Textiles*,Sarah E'Braddock Clarkean Marie O'Mahony,Thames&Hudson,2007

[28] *Fashion at the Edge*,Evans Caroline ,Library of Congress Cataloging–in–Publication Data,Second printing 2007 printed in Italy

[29] *The Fashion Resource Book:Research for Design*,Robert Leach,Thames&Hudson Ltd,London,2012

后 记

这本书的缘起是作者在法国巴黎的留学经历，接受巴黎高级时装工会学校的教育，并在学习高级时装品牌研究与设计影响的基础上获得的灵感，也是在巴黎时尚领域研究与学习所思考的时尚教学体系与教学理念所带来的新的思考方式。在琢磨、酝酿、触动、实践、积累后终于起笔，在时间的沉淀中，更加显得具有说服力和书写的价值，目的是致力于弥补国内时尚教学中对时尚品牌引导上的遗漏与缺失。时尚之于时装——“风格”才是那个安全的地方。时装品牌风格设计解码正是为了解读时装设计的价值取向，在设计的导向性上，如何让我们懂得设计归原于“风格”的重要性。将十年实践教学的积累与研究相结合，用经验来传授对时装设计品牌发展的理解与创造力，使时装设计的学习者能够更早地意识到时装设计与品牌之间关联的紧密度，在学习方法上能够更务实与更具有实践的锻炼性。在漫长的写作过程中，从学习到研究，从研究到实践，从实践到探索发展之路，在这日积月累的路上逐渐清晰这种教学的思路的合理性和可行性，希望在与国际时尚教育接轨的道路上架起桥梁。

记得 2008 年我初到法国巴黎高级时装公会学院，其学校的至上时尚圣人伊夫 · 圣洛朗仙逝，法国时尚界沉浸在一片哀痛之中，似乎整个法国在为之哀悼，法国时装界失去了一位时尚骑士，为之惋惜。伊夫 · 圣洛朗收藏的中国圆明园兽也随之曝光，回到自己的故乡，和第一位时尚界伟人似乎也要回到自己的故乡一样，他不再为时尚而努力工作了，他放下了手中的剪刀，与这个时尚的时代说出了自己的语言，为自己画上了圆满的句号。十年，在这本书出版之际，又一位时尚伟人卡尔 · 拉格斐尔德仙逝，两位时尚界的巨人消失了，但是，留给后人的时尚品牌风格依旧如往日一样在延续着，还是验证了 YSL 的经典语录，两位大师虽然已经带走了再为时尚增光添彩的时尚梦幻，但是，他们留下的时尚“风格”语言会一直遗存在时尚发展的历史长河之中，为人们所喜欢和持续衍生。此书似乎成了对两位巴黎高级时装时尚伟人的纪念。在这十年间，中国时尚发展的迅速可见一斑，似乎也预示着法国巴黎的时尚中心地位也将有所震荡。随着中国时装品牌逐渐进入巴黎高级时装周，中国的时尚设计力量将与国际时尚媲美，东方美学由西方人的挥洒转到自己的笔下，向世界发声，品牌发展的速度蒸蒸日上。十年后，2019 年 3 月 25 日，我又回到巴黎，重温当年的学习与生活的故地，回忆当年的学友们战斗在巴黎的景象，在香榭丽舍的大街上、在巴黎春天、在老佛爷的商场里，在卢浮宫、歌剧院、博物馆、展览馆、艺术城，在每一条大街小巷留下的身影，一起考察时装屋、看高级时装发布秀、去品牌实习等情景似乎就在眼前。巴黎有趣的早市、有趣的艺术品展卖周、有趣的法国国庆节、有趣的各种游行活动、有趣的罢工地铁晚点等。也回了学校拜访了当年教授过我的教授，回忆起教授曾给予我学习上作出“优”(bravo) 的评价，也遇到了许多新的教学老师。有一点遗憾的是，学校由原来的老校址搬迁到现在的新校区，比原先的校区要离时尚核心区稍远一些，在新修的教学大楼里，学生们的学习氛围依旧。这次去学校，我的学生也在此留学，这也是因为该校也开始以开放的姿态接纳中国的学生，说明法国时尚教育的大门，不再固步自封，开始思考新时代的发展与设计进步的挑战。

本书记录了巴黎时尚教学的一些方法与图例，同时，结集了许多优秀的实践创作的案例，充分分析时装设计的内在因素与时装设计传达的视觉成因，从而更能够从中学习到对时装设计品牌风格的理解与进步。这里解剖典型的时装品牌、附加了设计师设计案例；演示了品牌时装的设计方法、介入了时装设计的创新；拓展了实用知识要领，解读了时装设计的多样性；传递了时装设计师从设计到品牌的成功经验；时装风格造型的详细研析，提升对设计语言的把控力；设计师作品与设计师品牌的欣赏，增加了此书的可读性。某种程度上在时装设计领域开辟了时装品牌可持续发展的设计理论与实践的方向。

在时尚的畅游中，我在中国一流艺术院校中国美术学院学习、工作，也享有法国巴黎一流时装学校巴黎高级时装工会学校的再培养，兼于对中外国际时尚的认识和研究，用自己的方式表达对时装品牌风格体系构建的看法与设想，所有的一切都离不开这两所学校给予我的自信与渴求，形成了今天对时尚的社会性美学的理解与思考。

对于此书的撰写，也是在服装设计专业领域不断探索的过程，在研究的过程中，仅局限于自身的知识体系，无法达到与时俱进的时尚发展脚步，在理论与实践的归纳中，也仅限于触及到的设计语言。由于对时尚“风格”的未来发展的未知性，在时尚全球化的传播中，在科技数字技术介入时尚的今天，希望以此为基础，能够为未来的时尚时装设计的发展做出一点微薄之力。本书在书写的过程中，难免有疏漏之处，如发现尚有不实之处，还望广大读者不吝赐教。

李艾虹

2019.5

致　谢

谨此向所有在本书中出现的设计作品、文献资料和专业咨询的作者表示感谢！——无论是我的老师、同事、设计界的好友还是我的学生，他们在我写作过程中给予了我巨大的支持和付出。特别要感谢杭州市政府“中国杰出女装设计师发现计划”出资给予留学的机会；感谢前任法国巴黎高级时装工会主席迪迪埃·戈巴赫（Didier Grumbach）签署留法的文件；感谢杭州市服装设计师协会钱峰（Qian Feng）会长，特地赴巴黎看望我们的学习与生活；感谢巴黎高级时装工会学校教授过我的老师 Bertrand、Petigny、Pellen、Merienne 给予的指导；感谢巴黎留学的学友李海亮、段晓鋆对本书的撰写提供优秀的案例并在我写作过程中给予了我巨大的灵感，李海亮现为自创高端时尚概念品牌 COMPLEMENTAIR 艺术总监，段晓鋆现为杭派女装品牌蓝色倾情（LESIES）设计总监，以及在创建品牌的实践中作出的影响力并给予的实践依据；感谢龚大勇（Gong Dayong，现为江南布衣设计师）、盛秀丽（Sheng Xiuli，自创品牌设计师）、徐巧芸（Xiu Qiaoyun，自创品牌设计师）的品牌实践的影响等；感谢在法国巴黎留学经历中遇到的设计界朋友们、好友们给予的帮助，在我的设计与教学生涯中注入了最重要的培养时期，以重塑我对时尚教育的新的理解方式，促使我不断的深入研究；感谢浙江省服装设计师协会、杭州市服装设计师协会，在杭州的时装设计平台上给予的支持；感谢中国美术学院，给予我成长、学习、工作的平台；感谢王善珏教授、宋建明教授、吴海燕教授、陶音副教授对本书撰写的支持与鼓励，给予我克服困难的勇气和踏实践行的意志；还要感谢我的学生们为本书提供了很多优秀的案例，为此书的完善做了很多有益的工作。

谨以此书献给我最亲爱的读者们，希望能从中吸取有益的知识和技能；献给我最亲爱的家人和朋友们，有了他们的包容和信赖，愿做一位孤独的践行者，蜷缩在自己的小窝里，在设计与艺术的道路上说出自己的真话。

《一路温暖》

设计师李艾虹作品，此作品灵感源自对活化传统设计的新思考，对传统手工制作的侗族棉布与现代技术碰撞产生新的火花，在设计上以“无”设计为设计的终极目标，仅仅通过对一块传统面料的改造，使设计出时尚未来感的服装成为可能。用数字“1”作为个体，不断的发展集合成一种力量，似乎对凝聚力表达方式的服装呈现，却从中感受曲率变化的穿着可能性与穿着便捷多变化的自由方式。从材料语言的时尚性，工艺技术的极简性，着装变化的丰富性上再次打破传统的服装设计思维模式。设计采用网状结构对侗族棉布进行工艺技术的改进，使面料的适应度加大，原本硬挺的面料，开始产生新的视觉和触觉，将此面料开发成新型实用具有穿着多变性的服用面料，发掘更好的美学价值。

责任编辑：刘　炜
装帧设计：李艾虹
责任校对：杨轩飞
责任印制：张荣胜

图书在版编目（CIP）数据

时装品牌风格设计解码 / 李艾虹著. -- 杭州 : 中国美术学院出版社，2019.6
ISBN 978-7-5503-1971-4

Ⅰ. ①时… Ⅱ. ①李… Ⅲ. ①服装设计 Ⅳ. ①TS941.2

中国版本图书馆CIP数据核字(2019)第113310号

时装品牌风格设计解码
李艾虹　著

出 品 人：祝平凡
出版发行：中国美术学院出版社
地　　址：中国·杭州市南山路 218 号 / 邮政编码：310002
网　　址：http://www.caapress.com
经　　销：全国新华书店
制　　版：杭州海洋电脑制版印刷有限公司
印　　刷：浙江省邮电印刷股份有限公司
版　　次：2019 年 6 月第 1 版
印　　次：2019 年 6 月第 1 次印刷
印　　张：13.75
开　　本：889mm×1194mm　1 / 16
字　　数：200 千
图　　数：202 幅
印　　数：0001 — 1300
书　　号：ISBN 978-7-5503-1971-4
定　　价：119.00 元